畜禽养殖减抗
技术丛书
Chuqin Yangzhi Jiankang
Jishu Congshu

奶牛养殖减抗
技术指南

Nainiu Yangzhi Jiankang
Jishu Zhinan

国家动物健康与食品安全创新联盟　组编
王加启　主编

中国农业出版社
北　京

丛书编委会

本书编者名单

主　编

王加启（中国农业科学院北京畜牧兽医研究所）

副主编

郑　楠（中国农业科学院北京畜牧兽医研究所）

张养东（中国农业科学院北京畜牧兽医研究所）

刘慧敏（中国农业科学院北京畜牧兽医研究所）

孟　璐（中国农业科学院北京畜牧兽医研究所）

参　编

赵圣国（中国农业科学院北京畜牧兽医研究所）

施正香（中国农业大学）

王朝元（中国农业大学）

常广军（南京农业大学）

都启晶（青岛农业大学）

李建斌（山东省农业科学院畜牧兽医研究所）

赵静雯（扬州大学）

李吉楠（山东省畜牧兽医职业学院）

申军士（南京农业大学）

沈向真（南京农业大学）

李心慰（吉林大学）

林鹏飞（西北农林科技大学）

王丽平（南京农业大学）

韩荣伟（青岛农业大学）

王玉莲（华中农业大学）

马　翀（中国农业大学）

邢　磊（上海市动物疫病预防控制中心）

郝　健（内蒙古伊利实业集团股份有限公司）

魏小军（内蒙古伊利实业集团股份有限公司）

张俊杰（勃林格殷格翰动物保健（上海）有限公司）

苟文强（勃林格殷格翰动物保健（上海）有限公司）

才灵杰（勃林格殷格翰动物保健（上海）有限公司）

赵晓军（内蒙古伊利实业集团股份有限公司）

刘光宇（艺康（中国）投资有限公司）

牛宇峰（世德来（北京）技术有限公司）

支持单位

内蒙古伊利实业集团股份有限公司

勃林格殷格翰动物保健（上海）有限公司

艺康（中国）投资有限公司

世德来（北京）技术有限公司

总序 Preface

改革开放以来，我国畜禽养殖业取得了长足的进步与突出的成就，生猪、蛋鸡、肉鸡、水产养殖数量已位居全球第一，肉牛和奶牛养殖数量分别位居全球第二和第五，这些成就的取得离不开兽用抗菌药物的保驾护航。兽用抗菌药物在防治动物疾病、提高养殖效益中发挥着极其重要的作用。国内外生产实践表明，现代养殖业要保障动物健康，抗菌药物的合理使用必不可少。然而，兽用抗菌药物的过度使用，尤其是长期作为抗菌药物促生长剂的使用，会导致药物残留与细菌耐药性的产生，并通过食品与环境传播给人，严重威胁人类健康。因此，欧盟于 2006 年全面禁用饲料药物添加剂，我国也于 2020 年全面退出除中药外的所有促生长类药物饲料添加剂品种。特别是，2018 年以来，农业农村部推进实施兽用抗菌药使用减量化行动，2021 年 10 月印发了"十四五"时期行动方案促进养殖业绿色发展。目前，我国正处在由传统养殖业向现代养殖业转型的关键时期，抗菌药物促生长剂的退出将给现代养殖业的发展带来严峻挑战，主要表现在动物发病率上升、死亡率升高、治疗用药大幅增加、饲养成本上升、动物源性产品品质下降等。如何科学合理地减量使用抗菌药物，已经成为一个迫切需要解决的问题。

"畜禽养殖减抗技术丛书"的编写出版，正是适应我国现代养殖业发展和广大养殖户的需要，针对兽用抗菌药物减量使用后出现的问题，系统介绍了生猪、奶牛、蛋鸡、肉鸡、水禽等畜禽养殖减抗技术。畜禽减抗养殖是一项系统性工程，其核心不是单纯减少抗菌药物使用量或者不用任何抗菌药物，需要掌握几个原则：一是要按照国家兽药使用安全规定规范使用兽用抗菌药，严格执行兽用处方药制度和休药期制度，坚决杜绝使用违禁药物；二是树立科学审慎使用兽用抗菌药的理念，建立并实施科学合理用药管理制度；三是加强养殖环境、种苗选择和动物疫病防控管理，提高健康养殖水平；四是积极发展替抗技术、研发替抗产品，综合疾病防控和相关管理措施，逐步减少兽用抗菌药的使用量。

本套丛书具有鲜明的特点：一是顺应"十四五"规划要求，紧紧围绕实施乡村振兴战略和党中央、国务院关于农业绿色发展的总体要求，引领养殖业绿色产业发展。二是组织了实力雄厚的编写队伍，既有大专院校和科研院所的专家教授，也有养殖企业的技术骨干，他们长期在教学和畜禽养殖一线工作，具有扎实的专业理论知识和实践经验。三是内容丰富实用，以国内外畜禽养殖减抗新技术新方法为着力点，对促进我国养殖业生产方式的转变，加快构建现代养殖产业体系，推动产业转型升级，促进养殖业规模化、产业化发展具有重要意义。

本套丛书内容丰富，涵盖了畜禽养殖场的选址与建筑布局、生产设施与设备、饲养管理、环境卫生与控制、饲料使用、兽药使用、疫病防控等内容，适合养殖企业和相关技术人员培训、学习和参考使用。

中国工程院院士
中国农业大学动物医学院院长
国家动物健康与食品安全创新联盟理事长

前言 Foreword

　　奶业是健康中国、强壮民族不可或缺的产业，是农业现代化的标志性产业。全面实施奶牛减抗养殖，保障奶牛健康和牛奶安全，是稳定我国奶业向好发展局面、推进奶业优质发展战略的重要举措。但是，奶牛减抗养殖并非禁止奶牛使用兽用抗菌药，而是遵循"养重于防，防重于治"的健康养殖理念，减少奶牛养殖环节对兽用抗菌药的过分依赖，减少并逐步停止非治疗用途抗菌药的使用，杜绝预防用兽用抗菌药的盲目使用，从而达到遏制奶牛源细菌耐药性、实现乳品中兽药残留清零的目标。

　　本书作为"畜禽养殖减抗技术丛书"之一，由国家奶业科技创新联盟一线专家和技术人员，参照农业农村部《兽用抗菌药使用减量化指导原则》编写而成。依据奶牛养殖环节疫病发生、流行特点，本着健康养殖、预防为主、综合治理的理念，从"养、防、规、慎、替"五个方面入手，围绕奶牛健康养殖场区规划设计、环境控制、生物安全防控、减抗繁育管理、减抗营养调控与健康管理、疾病防控、疾病治疗与精准用药以及减抗用药效果评价等八个章节展开编写，全方位介绍了奶牛减抗养殖的技术方法和操作规范。本书通俗易懂、实用性和操作性强，适用奶牛养殖场的技术和管理人员参考。

　　鉴于作者水平有限，书中难免有错误和不妥之处，敬请广大读者批评指正，以便日后修订完善。

王加启

2022.6

目录 Contents

总序
前言

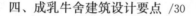
第二章　奶牛健康养殖环境控制 /52

第一节　奶牛舍气溶胶和有害气体管理 /52

第二节　牛舍粪污收集清理 /64

第三节　冷热应激防控与牛舍小气候管理 /75

目 录

3

一、奶牛的产热与散热 /75

二、奶牛对热环境的基本要求 /76

三、奶牛舍热应激防控技术 /78

四、牛舍保温与供暖 /89

五、奶牛的冷热应激评价 /92

参考文献 /95

第三章 奶牛场生物安全防控 /98

第一节 传染性病原微生物安全防控 /98

一、奶牛传染病概述 /98

二、牛场卫生管理 /99

三、加强牛场饲养管理 /100

四、预防为主，防重于治 /101

五、灭鼠、杀虫、防兽 /102

六、疫情上报 /102

第二节 环境性病原微生物安全防控 /103

一、牛场主要环境性病原微生物 /103

二、牛群管理 /104

第三节 牛场消毒与卫生管理 /104

一、消毒剂的分类和使用原则 /104

二、牛场出入口日常消毒与卫生管理 /105

三、生产区出入口日常消毒与卫生管理 /107

四、牛场外来车辆入场日常消毒与卫生管理 /108

第六章　奶牛疾病防控 /206

第一节　奶牛繁殖疾病防控措施 /206

第二节　奶牛呼吸系统疾病防控 /213

第三节　奶牛消化系统疾病防控 /221

第四节　奶牛营养代谢病预防 /230

第七章　奶牛疾病治疗与精准用药 /262

第八章 奶牛场减抗用药效果评价 /303

第一章
奶牛健康养殖场区规划设计

奶牛健康养殖场区规划设计涉及选址、场区布局与功能分区、各牛舍建设、饲料区建设、粪污处理区建设及场区消毒和隔离设施建设等内容。规划设计一个科学、布局合理、配套设施完备的奶牛场，对保证今后良好的运行十分重要。奶牛场建设必须要与国家的农业产业结构调整、畜牧业产业布局相一致，同时，要符合环境保护、土地资源合理利用的要求，盲目建设既影响社会环境和周围自然环境，也很难取得良好经济效益。

第一节　奶牛场选址

场址选择是奶牛场建设可行性研究的主要内容和规划建设必须面对的首要问题，无论是新建牛场，还是在现有设施的基础上进行改建或扩建，选址时必须综合考虑自然环境、社会经济、牛群的生理和行为需求、卫生防疫条件、生产工艺、饲养技术、生产流通、组织管理和场区发展等各种因素，科学地、因地制宜地处理好相互之间的关系。

一、场地要求

奶牛场最好建在地势平坦、干燥、向阳、空气流通好、地下水位低、易于排水的位置。土质最好是砂性土壤，透水透气性好。场区需要具备 2%～5% 的坡度，用于排水、防涝。若在山区建场，宜选在向阳缓坡地带，地势坡度小于 15%，平行于等高线布置，不应在山顶、坡底谷地或风口等地段建场。

二、运输要求

奶牛每天所需的饲料量和产生的粪便量都很大，同时要确保所产的鲜奶质量及时供应市场，因此运输距离应越短越好。场址应综合考虑鲜奶运输、饲料供应、周边人居环境、城乡建设发展规划等影响因素。

场区需要有在各种气候条件下都能够供奶罐车、饲料车、维修人员和兽医等车辆、工作人员车辆通行的道路，需要满足最小道路宽度和转弯半径的要求。

三、安全、防疫要求

牛场离城市过近，容易造成交叉污染。城市的某些病源会直接威胁奶牛场，增加防疫工作难度；反过来，牛场对城市又存在"畜产公害"问题，影响城市或居民的环境卫生，而且奶牛的某些传染病如结核病、布鲁氏菌病等，为人畜共患病，所以场址距交通干线、居民点应保持不小于 500 米的防疫距离，并应建在居民点的下风向。场址标高应高于贮粪池和污水处理等设施，并将场区建在其上风向。

为确保能给奶牛营造良好的生长和生产环境，建场之前，应充分考虑空间要求和栋舍间距的要求，国外奶牛场一般要求栋舍间距至少 12 米、防雪间距至少 15 米、防火间距至少 25 米。另外，还可能需要更大的空间以保证在机械通风条件下风机的正常通风。

还要充分考虑防盗、蓄意破坏和故意放火等问题。

四、水电要求

每头成年奶牛每天需要保证有 100～300 升的饮用水，饮水高峰一般发生在采食后的一段时间内。饮用水系统需要满足高峰时用水量和每天的用水总量的需要。奶牛场的饮用水和清洁卫生用水的用水量都比较大，同时还需要考虑一定的消防用水，因此，场址附近必须有充足的周年水源并能保证良好的水质。

需要满足奶牛场内加热、照明、泵、车辆等用电，通过接地尽量减少漂移电压的问题。另外，需要配备备用发电机组以便在断电时使用。奶牛场的电力系统可以根据当地电力供应情况接入三相电。

五、自然气候条件与屏障利用

气候状况不仅影响建筑规划、布局和设计，而且会影响建筑朝向、防寒与遮阳设施的设置，与牛场防暑、防寒日程安排等也十分密切。因此，在选址时，需收集拟建地区与建筑设计有关的气候气象资料和常年气象变化、灾害性天气情况等，如平均气温、最高气温、最低气温、土壤冻结深度、降水量与积雪深度、最大风力、常年主导风向、风向频率及日照情况等。各地均有民用建筑热工设计规范和标准，在牛舍建筑热工计算时可以参照使用。

防风带有助于改变冬天的风向和控制暴雪。可以充分利用现有树木、建筑、小山坡、干草堆等的防风作用，但同时需要注意不能阻碍夏季的通风和排水。

六、建设用地需求

建场时，应遵循珍惜和合理利用土地的原则，不得占用基本农田，尽量利用荒地和劣地建场。大型牛场分期建设时，场址选择应一次完成，分期征地。近期工程应集中布置，征用土地满足本期工程所需面积。远期工程可预留用地，随建随征。征用土地可按场区总平面设计图计算实际占地面积。奶牛场建设用地面积可按照设计存栏量加以确定（表 1-1）。规模越小，每头牛的占地面积宜相应增加；规模较大的牛场，用地指标可在标准用地基础上减少 10%～15%。

表 1-1　奶牛场建设用地指标

单位：米²/头

总用地指标	生产设施	附属设施	配套设施
80～100	55～65	15～20	10～15

此外，建场时还应考虑匹配一定的土地面积满足青贮饲料种植和粪肥消纳的需要，一般可按 1 头牛 1 334 米²（2 亩*）饲料地、667 米²（1 亩）土地可以消纳鲜粪肥 1.5～2 吨/年计算。

第二节　奶牛场布局与功能分区

在选定的场地上，根据地形、地势和当地主风向，进行不同功

---

* 亩为我国非法定计量单位，15 亩＝1 公顷。——编者注

能区、建筑群以及人流、物流、道路、绿化等规划。根据场区规划方案和工艺设计要求，合理安排每栋建筑物和每种设施的位置和朝向。

一、场区布局

进行牛场场区布局时，首先应考虑人的工作条件和生活环境，其次是保证牛群不受污染源的影响。因此，应遵循以下要求：

生活管理区和辅助生产区应位于场区常年主导风向的上风处和地势较高处，粪污处理与隔离区位于场区常年主导风向的下风处和地势较低处（图1-1）。地势与主导风向不是同一个方向，而按防疫要求又不好处理时，则应以风向为主，地势的矛盾可以通过挖沟设障等工程设施和利用偏角（与主导风向垂直的两个偏角）等措施来解决。

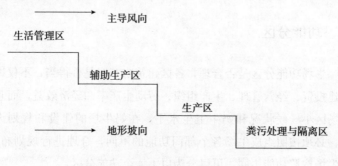

图1-1　按地势、风向的分区规划

生产区与生活管理区、辅助生产区应设置围墙或树篱严格分开，在生产区入口处设置第二道更衣消毒室和车辆消毒设施。这些设施一端的出入口开在生活管理区内，另一端的出入口开在生产区内。生产区内与场外运输、物品交流较为频繁的有关设施，如挤奶厅乳品处理间、人工授精室、家畜装车台、销售展示厅等，必须布置在靠近场外道路的地方。

辅助生产区的设施要紧靠生产区布置。对于饲料仓库，则要求卸料口开在辅助生产区内，取料口开在生产区内，杜绝外来车辆进入生产区，保证生产区内外运料车互不交叉使用。青贮、干草、块根等多汁饲料及垫草等大宗物料的贮存场地，应按照贮用合一的原则，布置在靠近奶牛舍的边缘地带，并且要求贮存场地排水良好，便于机械化装卸、粉碎加工和运输。干草棚常设置于最大风向的下风处，与周围建筑物的距离符合国家现行的防火规范要求。

生活管理区应在靠近场区大门内侧集中布置。

粪污处理与隔离区与生产区之间应设置适当的卫生间距和绿化隔离带。区内的粪污处理设施也应与其他设施保持适当的卫生间距，与生产区有专用道路相连，与场区外有专用大门和道路相通。

二、功能分区

牛场功能分区是否合理，各区建筑物布置是否得当，不仅影响基建投资、经营管理、生产组织、劳动生产率和经济效益，而且影响场区小气候状况和奶牛卫生水平。在奶牛场的建设和规划设计中，必须按照组成牛场各个部门功能的不同，合理进行规划布局。奶牛场按照功能不同，可以分为以下 4 个功能分区。

（一）生活管理区

生活管理区包括办公室、接待室、会议室、技术资料室、监控室、化验室、场内人员淋浴消毒更衣室、食堂餐厅、职工值班宿舍、厕所、传达室以及外来人员更衣消毒室和车辆消毒设施等。其中，办公室、场内人员淋浴消毒更衣室等，宜靠近场部大门，以便于对外联系及防疫。

（二）生产区

生产区是奶牛场的主体部分。生产区的主体是牛舍，包括成年奶牛舍、产房、育成牛舍、青年牛舍、犊牛舍以及挤奶厅及其附属建筑等。奶牛场的主要生产建筑，应根据其相互关系，结合现场条件，考虑光照、风向等环境因素，进行合理布置。其中成年奶牛舍是奶牛场的主要建筑群，数量最多。因为犊牛容易感染疫病，犊牛舍要设在生产区的上风向。

（三）辅助生产区

辅助生产区主要由饲料库、兽医室、饲料加工间以及供水、供电、供热、维修、仓库等建筑设施组成。饲料库与饲料加工间应靠近场部大门，并有直接道路对外联系。兽医室要与人工授精室靠近，但不宜合建。奶牛场应有足够的面积用于布置干草堆场和饲料贮放场等，在青贮料贮存季节，还要有一定的加工场地。青贮窖造价低，物料装卸方便，各牛场普遍采用，但其占地面积较大。青贮塔贮存质量好，损失少，用地省，但造价较高。一般饲料区占全场面积的25%～30%，用于工程防疫的设施及给排水设施占全场面积的3%～5%，生活、锅炉等建筑用地占全场面积的6%～8%。辅助生产区与生产区有道路相连，但要注意保持适当的隔离距离和配置必要的工程防疫设施。

（四）粪污处理与隔离区

粪污处理与隔离区内主要有隔离舍、尸体解剖室、病尸高压灭菌或焚烧处理设备、粪便和污水储存和处理设施。这些设施通常是病原菌集中的场所，需设在生产区的下风向，并离牛舍有一定的距离要求。

三、牛场工程防疫设施配置

在奶牛生产过程中，采用工程技术的硬件设施配备保障系统，对有效实施奶牛场的安全生产，创造有利于防疫和场区环境净化的条件是十分重要的。以工程技术手段切实做好阻隔、切断病原侵袭动物的途径，防范交叉感染，称为工程防疫。工程防疫的主要内容包括合理的场区功能分区，顺畅的生产功能联系，良好的建筑设施布局，完备的雨污水分流排放系统，因地制宜的绿化隔离等。奶牛场工程防疫重点应考虑以下内容。

（一）防疫隔离

奶牛场应按照缓冲区、场区、牛舍实施三级防疫隔离。场区内各功能区之间应保持 50 米以上距离。无法满足时，应设置围墙、防疫沟、种植树木等加以隔离。不同生理阶段的牛群，可实施分区饲养。场区内引种用隔离舍、病牛舍、尸体解剖室、病死牛处理间等设施应设在场区常年下风向处，距离生产区的距离不应小于 100 米，并设置绿化隔离带。

（二）场界和场区内隔离设施

奶牛场应有明确的场界，各场区分界也要明确。规模较大的场区，四周宜建不低于 2.5 米的实体围墙，以防止场外人员及其他动物进入场区。场区周围可以通过栽种具有杀菌功能的树木，如银杏、桉树、柏树等，起到防护林的作用，并且可以绿化环境、改善牛场的小气候。场内各功能区之间，应修筑沟渠疏导地面雨水的流向，阻隔流水穿越牛舍，防止交叉污染。

（三）场区内工程设施

对外大门、各区域出入口及各牛舍入口处，应设相应的消毒设施，如车辆消毒通道（池）、人员消毒通道或消毒室、更衣换鞋间等。车辆消毒通道（池）的进出口处应设 1：10～1：8 的坡度和地面连接，宽度应与大门同宽，长应不少于 4 米，深不应少于 0.3米，以淹没车轮胎外圈橡胶为宜，消毒池应有防渗漏措施，底部设置排水孔。人员消毒通道或消毒室内应配置紫外线照射装置、消毒池、消毒槽或高压喷雾消毒设施。同时应强调安全时间（3～5 分钟），通过式的紫外线杀菌灯照射达不到安全目的，应安装定时通过指示器以严格控制消毒时间。场内应设置淋浴更衣室、衣帽消毒室、兽医室、隔离舍、装卸台、尸体解剖室、病死畜禽处理间等设施。

（四）道路设置

奶牛场道路包括与外部交通道路联系的场外干道和场区内部道路。场外干道担负着全场的货物和人员的运输任务，其路面最小宽度应能保证两辆中型运输车辆的顺利错车，应为 6～7 米。严格控制外部车辆进入场区，对挤奶厅、饲料配送区等必须有场外车辆出入的区域，设计时尽可能靠近场区出入口，避免这些车辆进入生产区腹地。场内道路的功能不仅是运输，同时也具有卫生防疫作用，因此道路规划设计要满足分流与分工、路面质量、路面宽度、绿化防疫等要求。

场区内应净污分道，梳状布置，防止交叉；内外分道，直线布置，防止迂回。净道是场区的主干道，路面最小宽度要保证饲料运输车辆的通行，单车道宽度 3.5 米，双车道宽度 6.0 米，宜用水泥混凝土路面，也可选用整齐石块或条石路面，路面横坡 1.0%～1.5%，纵坡 0.3%～8.0%。污道宽度 3.0～3.5 米，路面宜用水泥混凝土路面。与牛舍、饲料库、产品库、兽医室、堆粪场等连接的次要干道与支道，宽度一般为2.0～3.5米。

（五）机具装备

为空气净化、舍内通风设置导流装置，创造净污分区的场区大环境和舍内净化环境；为舍内外定期防疫消毒设置有关配套的机具设备；舍内安装微生物净化装置（如臭氧发生器、空间电场装置）和饮水免疫、喷雾消毒等药品施放装置。

（六）粪污处理杜绝反流

堆粪场地坪高与污道末端应有较大的落差，防止粪堆充盈向污道反向延伸。采用刮板清粪的牛舍，可将粪污刮至牛舍一端或中部的地下粪沟内，再通过地下暗管输送至粪污处理区。采用铲车清粪的牛舍，可将粪污暂存在牛舍污道端。为防止雨水冲刷，应对暂存池加盖处理。地下粪沟起始于牛舍，应与舍内清粪通道垂直。寒冷地区最好放置在牛舍内，以防止冬季结冰。地下粪沟及室外暗管埋深不应小于冻土层厚度，由始端到末端以1%、2%、3%三级倾斜的坡度流向污水池。

四、牛场其他配套工程

（一）给排水工程

1. 给水工程

（1）给水系统组成　给水系统由取水、净水、输配水三部分组成，包括水源、水处理设施与设备、输水管道、配水管道。大部分奶牛场的场址均远离城镇，不能利用城镇给水系统，所以都需要独立的水源，一般是自己打井和建设水泵房、水处理车间、水塔、输配水管道等。

（2）用水量　包括生活用水、生产用水和其他用水（如消防和灌溉用水等）。

①生活用水　指平均每一职工每日所消耗的水，包括饮用、洗衣、洗澡及卫生用水，其水质要求较高。用水量因生活水平、卫生设备、季节与气候等而不同，一般可按每人每日40～60升计算。

②生产用水　包括奶牛饮用、饲料调制、牛舍清洁、饲槽与用具刷洗等所消耗的水。不同类别奶牛的需水量参见表1-2。采用水冲清粪系统时清粪耗水量大，一般按生产用水120％计算。新建场不提倡水冲清粪方式。

表1-2　不同类别奶牛的每日需水量

类别	需水量（升/头）
泌乳牛	80～100
公牛及后备牛	40～60
犊牛	20～30
肉牛	45

③其他用水　包括消防、灌溉、不可预见等用水。消防用水是一种突发用水，可利用场内外的江河湖塘等水面，也可停止其他用水，保证消防。绿地灌溉用水可以利用经过处理后的污水，在管道计算时也可不考虑。不可预见用水包括给水系统损失、新建项目用水等，可按总用水量的10％～15％考虑。

④总用水量　即为上述用水量总和，但用水量并非是均衡的，在每个季度、每天的各个时间内都有变化。夏季用水量远比冬季多；白天清洁牛舍与牛体时用水量骤增，夜间用水量很少。因此在计算牛场用水量及设计给水设施时，必须按单位时间内最大用水量来计算。

2.排水工程　排水系统应由排水管网、污水处理站、出水口组成。排水量要考虑牛场规模、当地降雨强度、生活污水等因素。排水方式分为分流与合流两种，即雨水和生产、生活污水分别采用两个独立系统。生产与生活污水排放采用暗埋管渠，将污水集中排到场区的粪污处理站；专设雨水排水管渠，不要将雨水排入需要专门处理的粪污系统中。

（二）采暖工程

奶牛场的采暖工程主要用于犊牛、挤奶厅和工作人员的办公与生活需要。育成、成乳牛舍一般尽量利用自体产热、提高围护结构热阻、合理提高饲养密度等方法来增加保温能力和产热量，但严寒地区可进行采暖。产房与犊牛舍均需要稳定、安全的供暖保证。

采暖系统分为集中供暖系统、分散供暖系统和局部供暖系统。集中供暖系统一般以热水为热媒，由集中锅炉房、热水输送管道、散热设备组成，全场形成一个完整的系统。集中供暖系统能保证全场供暖均衡、安全和方便管理，但投资大。分散供暖系统是指每个需要采暖的建筑或设施自行设置供暖设备，如热风炉、空气加热器和暖风机。

（三）电力电讯工程

电力工程是奶牛场不可缺少的基础设施。随着经济和技术的发展，信息在经济与社会各领域中的作用越来越重要，电讯工程也成为现代奶牛场的必需设施。电力电讯工程规划就是设置经济、安全、稳定、可靠的供配电系统和快捷、顺畅的通信系统，保证奶牛场正常生产运营和与外界市场的紧密联系。

（四）绿化工程

搞好奶牛场绿化，可以调节小气候、减弱噪声、净化空气、美化环境，起到防疫和防火等作用。绿化包括场界周边林带、住宅和生产管理区隔离林带、道路绿化带、牛舍周围和运动场的绿化等。绿化应根据本地区气候、土壤和环境功能等条件，选择适合当地生长的树木、花草进行，场区绿化率不低于20%。例如，牛场周边可种植乔木和灌木混合林，道路两旁种植高大的常青树种，牛舍周围应选择落叶乔木进行绿化，运动场种植遮阳的果树类都是很好的选择。

第三节　牛舍建设

一、奶牛生产工艺模式

奶牛饲养方式不同，对奶牛场设计要求也不同。奶牛饲养主要有舍饲饲养、放牧饲养及舍饲放牧综合饲养等方式。舍饲饲养又分为拴系饲养、散放饲养和散栏饲养三种。过去奶牛舍舍饲饲养时都设置运动场，但因运动场无法实现粪污全量收集，加之污水下渗、雨季外溢等问题，近年来新建牛场逐渐取消运动场，而改为全舍饲方式。

（一）拴系饲养

这是一种传统的奶牛饲养模式（图1-2）。我国2004年以后的新建牛场已很少采用这种模式。拴系饲养时，需要修建比较完善的奶牛舍，每头牛都有固定的床位，牛床前设食槽，用颈枷拴住奶牛，一般都在牛床上挤奶。以往的拴系饲养采用分食制，即将青贮、干草、块根、糟渣类饲料和精饲料分别饲喂。其优点是管理细致，奶牛有较好的休息环境和采食位置，相互干扰小，能获得较高的单产。但此模式存在劳动生产率低、环境条件差、采食条件不理想等缺点。

图 1-2　拴系饲养

（二）散放饲养

散放饲养比较简单（图 1-3），在牛舍内设有固定的牛床，奶牛不用上颈枷或拴系，可以自由进出牛舍，在运动场上自由采食青贮料、多汁饲料和干草，定时分批到挤奶厅去挤奶，同时补喂精料。其优点是牛舍设备简单，建设费用较低，仅供奶牛休息和避风，防

图 1-3　散放饲养

日晒雨淋；舍内铺以厚垫草，平时不清粪，只需添加新垫草，定期用推土机清除；劳动强度相对较小，每个饲养员养牛数可提高到50～80头；牛奶清洁卫生，质量较高，而且挤奶设备的利用率也较高。但也有相应的缺点，如管理粗放，奶牛不易吃到均匀的饲料，影响产奶量；舍内环境较差，冬季青贮料放在室外也易冻结，影响采食等。

（三）散栏饲养

散栏饲养是一种改进的散放饲养模式（图1-4）。它是按照奶牛生态学和奶牛生物学特性，进一步完善了奶牛场的建筑和生产工艺，使奶牛场生产由传统的手工生产方式转变为机械化工厂生产方式，综合了拴系饲养和散放饲养的优点，越来越多的规模牛场选用这种模式。其特点是牛舍内有明确的功能分区，采食、躺卧、排泄、活动、饮水等分开设置。有专用的挤奶厅，也可以设舍外运动场。

图1-4　散栏饲养

牛可在栏内站立和躺卧，但不能转身，以使粪便能直接排入粪沟。牛舍内有专门的采食区，每头奶牛有一个采食位置，饮水可通过在饲槽旁安装自动饮水器或设置牛舍内饮水槽来满足。一般采用机械送料、清粪，且强调牛能自由活动，因此可以节省劳动力、提高生产力。这种模式的牛床设计是否合理对舍内环境、奶牛生产性能和健康有很大影响。

二、牛舍中主要设施设备

无论采取何种饲养模式，牛舍内都需要配置牛床、喂饲设备、饮水设备、清粪设备、环境调控设备及消毒设施等。另外，散栏饲养时，还可在舍内安装奶牛擦痒机、精料补给器、自动挤奶器等。

（一）饲喂栏栅

奶牛饲喂栏栅主要包括颈杠和颈栅两大类（图1-5）。

a   b

图1-5 奶牛饲喂栏栅
a. 颈栅 b. 颈杠

自锁式颈栅可实现定位饲喂，尤其适合 TMR（全混合日粮）饲喂，避免奶牛抢食而造成体况不均；而且方便对牛群或个体奶牛进行治疗、免疫、发情检查、配种、定胎探查等工作，提高工作效率，减轻技术人员劳动强度。自锁式颈栅根据不同的牛体大小，分为成年牛颈栅、青年牛颈栅、育成牛颈栅及犊牛颈栅等。

（二）牛床

牛床是奶牛采食（拴系饲养）、挤奶（舍内挤奶）和休息的地

方。在牛舍内安置牛床的主要目的，是使奶牛在卧地时乳房接触在
清洁、干燥、松软的床面上，保证奶牛既舒适又清洁。奶牛一天内
在牛床上静卧、休息、反刍的时间约为 50%，当它卧下时首先注
意的是保护好乳房。因此牛床必须保证奶牛舒适、安静地休息，保
持牛体清洁，便于挤奶操作（舍内挤奶）并容易打扫。

牛床的长度由奶牛的体型决定，既要保证粪便不会排到牛床上
污染牛床，又要使奶牛在躺卧时乳房离牛床后沿有足够的距离，并
且尾部不会落到粪沟内污染牛身。牛床的宽度取决于奶牛的体型和
是否在牛舍内挤奶。一般奶牛的肚宽约为 75 厘米，如果在牛舍内
挤奶，牛床不宜太窄，否则挤奶员夏天在两头牛中间挤奶，会感到
操作不便，而且闷热，故常采用宽 1.2～1.3 米的牛床。牛床应有
适宜的坡度，并高出道路 5 厘米，以利冲洗和保持干燥，坡度常采
用 1%～1.5%。坡度不能太大，以免造成奶牛的子宫脱出。

合适的牛床长度与宽度对确保奶牛舒适性和牛体清洁卫生十分
重要。牛床尺寸过大，虽可满足奶牛的舒适性要求，但不利于保持
牛体清洁卫生，而且会增加建筑、设备投资。表 1-3 为散栏饲养牛
床的规格尺寸，供参考。

表 1-3　散栏饲养牛床规格尺寸

体重	牛床长度（毫米）		颈杠高度	颈杠胸板距后沿距离
（千克）	前冲	侧冲	（毫米）	（毫米）
365～550	2 290～2 450	1 980	940	1 580
550～680	2 450～2 600	2 140	1 020	1 680
680 以上	2 600～2 740		1 070	1 780

牛床的基础和垫料应有较好的柔软性和吸潮性，同时尽量保持
清洁。柔软的床面对奶牛的乳房、膝盖、臀部、胸部及肩胛骨等突
出部位形成保护作用，有效降低乳房和肢体损伤。在选择垫料时，
要综合考虑垫料价格、使用损耗、牛舍清粪工艺和后续粪污处理
等。常用的卧床垫料有稻草、麦秸、锯末、木屑、沙子、橡胶垫

等。有些奶牛场对牛粪进行固液分离，分离出的固体部分经过干燥杀菌处理后，也可以用作卧床垫料。目前国际上较为新型的卧床垫料是在柔软的橡胶材料内部填充碎硬质海绵或橡胶屑，舒适性更好且易于清洁。

（三）饲喂设备

奶牛饲喂技术分为 TMR 饲喂技术、精确饲喂技术等，不同饲喂技术需配套相应的设备。奶牛的饲喂设施设备包括饲料的装运、输送、分配设备，以及饲料通道等设施。

1. TMR 饲喂设备　移动式 TMR 饲喂设备按搅拌方式可分为卧式大拨草轮结构、卧式搅龙结构、立式锥螺旋结构、水平回转刮板结构等。移动式 TMR 饲喂机由拖拉机牵引，送料时，边行走边进行物料混合，至牛舍时通过侧面粉料斗将料抛撒到饲槽中，搅拌、饲喂连续完成。此设备适合通道较宽的牛舍（通道宽度大于2.5 米）。卧式结构容易完成小批量物料的混合，但对长草适应性差，容易出现缠轴及过挤压倾向；立式锥螺旋结构对长草的适应性好、切碎能力强，箱内无剩料，维修方便。

2. 精确饲喂设备　为克服 TMR 饲喂技术无法满足个体化差异要求的缺点，精确饲喂技术与设备在一些奶牛场得到应用。通过采集奶牛个体信息（如无线射频识别），根据奶牛个体基础日粮的采食量、产奶量及营养需要量，计算出奶牛补饲混合精料的组成和饲喂量，控制信号输出至供料执行设备，完成奶牛的精确饲喂。根据工作方式，精确饲喂设备有固定式和移动式两种。固定式多用于散栏饲养模式，移动式主要用于拴系饲养模式。

（1）固定式精确饲喂设备　即精料自动补饲设备，主要由奶牛自动识别系统、控制系统、供料设备及护栏组成。其计量方式属于容积式计量，利用螺旋输送器两个相邻叶片之间的空腔来计算物料体积。饲喂时，通过控制螺旋的转数和转速，获得较为准确的所需物料体积。工作过程如下：奶牛自动识别系统读入奶牛个体信息，控制系统自动检索牛只信息，确定是否需要补料；若牛只需要补料，则控制系统自动分析、计算牛只补饲配方及补饲量，并向供料设备发布补料指令；供料设备完成配料、混料，将精料投放给所需牛只，并将补料信息反馈至控制系统。

（2）移动式精确饲喂设备　主要指饲喂机器人，其组成与固定式精确饲喂设备类似，不同之处在于前者还有行走设备和用于自动定位的位置传感器。其工作过程是：饲喂机器人从上位机下载饲喂数据，在料箱中加满饲料后开始沿轨道行走，当行走至预定位置时，控制系统启动无线射频识别装置，确定奶牛个体信息，从数据库中提取对应奶牛的饲喂数据，并通过供料设备完成精料定量供给。

3. 固定式自动犊牛饲喂器　固定式自动犊牛喂料器能根据犊牛的生长发育状况提供自动准确的饲喂方式和喂料量。当犊牛进入喂料区域时，系统根据设定的饲喂计划，通过识别犊牛个体，决定其是否能饮奶及饮用量。一旦被确认，则立刻准备新鲜牛奶并使其达设定温度后供犊牛饮用，从而确保犊牛一天内正确的奶量供应及合理的奶温与品质。该设备可通过逐渐减少牛奶摄入量、促进犊牛主动增加粗饲料摄入、加快犊牛学会反刍行为来实现温和断奶，因而小牛更加健康。

固定式自动犊牛喂料器不但可以实现人性化的饲喂，能自动清洁，每个喂料器可服务 30～50 头牛，而且有助于奶牛习惯于各种自动化作业设备（如自动喂料机器人、挤奶机器人）和机器噪音。

4. 智能化小型上料和推料设备　自动上料机器人（图 1-6），由料仓、立式搅拌机螺旋钻、饲料配料混合控制系统、上料控制系统、定位导航系统、充电适配器、防撞击保险杠、紧急停止和暂停按钮等组成，每个机器人可服务 250～300 头牛。该设备通过导航设定需要的线路，为多个牛舍定向上料，适合于狭窄通道作业；通过计量传感器、分布传感器及高度传感器等，自行控制不同牛只的加料量、加料高度和加料次数；可很好地保持饲料的新鲜度，防止饲料干燥，寒冷季节还可以对饲料稍做加热处理；可保持饲喂过程的一致性，能让奶牛获得全面均衡的营养；可自行充电，具有清洁、节能、灵活、防撞击、减少饲料残留等优点。

图 1-6　自动上料机器人

自动推料机（图 1-7）是配合 TMR 饲喂设备一次投料、抛撒面积大、饲料远离饲喂栏而设计的一款产品，可自动地沿着饲喂通

图 1-7　自动推料机

道移动，从而顺着饲喂栏将饲料推进饲喂槽。这种设备小巧灵活，适合在饲喂通道比较窄的牛舍作业，因安装有碰撞检测器，在碰到障碍物时能快速停下。与上述自动上料机器人一样，该设备也可以全天候作业，并且也可以自动巡航、自行充电，具有稳定性好、操作灵活、节能、安全等优点。

（四）饮水设备

充足的饮水是奶牛高产和健康的保证，高产奶牛每昼夜饮水量可达到 100 升。牛舍饮水设备包括输送管路和自动饮水器（碗）或水槽。为保证水槽和饮水器不受粪尿和（牛嘴带入的）饲料残留物的污染，应定期对水槽和饮水器进行清洁，夏季应增加清洗频率。为防止高温对饮水温度、水质产生影响，可在水槽上方设遮阳棚。

1. 饮水碗　舍内拴系饲养奶牛需要每头提供 1 个饮水碗。采用单栏小群饲养的，每栏应至少配 2 个饮水碗。奶牛最喜欢开口较大、扁平的饮水器，因此水碗开口面积至少为 0.06 米^2，深度应能使奶牛饮水时嘴部浸入 3～4 厘米。饮水碗最小流量为 10 升/分钟，能够满足设计容量 20% 的奶牛同时饮水。饮水碗最大的缺点在于地域局限性。寒冷地区冬季因气温较低，水碗出水嘴甚至整条供水管路都有可能上冻，造成饮水系统瘫痪。虽然可使用加热线圈来缓解，但该方式造价偏高，生产中推广有一定难度。此外，这种饮水系统的接口较多，易产生漏水、生锈、结冰胀裂等现象。

2. 饮水槽　舍饲散栏饲养时，大多采用饮水槽。通常每一组群的奶牛设置 2 个饮水槽，这样对位次关系较低的奶牛较为有利。每个水槽应能够容纳 200～300 升水，最小流量为 10 升/分钟，深 0.2～0.3 米。近年来电加热不锈钢饮水槽得到了广泛应用，由电加热温控系统、盛水槽体、支撑固定架、给排水管和浮子等组成。这种饮水槽便于清洁，能自动上水，而且能通过温控设备进行水温控制。为避免直接使用 220 伏交流电潜在的漏电危险，目前已有采用24伏交流电的饮水槽。电加热不锈钢饮水槽可根据实际需要安装于牛舍内外。

3. 浮球式自动保温饮水水箱 浮球式自动保温饮水水箱是一种带浮球的密封水箱，自动上水，奶牛饮水时顶开浮球即可露出水面饮水。水箱外壁经低密度聚乙烯高温滚塑成型，夹层内部填充发泡聚氨酯保温材料以达到保温效果，无须电加热，外部温度−30~28℃时可保持内部水温为3~10℃。

（五）舍内清粪设备

详见第二章第二节。

（六）环境调控设备

合理的牛舍环境调控是保障饲料有效利用、最大限度提高奶牛生产性能的重要措施。牛舍环境调控主要包括夏季防暑降温、冬季防寒保温、牛舍通风及采光等。开放式牛舍夏季降温应用最为普遍的是喷淋-风机降温系统，对于密闭式牛舍，则可选择湿帘-风机降温系统。奶牛场冬季保温重点应加强牛舍围护结构的设计，提高牛舍的气密性，防止冷风渗透。此外，可通过降低空间高度、增加内保温幕、采用保温卷帘或双层充气膜等来提升牛舍保温效果。对于需要较高温度的犊牛舍、产房、挤奶厅等可采用集中供暖和局部供暖设备等。关于牛舍温度调控技术和设备详见第二章第三节的内容。这里重点介绍牛舍通风和采光方面的设备。

1. 牛舍通风系统设备 牛舍通风系统主要包括自然通风系统和机械通风系统。自然通风系统是通过合理的牛舍平面布局、檐口高度、屋顶形式、门窗洞口布置和通风口大小与位置等规划设计来组织通风。

自然通风系统常用的设备是电动卷帘系统，一般由电动卷膜器、爬升支架、爬升杆、卷膜轴、控制箱、卷膜布及附属部件组成，一般分为上卷开启式和下卷开启式两种（图1-8和图1-9）。上卷开启式电动卷帘系统是通过控制箱来控制电动卷膜器在爬升杆上的上升/下降，同时卷膜器通过轴头带动下卷膜轴放开/缠绕幕布作往复运动，从而实现电动卷帘的开启/闭合；下卷开启式电动卷帘系统则将幕布从上往下卷，通过钢丝绳和导向轮实现向上拉升封闭，通过电动卷膜器实现向下打开。电动卷帘系统可通过升降卷帘对牛舍温度、通风量进行调节。

图1-8　上卷开启式电动卷帘系统

图1-9　下卷开启式电动卷帘系统

2.光照调控设备　牛舍采光可通过牛舍墙体、门窗、屋顶等敞开部分以及设置屋顶采光带获得自然采光，或者通过安装照明设备获得人工补光。奶牛舍采光以自然采光为主，人工照明为辅。自然采光一般根据采光系数（也称为窗地比，采光系数＝窗户的有效采光面积/舍内地面面积）来确定。泌乳牛舍采光系数应在 1:（10～12）。此外，为保证牛舍内光线充足，设计时还要考虑到自然光照的入射角（牛舍地面中央的一点到窗户上缘所引直线与地面水平线之间的夹角），入射角度一般应小于 25°。

牛舍内照明设备的选择应综合考虑动物福利、耐用、防尘、防潮等因素。对于跨度不超过 24 米的牛舍，只需在舍中央安装一排灯具即能满足使用要求，而且运行成本和维护费用低。对于自然通风的开放式牛舍，灯具可以与一个定时器和一系列光电池或一个能提供 16 小时连续光照的单独计时器连接，以实现自动控制。计时器和光电管是串联的，这样最节能。定时器能让灯具在设定的时间开关，当有足够的自然光的时候光电管就会覆盖定时器，灯具就会关闭。

安装高度与均布灯具的照射区域的关系影响牛舍的平均照明水平和均匀度。照明水平随着与光源距离的加大而迅速降低。灯具安装过高会使光线分散，造成能源的浪费；灯具之间的安装距离过远，又会降低照明的均匀度。表 1-4 列出了一些典型的灯具安装高度，可使平均照明水平达到 215 勒克斯。

表 1-4　照明水平为 215 勒克斯时不同灯型的安装高度和水平间距的关系

灯型	安装高度（米）	水平间距（米）
标准荧光灯		
32 瓦	2.10～2.40	3.00～4.80
HLO 荧光灯		
32 瓦	2.70～3.60	3.60～6.00
金属卤素灯和高压钠灯		
175 瓦	3.30～4.20	7.20～8.40

(续)

灯型	安装高度（米）	水平间距（米）
金属卤素灯和高压钠灯		
250 瓦	4.20～7.20	7.20～9.00
400 瓦	6.00～10.50	7.50～12.00

数据来源：引自 Bickert W G 等（2000）。作者根据我国建筑模数习惯稍做修改。

三、牛舍建筑

（一）牛舍建筑形式

在选择牛舍建筑时，应根据不同类型建筑的特点，结合当地的气候特点、经济状况及建筑习惯全面考虑，不要一味追求新型和上档次。牛舍建筑形式按其封闭程度可分为开放舍、半开放舍和密闭舍三种。

1. 开放舍　开放舍是一种利用自然环境因素的节能型牛舍建筑。开放式牛舍的一面（正面）或四面无墙。前者敞开部分朝南，冬季可保证阳光照入舍内，而在夏季阳光只照到屋顶，有墙部分则在冬季起挡风作用；四面敞开的称为凉棚。开放式牛舍只起到遮阳、避雨及部分挡风作用，其优点是用材少、施工易、造价低。

开放式牛舍（图1-10）多建于我国夏季温度高、湿度大、冬季也不太冷的华北以南地区。

2. 半开放舍　半开放舍指三面有墙，一面（正面）或两面侧墙上部敞开，下部仅有0.6～1米高外墙的牛舍。牛舍的开敞部分在冬天或夏天可加铁丝网、塑料网或卷帘遮拦形成可封闭的牛舍。半开放式牛舍通风也以自然通风为主，必要时辅以机械通风；能利用自

图 1-10　北京三元绿荷奶牛中心金银岛牧场开放式牛舍

然光照，具有防热容易、保温难和基建投资运行费用少的特点。

3. 密闭舍　密闭舍指通过墙体、屋顶、门窗等围护结构形成全封闭状态的牛舍（图 1-11），具有较好的保温隔热能力，便于人工控制舍内环境。一般包括普通跨度的有窗式密闭舍和大跨度的低屋面横向通风（LPCV）牛舍。

图 1-11　北京市奶牛中心良种场密闭式散栏牛舍

（二）牛舍种类

1. 成乳牛舍　成乳牛舍是奶牛场最重要的组成部分之一，对环境的要求相对较高。成乳牛舍在奶牛场中占的比例最大，而且直接关系到奶牛的健康和生产水平。一般在牛舍内设置有 2 排牛床。按奶牛在牛舍的排向又分为对尾式和对头式。

（1）对尾式 牛舍中间为清粪通道，两边各有一条饲料通道。其优点是挤奶、清粪都可集中在牛舍中间，合用一条通道，占地面积较小，操作比较方便，而且还便于饲养员对奶牛生殖器官疾病发生的观察。另外，由于两列奶牛的头部都对着墙，对防止牛呼吸道疾病的传染有利。

（2）对头式 牛舍中间为饲料通道，两边各有一条清粪通道。其优点是便于奶牛出入。饲料运送线路较短，也便于实现饲喂的机械化，同时也易于观察奶牛进食情况。其缺点是奶牛的尾部对墙，其粪便容易污染墙面，给舍内卫生工作带来不便。应做高度为 1.5 米左右的水泥墙裙，便于冲洗。

2. 青年牛舍和育成牛舍 6～12 月龄的青年牛，可在通栏中饲养，青年牛的饲养管理比犊牛粗放，主要的培育目标为体重符合发育、配种要求（一般首次配种时体重约为成年牛的 70%）。育成牛根据牛场情况，可单栏或群栏饲养，妊娠 5～6 个月前进行修蹄，可在产前 2～3 天转入产房。这两类牛由于尚未完全发育成熟并且在牛床上没有挤奶操作过程，故牛床可小于成乳牛床，因此青年牛舍和育成牛舍比成乳牛舍稍小，通常采用单列或双列对头式饲养。舍内设施除没有挤奶设备以外，其余都与成乳牛舍大致相同。每头牛占 4～5 米^2，牛床、饲槽和粪沟大小比成乳牛稍小或采用成乳牛的低限。

3. 犊牛舍 犊牛舍饲时，一般按月龄分群饲养。0.5～2 月龄可在单栏中饲养。采用单栏饲养时，最好能够让其能够相互看见和听见。犊牛栏与栏之间的隔墙应该为敞开式或半敞开式，竖杆间距 8～10 厘米，为清洗方便，底部 20 厘米可做成实体隔栏。犊牛栏尺寸见表 1-5，栏底可离地 15～30 厘米，最好制成活动式犊牛栏，以便可推到舍外进行日光浴，并且便于舍内清洁。犊牛进入前要对牛栏进行彻底消毒，并铺设足够的垫草，每日清除污草。

表1-5 犊牛栏尺寸

项目	体重	
	60千克以下	60千克以上
建议面积（米²）	1.70	2.00
犊牛栏最小面积（米²）	1.20	1.40
犊牛栏最小长度（米）	1.20	1.40
犊牛栏最小宽度（米）	1.00	1.00
犊牛栏最小侧面高度（米）	1.00	1.10

很多牛场将2月龄以内的犊牛放在犊牛岛内饲养，岛内部铺设厚垫草，外面设置运动场，运动场上设置乳头式奶桶和喂饲容器。犊牛岛表面色泽应鲜艳，以阻挡夏季阳光辐射，最好能够在犊牛岛的实体部分开设可调节大小的通风口，降低岛内温度。犊牛岛可以放置在硬化地面上（如混凝土地面和铺设沥青地面），方便污水和尿液导出；或者放置在排水条件良好的土地或草地上，但需要每2个月挪动一次位置；如果自然条件比较恶劣，可将犊牛岛放置在简易棚舍内。

2月龄之后最好采用群栏饲养，舍内和舍外均要有适当的活动场地。犊牛通栏饲养，最好采用三条通道，把饲料通道和清粪通道分开。中间饲料通道以宽90～120厘米为宜。清粪通道兼供犊牛出入运动场，以140～150厘米为宜。可实现机械操作，将犊牛用颈枷固定，自动哺乳机在钢轨上自动行走（定时定量喂乳），哺乳结束后采食饲料，约30分钟后松开颈枷，犊牛自由吃草、饮水、休息、活动。群栏大小按每群饲养量决定。每群2～3头，3.0米²/头；每群4～5头，1.8～2.5米²/头；围栏高度1.2米。

4. 产牛舍　产牛舍是奶牛产犊的专用牛舍，包括产房和保育间。为了保持全年产奶的均衡，奶牛的产犊应分散在全年进行。产房要保证有成乳牛10%～13%的床位数。产房设计要求较高。奶牛产科疾病较多，而且产期抵抗力差，要求产房冬季保温好，夏季通风好，舍内要易于进行清洗和消毒。

产房和保育间既有分隔又有联系，是产牛舍的两大部分，既便于犊牛出生后的马上隔离，又便于母牛饲喂初乳。为便于消毒，产房要有 1.3～1.5 米高的墙裙。大的产牛舍还设有单独的难产室，供个别精神紧张和难产牛只的需要，难产室还要求有采暖和降温设备。保育间要求阳光充足，相对湿度 70％～80％，建筑质量要求较高。产床和产栏中的饲喂设施和饮水设施可按照成乳牛规格设置。产牛舍要求有较好的照明条件。

5. 病牛舍　病牛舍与成乳牛舍相同，是对已经发现有病的奶牛进行观察、诊断、治疗的牛舍，牛舍的出入口处均应设消毒池。在病牛舍内配备好兽医室。

（三）牛舍建筑排布

生产区牛舍建筑排布应综合考虑生产工艺、转群关系及各舍尺寸，尽量保证舍内牛群阶段周转、挤奶周转、供料和清粪顺利方便以及场区道路便捷。

成乳牛舍的布置根据奶牛场规模和地形条件确定，主要有单列式、双列式和多列式等形式。每栋牛舍独立成为一个单元，有利于防疫隔离。布置时应避免饲料、牛奶运输道路与粪道交叉。各成乳牛舍之间的间距一般大于 30 米，成乳牛舍与产牛舍的距离应大于 60 米。

1. 单列式　单列式牛舍的净道与污道分别设置在牛舍的两侧，分工明确，不会产生交叉。但会使道路和工程管线线路过长。这种布局适于小规模场和小于 25 头奶牛的小型牛舍。如饲养头数过多，牛舍需要很长，对运送饲料、挤奶、清粪等都不利。单列式牛舍内每头牛所占建筑面积较大，一般要比双列式多 6％～10％。这种牛舍的跨度较小，造价低，通风好，散热快，但散热面积也大，适用于开放式建筑。

2. 双列式 双列式是牛舍最经常使用的布置方式，其优点是既能保证场区净污分流明确，又能缩短道路和工程管线的长度。如采用集中挤奶时，容易规划奶牛到挤奶厅的行走路线。

3. 多列式 多列式牛舍布置适于大型牛场使用，此种布置方式需要重点解决场区道路的净污分流，避免因线路交叉而引起互相污染。采用这种布置形式时，挤奶厅宜设在奶牛舍的一侧，这样有利于牛场的防疫卫生，缩短挤奶时的行走路线。多列式牛舍也有对头式与对尾式之分。由于建筑跨度较大，墙面面积相应减少，比较经济，该排列形式在寒冷地区有利于保温，而且方便集中使用机械设备等。由于这种牛舍跨度较宽，自然通风效果较差。散栏饲养往往不设置运动场，强调奶牛在舍内的运动并应保证奶牛在牛床上的充分休息，牛舍要求相对较大的跨度。因此，在进行设计时，设置喂饲通道，将休息区与采食区相对分开，这样既能增加牛只在舍内的运动量，又能减少相互干扰。

四、成乳牛舍建筑设计要点

成乳牛舍建筑设计主要依据牛场生产工艺、工程工艺和相关的建筑设计规范与标准。建筑设计包括牛床、隔栏、舍内通道、门、窗、排水系统、粪尿沟、环境调控设备、附属用房，以及牛舍建筑的尺寸确定等。

1. 牛床布置 根据工艺设计确定的每栋牛舍应容纳的占栏头数、饲养工艺、设备选型、劳动定额、场地尺寸、结构形式、通风方式等，选择适当的排列方式进行牛床布置。单列布置跨度小，梁、屋架等建筑结构尺寸小，有利于自然采光、通风，但在长度一定的情况下，单列布置的容纳量有限，且不利于冬季保温。多列布置牛舍跨度较大，可节约建筑用地，减少建筑外围护结构面积，利于保温隔热，但不利于自然通风和采光。南方炎热地区考虑自然通风的需要，常采用小跨度牛舍，而北方寒冷地区为满足保温的需求，常采用大跨度牛舍。

2. 舍内通道布置　舍内通道包括饲喂道、清粪道和横向通道。通道的宽度也是影响牛舍跨度和长度的重要因素，为节省建筑面积，降低工程造价，在工艺允许的前提下，应尽量减少通道的数量。饲喂道和清粪道一般与轴线平行布置，两者不应混用；不同类型牛舍、采用不同饲喂或清粪方式（人工、机械、自动），通道的宽度要求不同。如采用手工或推车方式饲喂精、粗、青饲料，饲喂通道宽度为 1.2~1.4 米；采用 TMR 饲喂车，则饲喂通道的宽度一般为 4.5 米左右。拴系式牛舍采用人工清粪的污道，其宽度一般为 1.4~1.8 米；散栏式牛舍采用刮板清粪的污道，其宽度一般为 4.0~4.5 米。横向通道沿着跨度方向设置，当牛舍较长时，为方便管理，每隔 30~40 米设一横向通道，宽度一般为 1.8~2.0 米。

3. 排水系统布置　一般沿净污道方向设置粪尿沟以排出污水，宽度一般为 0.3~0.5 米，如不兼作清粪沟，其上可设篦子，沟底坡度根据其长度可为 0.5%~2%（过长时可分段设坡），在沟的最低处应设沟底地漏或侧壁地漏，通过地下管道排至舍内的沉淀池，然后经污水管排至舍外的检查井，通过场区的支管、干管排至粪污处理池。牛舍内的饲喂通道不靠近粪尿沟时，宜单独设 0.10~0.15 米宽的专用排水沟，以排除清洗牛舍的水。值班室、饲料间、集乳室等附属用房也应设地漏和其他排水设施。

4. 附属用房和设施布置　牛舍一般在靠场区净道的一侧设值班室、饲料间等，有的幼牛舍需要设置热风炉房，有的牛舍在靠场区污道一侧设畜体消毒间，在舍内挤奶的乳牛舍一般还设置真空泵房、集乳室等。这些附属用房，应按其作用和要求设计其位置及尺寸。大跨度的牛舍，值班室和饲料间可分设在南、北相对位置；跨度较小时，可靠南侧并排布置。真空泵房、青贮饲料和块根饲料间、热风炉房等，可以凸出设在牛舍北侧。

5. 水、暖、电、通风等设备布置　根据牛床、饲喂通道、排水沟、粪尿沟、清粪通道、附属用房等的布置，分别进行水、暖、电、通风等设备工程设计。饮水器、用水龙头、冲水水箱、水槽等用水设备的位置，应在满足技术需要的前提下力求管线最短。照明灯具一般沿饲喂通道设置，尽量缩短线路，产房的照明水平必须方便接产。通风设备的设置，应在通风量计算的基础上进行。

6. 门窗和各种预留孔洞的布置　牛舍大门可根据气候条件、牛床布置及工作需要，设于牛舍两端山墙或南北纵墙上。牛舍大门、值班室门、圈栏门等的位置和尺寸，应根据用途等决定。窗的尺寸设计应根据通风、采光等要求，经计算确定，并考虑其所在墙的承重情况和结构柱间距进行合理布置。除门窗洞外，上下水管道、穿墙电线、通风进出风口、排污口等，也应该按需要的尺寸和位置在设计时统一布置。

7. 牛舍平面尺寸确定　牛舍平面尺寸主要是指跨度和长度。影响牛舍平面尺寸的因素有很多，如建筑形式、气候条件、设备尺寸、通道、饲养密度、饲养定额、建筑模数等。通常，应首先确定牛床、隔栏等主要设备的尺寸。如果设备是定型产品，可直接按排列方式计算其所占的总长度和跨度；如果是非定型设备，则按每头牛占栏面积和采食宽度标准，确定其宽度（长度方向）和深度（跨度方向）。然后，考虑通道、粪尿沟、食槽、附属用房等的设置，初步确定牛舍的跨度与长度。最后，根据建筑模数要求对跨度、长度进行适当调整。

8. 牛舍立面尺寸确定　牛舍立面尺寸主要根据舍内地坪标高、舍内设备及设施的高度尺寸、牛舍承重结构构件高度与门窗和通风洞口设置确定。应综合考虑牛舍的各方向立面的建筑外貌、重要构配件的标高和装饰情况。立面设计包括屋顶、墙面、门窗、进排风口、屋顶风帽、台阶、坡道、雨罩、勒脚、散水及其他外部构件与设备的形状、位置、材料、尺寸和标高。

第四节　饲料区建设

饲料区主要包括青贮设施、干草库、精料库及设备间等建筑。各建筑物的尺寸设计应依据场内奶牛饲养规模和饲喂工艺，按照不同奶牛不同储存周期来考虑不同饲料的储备量，并以此计算各建筑尺寸。在布局时应注意将各设施集中布置（图1-12），并合理设置各设施的朝向，以便于取料顺序的安排和全混合日粮的配制。考虑到送料车辆快速维修和日常维护的重要性，可将机修车间也布置在这一区域。

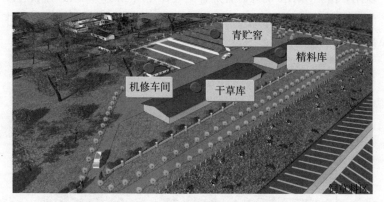

图1-12　奶牛场饲料区布置

一、青贮设施与青贮设备

在世界范围内青贮饲料已成为畜牧业发展必不可少的主要粗饲料来源。青贮技术投资少，见效快；青贮饲料具有营养全、适口性好、成本低廉等特点。在我国，青贮技术已有几十年的发展时间，但普及率尚未达到畜牧业发展应有的水平。

青贮饲料的制备主要采用青贮窖、青贮塔等方式，可根据不同的条件和用量选择不同的青贮方法及相应的配套设施。

（一）青贮窖

青贮窖贮存是最常见的青贮方法（图 1-13）。现代化牧场青贮窖应设计为地上式长方槽形，三面为墙体一端开口，多个青贮窖相连，传统饲养模式下使用的地下式、半地下式青贮窖或青贮塔不利于机械化操作，而且易灌入雨水会严重损害青贮饲料的质量且不易取用。南方雨水多的地区青贮窖上应设计顶棚防雨，减少青贮饲料的损失；北方寒冷地区青贮窖墙体应考虑隔热保温，防止青贮饲料被冻。

图 1-13　青贮窖

1. 窖址选择 青贮窖应建在离牛舍较近的地方，地势要高燥、易排水，远离水源和粪坑，切忌在低洼处或树荫下建窖，以防漏水、漏气和倒塌。

2. 青贮窖规格设计 青贮窖设计存放量一般应能满足 13 个月的青贮供给。按混合群每头奶牛 13 个月消耗青贮玉米 7.6 吨，每立方米库容可储存 600～800 千克计算，每头奶牛 13 个月共需 11 米^{3}青贮玉米。青贮窖一般设计高度约为 4.0 米，则每头奶牛需青贮窖面积约为 3 米^2，一个 1 000 头规模牧场需要 3 000 米^{2}青贮窖面积。南方地区的奶牛场每年可进行夏、秋两季青贮，则青贮窖面积可按 70%设计。

设计青贮窖时应重点考虑其宽度。规模较小的牧场，若青贮窖建得较宽，则每次开窖需要几天才能喂完，青贮料暴露时间长容易造成二次发酵甚至霉变，不仅使青贮料营养价值损失，还影响奶牛健康和牛奶产量；规模大的奶牛场，若青贮窖较窄，不仅建筑造价升高，而且不利于饲喂设备在窖内操作，特别是采用在田里直接收割粉碎的青贮方式，运输车辆无法在窖内转弯，影响工作效率。青贮窖的宽度主要取决于牛群规模和每天平均喂量，每天取料长度以大于 0.5 米为好，假设每天取料长度为 1 米，则计算出 1 000 头规模牧场青贮窖的宽度至少约为 7.2 米，所以 1 000 头规模牧场的青贮窖宽度以 8～12 米为宜，万头牛场青贮窖宽度可设计为 30 米宽（若宽度大于 30 米，封窖时间较长且不方便）。青贮窖高度一般不超过 4.2 米，太高使用拖拉机压实有困难，而且在压实时存在极大的安全风险。青贮窖的长度主要取决于场地大小，同时要考虑窖的宽度和 TMR 搅拌机运行方式。若使用牵引式 TMR 搅拌车，可以到窖内取青贮饲料，则青贮窖可以设计较长；若使用固定式 TMR 搅拌机，青贮窖太长则会影响青贮饲料转运效率。一般青贮窖长度小于 40 米（会影响贮存高度）和大于 100 米（导致取料效率低）都不太合适。

3. 建窖　青贮窖墙体为钢筋混凝土或毛石结构，考虑到墙体承受的压力，不推荐使用砖混结构，内墙要光滑、耐酸腐蚀，墙体气密性要好。窖的地面比场地高 20 厘米，设排水沟，并在窖的开口设 0.1%～0.2% 坡度，以利于排水。青贮窖的排水要进行特殊设计，使青贮期间的汁液等废水排入污水沟，没有汁液渗出时的雨水则排入雨水系统，避免造成环境污染。

4. 装卸设备　青贮窖装料可以在青饲料切碎的同时进行或青饲料收割后直接运回自卸装入。装料时应尽可能保持料面平整，并用履带式拖拉机逐层压实。地上青贮窖的取料可采用专门的青贮料切削装载机。取料时，将拖拉机驶近青贮窖，通过操纵切削机悬臂，放下悬臂并结合动力输出轴，使切削滚筒转动，切削滚筒平稳切下一层一定厚度的青贮料，使其落向下方的装料斗内，由螺旋输送器送入吹送器，再由吹送器直接吹入喂料拖车内。

（二）青贮塔

青贮塔是用钢筋、水泥、砖砌成的永久性建筑物，常呈圆桶形（图 1-14）。一次性投资大，占地少，使用期长，并且青贮饲料养分损失小，适用于大量青贮，便于机械化操作。青贮塔呈圆筒形，上部有锥形顶盖，防止雨水淋入。塔的大小视青贮用料量而定，一般内径 6.0～12.0 米，塔高 16.0～25.0 米。我国的青贮塔大多采用砖砌，国外现代化青贮塔一般采用钢筋混凝土或金属制作，常为装配式，采用工厂制作、现场安装的方法。青贮塔必须有一系列的装料、平整和卸出设备。

图 1-14　青贮塔

1. 装料设备　分段收获时利用青饲料切碎机切碎装料，需要装卸劳动；联合收获时，利用青贮料风送机进行装料。青贮料风送机由喂入斗、抛送器、牵引架及走轮构成。由振动机构使喂入斗往复摆动以便于饲料的喂入。喂入斗下方有螺旋输送器，将饲料输入抛送器。常见的青贮料风送机叶片圆周速度为 42～63 米/秒，直径为 1.2～1.5 米，整机所需功率为 60～93 千瓦。

2. 平整设备　非机械化青贮塔，在青贮时采用人工平整青贮料。机械化青贮塔，常在塔心顶安装由电动机驱动的物料分配板，在风送机进行送料时，先将原料送到分配板上，再由分配板将饲料配送到塔内的各个部分，这样就可以保证塔内的各部分饲料均匀分配，容易压实。

3. 取料设备　机械化青贮塔的取料设备可分为顶卸式和底卸式，而底卸式又可分顶部挖取式和底部挖取式。非机械化青贮塔采用人工取料的方法。青贮塔上开有一列带门的窗口，每间隔 1.7～1.8 米高开一个 0.6 米×0.6 米的窗口。塔外设有与窗口对应的垂直槽，取料时用铁铲将饲料从窗口取出，沿垂直槽下落到置于下方的饲料车上即可。随着塔内青贮料面的下降，可将上一个窗口关闭，使用下一个窗口。

二、干草库

干草是奶牛重要的粗饲料，特别是苜蓿干草价格昂贵，所以干草库的设计既要防雨又要考虑通风，方便控制库内温湿度，以确保库存干草的品质（图 1-15）。

干草库的面积与牛群规模、日平均饲喂量、储存时间、堆垛高度及草捆密度等有关。奶牛场平均每头日均干草饲喂量约为 4 千克，草捆容重约为 300 千克/米³，平均堆垛高度为 5 米。另外，考

图 1-15 干草库

虑通道及通风间隙 20%。若储存干草 180 天，则一个 1 000 头规模
奶牛场的干草库面积约为 6 000 米^2。

干草库一般设计为轻钢结构，檐高 5～6 米，墙体下部为 50 厘
米砖混墙体，上部为单层彩钢瓦，上、下均留有通风口。地面为混
凝土结构，需比周围场地高 20 厘米，注意做好室内排水。设计干
草库需要考虑防火要求，这非常重要。大型牧场的干草库不应设计
为一栋或连体式，干草库之间要有适当的防火间隔，配置消防栓和
消防器材，维修间、设备库、加油站要与干草库保持安全的防火
间距。

三、精料库

奶牛精料补充料是日粮的重要组成部分，占泌乳牛日粮干物质
的 50% 左右，其直接关系到奶牛的产量和牛奶质量。

精料库的面积与牛群规模、日平均饲喂量、储存时间、堆垛高
度等有关。奶牛场平均每头精料饲喂量约为 7 千克，原料库存需满
足 2 个月饲喂量，原料平均堆放高度为 2 米。另外，考虑通道及通
风间隙 20%。一个 1 000 头规模奶牛场的原料库面积约为 450 米^2，
精料加工机组占地面积约为 100 米^2，配合好的精料放置在成品仓

中，因此整个精料库面积约为 600 米²。精料库可分割成每 4.8 米为一间，以便于分类贮存蛋白补充饲料原料、矿物质预混料、液体脂肪、维生素等饲料原料。

精料库一般设计为轻钢结构，檐高 5～6 米，墙体下部为 50 厘米砖混结构，上部为单层彩钢瓦，上、下均留有通风口。地面为混凝土，结构需比周围场地高 20 厘米。特大型牧场需专门设计饲料加工车间，玉米等粒状谷物原料可使用立筒仓，如此可将原料库面积相应缩小。

四、配套设施

饲料区的配套设施主要有地磅、机修车间和设备间。

选择地磅时需要注意量程和地磅秤台面的长度，一般大型牧场应选择量程 100 吨、台面长度 18 米的地磅。

机修车间需要经常使用电焊、切割等产生火花的工具，因此要和干草库保持足够的防火距离。

设备间主要用于放置拖拉机、喂料车、装载机和青贮收获设备，南方地区需要着重防雨，北方寒冷地区还需要采取保温措施，以保证冬季喂料车能正常运行。

第五节　养殖场粪污处理区建设

粪污处理区应设置于场区常年主导风向的下风处和地势较低处，并和牛舍保持适当卫生距离。种植绿化隔离带，以防止粪污处

40

理区污浊气体和用水污染生活办公区、生产区和饲料区。粪污处理区内应科学设置病尸高压灭菌或焚烧处理设备和粪便及污水储存处理设施等。粪污处理区内的粪污处理设施与生产区有专用道路相连，与场区外有专用大门和道路相通。

在进行粪污处理区规划设计时，应考虑将奶牛粪污作为农田肥料的原料；选址时避免对周围的公害；充分考虑奶牛场所处的地理与气候条件，做好防雨防雪措施，严寒地区的堆粪时间长，场地较大，而且收集设施与输送管道要防冻。

一、粪污量估算

估算粪便与污水的体积是粪污处理的重要一步。计算奶牛的粪便与污水，需要考虑奶牛场牛群结构及数量、牛舍清粪方式及输送方式、挤奶厅冲洗用水以及青贮窖渗水。

按照荷斯坦奶牛标准，每头体重为450千克的奶牛每天生产31～59千克的粪便。新鲜粪便是含固率为12％～14％的固体物质。实际粪便量和新鲜粪便中的固体含量很大程度上取决于所喂的饲料。一般情况下奶牛生产阶段、体重和每日排泄量的关系见表1-6。

表1-6　奶牛每日排泄量

生产阶段	体重（千克）	每日排泄量		含水率（%）
		（千克）	（升）	
后备牛	68	6	5.70	88
	113	10	9.00	88
	340	30	28.30	88
泌乳牛	450	48	48.00	88
	635	67	68.00	88

(续)

生产阶段	体重 （千克）	每日排泄量		含水率 （%）
		（千克）	（升）	
干奶牛	450	37	1.30	88
	635	52	1.83	88

二、牛场粪污处理系统及配套设施

完整的粪污处理系统包括牛粪尿的收集、输送、存储、后续处理、还田。各种粪污处理系统都存在自身的优缺点。合理的使用和管理是粪污处理系统正常运作的关键。在选择粪污处理系统的具体运作时，需要考虑以下几方面的因素：奶牛场养殖模式、规模大小，奶牛卧床垫料，所在地的农田耕作措施，周边水源和周边环境，以及未来的扩展。

一个完整的粪污处理系统要达到以下处理目标：清洁的设施——保证奶牛健康与产奶质量的要求，降低奶牛场臭气和粉尘，防止病虫害的滋生；处理与利用时保证安全性，避免土壤、地下水及地表水的污染；经济性，处理设施、运行成本低廉；环保及可持续性，生物技术及生态工程手段的运用；尽可能地循环利用，实现资源的循环再利用以及营养物质利用的平衡；遵循国家和地方关于环境保护的有关法律法规。

近年来，随着从清粪到后续处理设备、设施的不断研发和技术创新，奶牛场粪污处理系统已经有了很大的提高和完善，越来越多的新技术、新设备逐步进入国内的奶牛养殖业，为整个奶牛养殖业的健康持续发展提供了有力的保障。

（一）固液分离系统

奶牛场粪污通过收集后进行固液分离，最大限度地回收可以加工成有机肥的固体物质（图 1-16）。固液分离通常采用机械、格栅及重力的方式。

图 1-16　牛场固液分离系统

机械分离采用的固液分离设备大部分是从国外引进。国内的固液分离设备处理量较小，每小时一般几十吨，不适合 3 000 头以上奶牛场。国外设备每小时处理量可以达到 200 吨以上，对大型奶牛场比较适用，且功率较低，一般在 5 千瓦以下，分离后的粪便含水率可以降至 70％以下。

除了机械分离以外，如果奶牛场场地足够大，可以考虑设计建设固液分离池的形式对粪污进行分离。固液分离池体积较大，一般设计能容纳 3 个月以上的粪污量，是集分离和存储于一体的构筑物。该系统适合任何性质的牛粪，包括含沙牛粪，不受含水率的影响，在重力和格栅的作用下将废水和固体分离，不需要动力，只需要定期清理即可，清理时车辆可以自由进出分离池。该系统简单实用，维修率低，同时可以节省粪污处理成本和劳动力。该系统可以清除粪便中 60％的固体，最后得到的固体还可以作为卧床回收利用。另外，通过固液分离池还可以产生稳定的粪便，作为宝贵的土壤改良剂。

（二）牛床垫料生产系统

牛粪经过固液分离后的固体含水率可以降至 70％左右，这些分离后的牛粪可以进一步处理后作为牛床垫料进行回收利用，可为奶牛场节约牛床垫料成本。使用专门的牛床垫料处理设备将牛粪加工成牛床垫料（图 1-17）。该系统经技术研发和设备改进后，利用固液分离机对粪污进行分离，分离后的固体牛粪经风干晾晒或发酵处理后，可迅速制成牛床再生垫料。

图 1-17　好氧发酵牛床垫料生产设备

牛床再生垫料制作的关键环节是降低奶牛场粪污的含水率，主要利用技术为固液分离。粪污经固液分离后既可分离出粗纤维物质，从而制作牛床再生垫料，又便于污水的回收利用或达标处理。奶牛粪便与其他畜禽粪便相比，含有较多粗纤维物质与大颗粒粪渣，在选择固液分离技术时应考虑其分离效率及堵塞情况。固液分离技术在我国起步较晚，发展较为缓慢，到 20 世纪 80 年代，才从国外引进了几种分离设备，如斜板筛、转动筛、挤出式分离机和带式压滤机等。国外的固液分离技术发展较快，适用于奶牛场的螺旋挤压式固液分离机技术在奥地利和意大利等多个国家备受推崇，已开始进入我国市场。

生物杀菌消毒在牛床再生垫料的制作过程中使用较为广泛，并已有成套的生产设备，如奥地利的 BRU 牛床垫料再生系统（图 1-18）。该系统利用发酵过程中产生的热量使物料内部温度升高，使病原菌在高温下失活，达到杀菌消毒目的。

图 1-18　BRU 牛床垫料再生系统

（三）固体牛粪好氧堆肥系统

传统的处理方式为堆肥，生产有机肥后还田。这种方式应用性很强、投入少、可靠性强、效果好，许多奶业发达国家将其作为主要方式应用。

堆肥：将含水率 65% 左右的牛粪堆肥发酵，该发酵为有氧过程，本身产生大量热量，使温度达到 49~60℃，在此温度下，堆肥发酵 42 天，中间进行 6 次翻抛，平均 7 天翻抛一次，经过 42 天的高温发酵后，固体含水率可以降至 30% 以下，灭菌率达 90% 以上，产品可以作为有机肥或牛床垫料。这种技术比较成熟，在国内应用较多（图 1-19）。

影响堆肥效率的因素主要有：①含水率，堆肥物料含水率要求 60%~70%，过高会造成厌氧腐解而产生恶臭；②通风供氧，以保持有氧环境和控制物料温度不致过高；③适宜的碳氮比，C：N＝（25~30）：1；④控制温度，通过通风或翻堆使堆肥温度控制在 70℃ 左右，如果高于 75~80℃，则导致"过熟"。

传统的堆肥为自然堆肥法，无须设备和耗能，但占地面积大、腐熟慢、效率低；现代堆肥法是根据堆肥原理，利用发酵设备为微生物活动提供必要条件，可提高效率 10 倍以上，堆制时间最快可

图 1-19　堆肥发酵

缩短到 6 天。

（四）存储塘

存储塘按照细菌分解类型的不同可分为好氧性和兼性存储塘、厌氧性存储塘两种。

1. 好氧性和兼性存储塘　好氧性存储塘由好氧细菌对粪便进行分解，而兼性存储塘则上部由好氧细菌起作用，下部由厌氧细菌起作用。这两种形式都必须供应氧气。按照供应氧气的方法又分为自然充气式和机械充气式两种。

（1）自然充气式存储塘　好氧性自然充气式存储塘的深度常在1.0 米左右，兼性存储塘则常为 1.0～2.5 米。它们都靠水面上藻类植物的光合作用提供氧气。藻类植物生长的温度范围为 4～35℃，最佳温度为 20～35℃。在最佳温度下，好氧性自然充气式存储塘可在 40 天内将生化需氧量（BOD）减少 93％～98％。自然充气式存储塘不需要动力，但占地面积很大。为了克服此缺点，可设法减少其进入液体的有机物含量，或在粪液进入以前进行固液分离，以减少存储塘的容积和面积。

（2）机械充气式存储塘　利用曝气设备从大气提取氧气。使好氧细菌获得充足的氧气，同时使有机物呈悬浮状态，以便对有机物进行好氧分解。机械充气式存储塘所用的曝气设备可分压缩空气式和机械式两类。压缩空气式曝气设备包括回转式鼓风机及布气器或扩散器。机械式曝气设备则是安装于存储塘液面的曝气机，常用的是曝气叶轮，其中最常见的是立轴泵型叶轮，安装时常浸入池液中。叶轮可安在架上或用浮桶浮动支持。当叶轮转动时，液体沿叶轮的叶片向轮周流动，并高速离开轮缘，抛向空中后再行落下，以促进空气中氧气在池中的溶解。机械充气式存储塘的深度为 2～6 米。机械充气式存储塘分好氧型和兼性型。兼性型的深度较大，而且采用较小功率的曝气机，此时存储塘底部将进行厌氧分解。因为它比较经济，所以机械充气式存储塘通常采用兼性型。

2. 厌氧性存储塘　厌氧性存储塘的池深一般为 3～6 米，不设任何曝气设备，同时由于发酵而形成的水面浮渣层，使自然充气减少到最小程度，故主要由厌氧细菌进行粪便的分解，并进行沉淀分离。厌氧性存储塘的优点是不需要能量，管理少而节省劳动力，且能适应固体含量较高的粪液；缺点是处理时间长，要求池的容积大，对温度敏感，寒冷时分解作用差，有臭味。

存储塘上部的液体每年卸出 1～2 次，卸出量为 1/3 以上，但应保留至少一半的容量，以保证细菌继续活动。沉淀的污泥 6～7 年清理一次。

厌氧性存储塘的容量包括最小设计容量、粪便容量、稀释容量、25 年一遇的 24 小时暴雨量和安全雨量。应综合当地气候条件、作物生长季节、土壤需求等确定容积，一般情况下其最小容积不低于当地农林作物生产用肥最大间隔时间内本养殖场所产生的粪污总量；侧坡高度应大于 300 毫米，防止雨季倒灌。设计的存储期过短会造成存储设施过早充满；设计的存储期过长会造成不必要的投资浪费。奶牛厌氧性存储塘的最小设计容量 56.3～107.4 米³/吨体重。厌氧性存储塘的最小设计容量是为了保留应有的细菌数量，炎热地区采用小值，寒冷地区采用大值。厌氧型存储塘的粪便容量按存贮时间根据奶牛头数和奶牛每日排粪量计算。稀释容量常取最小设计容量的 1/2。

考虑到施肥环节的生物安全性和非用肥季节的粪污存放需求，液体粪污经常需要在场区内发酵熟化处理一段时间再进行大田施用，存储时间一般为 4～6 个月（图 1-20）。

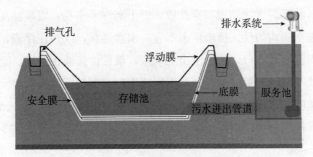

图 1-20　存储塘存储示意

（五）氧化沟

氧化沟一般可建于牛舍附近或舍内漏缝地板的下面。氧化沟处理粪污借鉴了污水的活性污泥处理法。20 世纪 60 年代出现了氧化沟处理法，它是一种改进后的活性污泥处理法。氧化沟是一个长的环行沟，沟的端部安装卧式曝气机，曝气机为一带横轴的旋转滚筒，滚筒浸入液面 7～10 厘米，滚筒旋转时不断打击液面，使空气充入粪液内，使粪液以 0.4 米/秒左右的速度沿氧化沟运动，并使固体部分悬浮和混合，加速好氧性细菌的分解过程。氧化沟处理后的液体部分可施入农田或贮存在池中待用。氧化沟也可建在舍外，用于处理水冲清粪后的粪液、挤奶间和加工厂的污水等。氧化沟工作时消耗劳动少，无臭味，要求沟的容量小，但需消耗动力和能量。

（六）沉淀池

粪污中的大部分悬浮固体可通过沉淀去除，从而大大降低生物处理的有机负荷。沉淀池分平流式和竖流式两种。平流式沉淀池为长条形，池一端接进液管，另一端接排液管。池沿纵向分进液区、沉淀区和排液区。池的进口端底部，设有一个或多个贮泥斗，贮存沉积下来的污泥。沉淀池的进口应保证沿池宽均匀布水，入口流速小于25毫米/秒，水的流入点高出积泥区0.5米，以免冲起积泥。进液区和沉淀区之间设有穿孔壁，壁上有许多小孔，以增加流动阻力和进水的均匀性。排液区上部有一出水挡板，以挡住浮渣，挡板顶部为锯齿形堰口，用于溢出上清液，最后由排液管排出。竖流式沉淀池一般为圆形或方形。池内水流方向与颗粒沉淀方向相反，其截流速度与水流上升速度相等。进入液由中心管的下口流入池中，在挡板作用下向四周扩散，由四周集水槽收集。沉淀池贮泥斗倾角为45°～60°。

无论何种沉淀池，沉淀下来的污泥需定期排除，可将池排空后清除，或设两个池轮换使用，空池作干化床，污泥干燥后再清除。有的沉淀池中还设泥斗、污泥刮板或可移动污泥管（泵）等，随时清除污泥而不中断沉淀持续运行。

（七）沼气工程

沼气工程在各个行业均有应用，其原理是在厌氧微生物的作用下，将可生物降解的有机物转化为CH_4、CO_2和稳定物质的生物化学过程。奶牛粪便即为水和未消化的饲料的混合物，其中含有大量的可降解有机质，是很好的沼气发酵原料之一。在国内沼气工程已应用于大中型奶牛场（图1-21）。沼气工程的应用综合考虑奶牛场所在地、奶牛饲料种类及清粪方式等因素。

奶牛场沼气工程一般的流程为：牛舍出来的粪尿和污水进入厌氧消化池，经过厌氧消化后的沼渣、沼液进行固液分离，固体堆肥，液体进入储存池，一定时间后还田，沼气收集净化后进行发电，发出的电可为奶牛场自用，在当地政策允许的地区也可以外

图 1-21　沼气工程

售，发电余热为沼气池进行加热，保持发酵温度。

厌氧发酵过程通常的停留时间为 15～25 天，发酵温度一般为35℃。厌氧发酵后的出水臭味降低，在一定程度上解决了储存和处理大量奶牛场粪便时产生的臭味和蚊蝇滋扰问题。发酵过程并没有显著减少粪便量和养分含量，但是却改变了氮的存在形式，更适合作为肥料还田。

奶牛场沼气工程的核心部分为沼气池，主要有三种：全混式罐体式沼气池、地下或半地下推流式沼气池及覆膜式沼气池。

（1）全混式罐体式　全混式罐体式发酵池主要具有以下特点：占地少、不易渗漏，适合土地紧张及地下水位较高地区；需要周期性的混合搅拌，一般使用搅拌桨或者泵进行搅拌，这是全混式厌氧消化罐的重要条件之一；分批进料处理，保证了停留时间，同时满足了完全混合的要求；沼气产生率高，一般每立方料可产沼气1.0～1.5 米^3；运行成本高，不停地机械搅拌势必加大了整个工程的运行费用；发酵罐可以是钢结构或者混凝土结构，不同的建筑材料，造价也不尽相同，投资相对较高。

（2）地下或半地下推流式　地下或半地下推流式沼气池在美国大中型奶牛场使用比较多，占 51％左右，这与美国土地资源丰富有一定的关系。具有以下特点：维护较少，分批均匀进料处理，可以保证物料发酵完全；在各种气候条件下均可有效利用；由于使用地下或半地下混凝土池，同时池内盘有加热保温管，使得发酵池受外界的温度影响较小；按 1 头泌乳牛的粪尿停留时间 20 天计算，需要发酵体积约为 1 200 米^3，故大中型奶牛场配套的发酵池体积较大，而且发酵池一般是钢筋混凝土池，同时设计防渗，因此发酵池造价较高；根据地下水位的高低择优选择地下或半地下。

（3）覆膜式　覆膜式沼气池投资较小，池底、池壁及池顶均是采用 HDPE 膜的形式，相比混凝土结构造价会降低很多，在一些奶牛场可以利用原有的污水储存池直接改造而成；维护较少（除了进料、出料及沼气收集装置，基本上不需要其他设备，整个系统维修较少）；原料直接进料处理，不需要分批进料，奶牛场每天的粪尿直接进入发酵池；可以处理低固体粪便污水（由于不以产气量为目的，停留时间长，可以处理含固率低于 6% 的粪污）；停留时间一般能达到 3 个月或以上，由于不能保证中温发酵，同时没有搅拌措施，产气率较低；占地面积较大，没有加热保温措施，受外间气温影响较大，在外间温度较低时，整个系统将会在低温的模式下进行发酵。

参考文献

胡朝阳，韩国林，2011. 如何设计奶牛场饲草料区 [J]. 中国奶牛 (9)：29-31.

李保明，施正香，2006. 设施农业工程工艺及建筑设计 [M]. 北京：中国农业出版社.

梁欢，左福元，袁扬，等，2014. 拉伸膜裹包青贮技术研究进展 [J]. 草地学报，22 (1)：16-21.

潘强，冯淳元，赵成龙，等，2017. 裹包青贮饲料技术应用现状及制作规
    程研究 ［J］. 粮食与饲料工业（5）：44-48.

彭英霞，李俊卫，张晓文，等，2020. 奶牛场粪污循环利用工艺模式及设
    计要点 ［J］. 黑龙江畜牧兽医（15）：61-66.

史枢卿，侯玉漂，2004. 奶牛场建设工艺设计综述 ［J］. 中国乳业（12）：
    34-36.

王盼柳，施正香，曾雅琼，等，2017. 牛床再生垫料生产技术模式和产业
    需求分析 ［J］. 中国畜牧杂志（3）：147-153.

辛萍萍，孙健，王金君，2008. 裹包青贮的应用进展 ［J］. 中国奶牛（6）：
    24-26.

杨智明，李国良，杜广明，等，2011. 苜蓿青贮技术研究现状 ［J］. 当代
    畜牧（10）：31-33.

第二章
奶牛健康养殖环境控制

　　家畜的健康和生产性能受遗传和环境两方面因素的影响，由于奶牛泌乳量的遗传力只有 0.2～0.3，可见奶牛泌乳量受环境因素的影响更大。随着动物营养研究的深入及饲料配制技术的完善、防疫制度的健全，特别是奶牛饲养规模的扩大和集约化程度的提高，良好的牛舍小气候环境对奶牛健康和生产性能的作用更加凸显。影响奶牛健康养殖的环境因素涉及空气温度、空气湿度、气流、光照等小气候环境因子，以及微粒、微生物等气溶胶物质、有害气体等空气质量环境因子，这些要素既可以单独对奶牛产生影响，又可以相互作用产生综合效应。

第一节　奶牛舍气溶胶和有害气体管理

一、奶牛舍气溶胶的产生及对奶牛生产的影响

（一）气溶胶的基本概念

　　气溶胶是分散在气体中的固体粒子或液滴所组成的悬浮体系。悬浮在空气中的 1 纳米至 100 微米的固态和液态颗粒物形成的气溶胶，其上往往附着有氨气、病原微生物等成分。畜禽养殖产生的气溶胶具有生物活性（又称生物气溶胶）且产生排放量大，不仅对舍

内动物健康造成影响，而且可以借助空气介质的扩散和传输，引发
人类和动植物疾病的流行传播，并造成大气污染。畜禽场产生的气
溶胶颗粒主要包括细菌、真菌、病毒、衣原体、支原体、立克次氏
体、尘螨、花粉、孢子、动植物源性蛋白、各种菌类毒素及其碎片
和分泌物等。

（二）奶牛舍气溶胶来源、特性和迁移过程

1. 来源　奶牛舍气溶胶来源比较广泛，奶牛的生理代谢活动
会向环境中排放有害气体和微生物，如奶牛的呼吸、反刍和排气
等。有研究表明，人体在安静状态下每分钟可向外界空气排放
$500 \sim 1\ 500$ 个微生物，打喷嚏或咳嗽时能够排出 $10^4 \sim 10^6$ 个携带微
生物的颗粒（车凤翔，1986），在规模化养殖环境中，通过奶牛机
体排放的气溶胶数量巨大。同时，奶牛皮屑和毛屑及排出粪、尿的
分解等，也是气溶胶的主要来源。奶牛舍气溶胶还可来自舍内的日
常操作管理，如饲料分发、垫料翻动、牛舍清扫等作业过程，均可
使舍内颗粒物浓度大大增加，牛舍内高湿环境也会促进气溶胶的形
成。此外，牛舍建筑形式、奶牛饲养方式、生理阶段的不同，产生
的气溶胶成分、浓度也有所不同。由奶牛反刍等生理活动产生的微
生物和有害气体，饲料、饮水、垫草中的微生物和大颗粒经风化、
腐蚀或磨耗后，经过空气气流弥散，与水、尘埃颗粒相结合，悬浮
在空气中形成气溶胶。

2. 理化特性　奶牛舍气溶胶成分复杂，其中可能造成危害的
主要是气体颗粒物，以及附着在颗粒物上的致病微生物和有害气
体等。不同来源的气体颗粒物，其形状大小、浓度、粒径、化学
成分也不尽相同。绝大部分颗粒物呈不规则形状，如薄片状、椭
圆形及晶体状等（图 2-1），直径在几纳米到十微米之间。奶牛舍
气体颗粒物浓度受多种因素影响，包括奶牛饲养方式、饲养密度
以及舍内环境控制、季节变化、采样时间等。与其他畜禽舍相

比，奶牛舍多采用开放或半开放式系统，牛舍环境中气体颗粒物浓度相对较低，其中总悬浮颗粒物（Total suspended particle，TSP）浓度一般低于 1 毫克/米³（Hinz T 等，2007），但由于奶牛体型、圈舍面积较大，传播扩散过程复杂，其颗粒物绝对排放量仍然不能忽视。气体颗粒物按照其粒径大小可以分为可吸入颗粒物（又称总悬浮颗粒物）、可入胸腔颗粒物和可入肺颗粒物等。其中 TSP 通常指空气动力学直径小于 100 微米的颗粒物；PM_{10} 指空气动力学直径小于或等于 10 微米的颗粒物，它们可以通过呼吸系统进入人体胸腔及肺部，因此也被用来代表入胸腔颗粒物；$PM_{2.5}$ 是指空气动力学直径小于 2.5 微米的大气颗粒物，它们能够进入人体肺泡，也被称为可入肺颗粒物。一般夏季奶牛舍 PM_{10} 和 $PM_{2.5}$ 浓度分别在 95 微克/米³ 和 39 微克/米³ 左右（Kammer J 等，2019），到冬季由于通风量减小，各粒径颗粒物浓度相应升高，通常小粒径颗粒物数量浓度相对较高，大粒径颗粒物质量浓度相对较高。

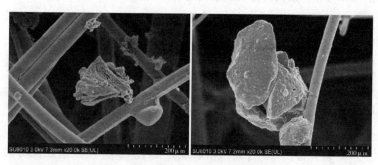

图 2-1　扫描电镜下气体颗粒物形状

奶牛舍中约 90% 的气溶胶粒子由有机物质组成，主要有生物来源的初级粒子，如真菌、细菌、病毒、内毒素及过敏原等，还有来源于饲料、皮肤和粪便的粒子等。气溶胶的粒子组成与奶牛饲养管理方式、废弃物类型有关，其成分中主要元素为碳、氧、磷、硫、钠、钙、铝、镁、钾等，氮元素含量相对其他类型畜禽舍较少，当舍内空气湿度较大时含有较多的矿物质和灰分，各种元素的相对含量与粒子来源有关。

3. 气溶胶迁移过程及影响因素　在生产管理、通风、奶牛活动等各种外力作用下，悬浮于空气中的气溶胶随着舍内的空气流动进行迁移，在迁移过程中也伴随着部分气溶胶粒子的沉降和再悬浮。影响奶牛舍气溶胶产生和迁移的主要因素主要包括通风换气、饲养密度、垫料种类、饲料、清粪方式等。通风换气是气溶胶在舍内外迁移的主要渠道，很多携带传染性疾病的微生物气溶胶通过空气传播，造成畜禽疾病的大规模暴发，如口蹄疫等。在奶牛养殖过程中，饲养密度过高时，动物之间相互拥挤，活动量增加，躺卧休息时间少，排泄物增多，极易造成小环境内有害气体、粉尘和微生物含量增加，气溶胶也随之加速形成和扩散。牛床垫料和饲料是奶牛舍气体颗粒物和微生物的主要来源，不同类型的垫料和饲料产生的粉尘形状大小、粒径分布不同，经过发酵产生的微生物种类也有很大差别，这些都是影响奶牛舍气溶胶产生和迁移的重要因素。

气溶胶在奶牛舍内运移，排放到舍外环境后对周围大气环境和居民生活环境造成影响。由于气溶胶携带大量的重金属、挥发性有机物和微生物等，这些物质排出舍外后随着大气进行传播，破坏空气质量，传播病原微生物和病毒，影响周围居民生活环境；同时，部分气溶胶粒子在大气中还会发生物理和化学反应，形成二次气溶胶，如颗粒物中吸附的氨气与硫酸、硝酸、盐酸反应后形成硫酸盐、硝酸盐等无机颗粒，对环境造成二次，甚至多次污染。

（三）气溶胶对奶牛健康的影响

奶牛舍气溶胶含有大量致病微生物和颗粒物，气溶胶的传播和扩散会危害舍内奶牛和工作人员的健康水平，容易引起奶牛呼吸道疾病和传染性疾病的大范围传播。气溶胶影响奶牛呼吸道健康主要通过 3 种方式：第一种是气溶胶直接刺激呼吸道黏膜，抵制机体对呼吸系统疾病的免疫反应；第二种是气溶胶中附着的化合物对呼吸道的刺激；第三种是气溶胶表面病原性和非病原性微生物的刺激。气溶胶颗粒物表面附着大量的重金属离子、挥发性有机化合物、NO_3^-、SO_4^{2-}、NH_3、臭味化合物、内毒素、抗生素、过敏原、尘螨及 β-葡聚糖等物质，这些物质以气体颗粒物为载体进一步危害呼吸道健康。同时，微生物气溶胶中的细菌、真菌和内毒素等也容易引起呼吸道感染。奶牛舍空气中细菌多是以葡萄球菌和链球菌为主的革兰阳性菌，而革兰阴性菌在奶牛舍中的含量相对较低（小于10%），但由于舍中总细菌浓度较高，所以革兰阴性菌仍然是高含量存在物。另外，奶牛舍及周边环境内毒素浓度较高，一般可达 0.66～23.22 活性单位/米^3（戴鹏远等，2018）。内毒素是指来自外膜的磷脂多糖复合物，比如来源于大肠杆菌、沙门氏菌、志贺菌、假单胞菌、奈瑟氏球菌、嗜血杆菌等。奶牛长期暴露在高浓度内毒素环境中，会引起真菌气溶胶诱发的肺部感染及呼吸道炎症反应，这也是动物呼吸系统常见病，也对牛场工作人员及周边居民有很大的潜在健康危害。同时，致病性微生物气溶胶通过空气媒介，导致疾病在场区内快速暴发，同时造成疾病在不同场区间的大范围传播，如动物口蹄疫病毒通过空气传播，往往能感染距离源头数公里处的动物。

有研究表明，对于密闭式奶牛舍，冬季舍内过高的空气湿度和气溶胶浓度易引发奶牛支气管炎、肺炎等呼吸道疾病，导致奶牛出现采食量降低、消化率下降、抵抗力下降等慢性中毒症状（鲁煜建，2018）（图 2-2）。2014 年 9 月我国东北、河南等地暴发了因微生物气溶胶传播导致的口蹄疫疾病，部分发病率可达 50% 以上，致死率达 10%，给畜禽养殖产业带来巨大经济损失（孙宏起，2017）。

图 2-2　密闭式奶牛舍冬季生产现场

二、奶牛舍有害气体来源及其对奶牛的影响

(一) 奶牛舍有害气体

在规模化畜禽养殖生产过程中，常常伴随大量有害气体的产生和排放，这些有害气体一方面对畜禽健康造成危害，影响其生产性能的发挥，降低养殖生产效益；另一方面，部分有害气体排放到舍外环境后引起大气污染和气候变化。其中，奶牛生产是重要的有害气体排放源，尤其在大规模、高密度饲养环境中。在这种饲养环境中，由于奶牛需要呼吸新鲜空气，排出代谢废气，保持自身健康与生产性能，故舍内空气质量调控尤为重要。牛舍内的有害气体对奶牛和饲养员都有着严重的健康危害。国际兽医局调查发现，牛舍空气质量和通风较差时，会升高奶牛呼吸系统疾病发病率，增加死亡率。

(二) 奶牛舍有害气体种类、来源和排放特征

1. 种类与来源　奶牛舍产生的主要有害气体物质包括氨气

（NH_3）、硫化氢（H_2S）、二氧化碳（CO_2）、甲烷（CH_4）、氧化亚氮（N_2O）以及臭气等（刘明等，2019）。其中 NH_3 主要来源于奶牛排泄的粪便、饲喂的饲料、垫料垫草的发酵与分解，尤其是未经处理的尿液中的氮在脲酶的催化作用下发生水解，产生 NH_3 和 CO_2。H_2S 主要由粪、尿中含硫有机物分解产生，当奶牛采食富含蛋白质的饲料而消化不良时，肠道也会排出少量的 H_2S。CO_2 的排放主要源自奶牛的呼吸以及供暖设备中化石燃料的燃烧，还有一少部分来自粪污中微生物的呼吸作用。CH_4 主要是由奶牛的反刍活动产生的，饲料在瘤胃中经过微生物发酵产生 CH_4，喷射到空气中。舍内的粪便，在好氧条件下，硝化细菌的硝化作用可以将氨态氮氧化成硝态氮，其间产生 N_2O；在无氧或者缺氧条件下，细菌的硝化作用可以将硝态氮还原成 N_2、NO 和 N_2O。奶牛舍的臭气主要由地面的粪、尿及牛床垫料和饲料残渣经微生物分解产生，同时奶牛体内未完全分解的饲料经过发酵也会产生恶臭气体。

2. 排放特征　NH_3、H_2S 是奶牛舍两种主要的有害气体，相较于鸡舍和猪舍，奶牛舍 NH_3 和 H_2S 的浓度和排放率相对较低（王悦等，2017），H_2S 气体的浓度和排放率均小于 NH_3。奶牛舍 NH_3 浓度一般为 0.03～6.50 毫克/米³，排放率为 5.8～134.4 克/（头·天）；H_2S 浓度通常小于 1 毫克/米³，其排放率约为 0.254g/（头·天）（Wu 等，2020）。

（1）NH_3 的排放特征

①日变化规律　NH_3 浓度与排放率呈现出白天高、夜间低的特征，与温度具有正相关关系，但受牛舍日常管理方式（清粪时间及频次、通风量大小等）等因素的影响也会呈现出不同的变化规律。

②季节变化规律　通常情况下，受冬夏季温度和通风量影响，奶牛舍内 NH_3 浓度与排放量呈现冬季低、夏季高的规律。对于北方寒区的密闭式奶牛舍，在冬季以保温为主要目的，长期密闭环境下，牛舍内氨气会因积聚作用而出现较高浓度。

③空间分布特征　由于 NH_3 主要来源于牛舍的粪、尿，相较于其他区域（采食区、卧床等），牛舍粪道区域的有害气体浓度较高。在垂直方向上，粪、尿区域近地面高度的有害气体浓度较高，由于 NH_3 比重小于空气，随着粪、尿的清除，上层气体的浓度会不断升高。

（2）其他气体的排放特征　对于开放和半开放式类型的奶牛舍，牛舍内 CO_2 的浓度通常为 $2\,000 \sim 4\,000$ 毫克/米³，但对于寒区密闭式奶牛舍，在长期密闭环境条件下，牛舍内 CO_2 浓度可以达到 $8\,000$ 毫克/米³以上（秦仕达，2016），需要进行及时的通风换气。

奶牛舍的 CH_4 主要来自奶牛的肠道发酵，其排放高峰时段与牛舍喂料时间吻合（Zhu 等，2014）。牛舍 N_2O 主要来自粪便，其排放特征与粪便管理方式以及温度变化有一定的相关性。

相较于鸡舍和猪舍，牛舍产生的恶臭挥发性有机物种类更少，含量更低，以低级脂肪酸为主，主要来源于粪便中碳水化合物的分解。

3. 影响因素　影响奶牛舍有害气体时空分布和排放特性的因素可以从有害气体的产生、挥发和排放三个过程进行总结。粪、尿和奶牛的肠胃发酵是奶牛舍 NH_3、CH_4 和 N_2O 的主要产生源，对奶牛粪污成分、理化特性和肠胃发酵过程产生影响的因素均会影响有害气体的产生过程，如日粮水平、环境因素、粪便清理和管理方式等。以 CH_4 和 N_2O 为例：甲烷的产生主要分为氢化产 CH_4 和乙酸产 CH_4 两条途径，其中氢化产 CH_4 是反刍动物瘤胃中 CH_4 产生的主要途径，而乙酸产 CH_4 则是畜禽粪便贮存过程中 CH_4 产生的主要的方式；硝化和反硝化作用被普遍认为是 N_2O 的产生机理。因此，瘤胃中产 CH_4 受饲料配比（奶牛日粮中精粗比）的影响，粪便厌氧发酵产生 CH_4 的量受粪便的理化特性（碳氮比、挥发性固体含量、含水量、pH 等）、环境因素（温度和风速）和管理措施（粪便堆高及堆体大小、覆盖或表面结壳）等多因素的影响，

N_2O 的产生量受微生物生活环境中氧气状况、温度、水分、管理
条件等的影响，养分下渗过程中的排放还受土壤类型的影响。有害
气体的挥发和排放过程受到较多因素的影响，以 NH_3 为例，粪便
清理方式、牛舍建筑类型等对 NH_3 挥发和排放的作用尤为明显，
不同的清粪方式对粪、尿的混合程度不同，影响了细菌与粪便的接
触面积，进而影响气体排放。清粪频次影响粪便在牛舍的贮存时
间，如果将奶牛粪便在舍内长时间储存，特别是在高温下，将导致
大量的 NH_3 和温室气体排放。除环境因素外，房舍建筑形式、地
面类型和牛舍通风方式等也是影响奶牛舍 NH_3 挥发的主要因素。

（三）有害气体对奶牛健康的影响

通常，牛舍 NH_3 不应超过 20 毫克/米^3。NH_3 对人畜产生的危
害主要受浓度和持续时间的影响。低浓度的 NH_3 对牛的呼吸道与
眼睛黏膜有刺激作用，NH_3 进入牛呼吸道可能引起咳嗽、气管炎
症、肺水肿出血、呼吸困难、窒息等。NH_3 还可造成牛眼结膜充
血、发炎，甚至失明。高浓度 NH_3 可经由肺泡进入血液循环系统，
造成组织蛋白变性、肺功能障碍，影响机体的代谢和免疫机能，降
低饲料的利用率。

牛舍空气中 H_2S 含量不应超过 8 毫克/米^3。H_2S 具有强烈的
刺激性和腐蚀性，溶于水可生成氢硫酸，与 Na^+ 结合生成 Na_2S，
刺激呼吸道和眼睛黏膜，引起呼吸道炎症和眼炎，动物会出现呼吸
不畅、鼻塞咳嗽、气管炎、惧怕光照、眼睛红肿等症状。H_2S 还是
强还原性气体，进入呼吸道后与其中的 Fe^{3+} 结合，从而阻断细胞
呼吸，导致组织缺氧坏死。H_2S 进入血液可经过甲基化形成甲硫醇
和甲硫醚，造成中枢神经系统麻醉。长期处于低浓度 H_2S 环境中，
家畜体质变弱、抵抗力下降，易导致牛肠胃炎和心脏衰弱等情况发
生。高浓度的 H_2S 可直接抑制呼吸中枢，引起奶牛窒息甚至死亡。

CO_2 本身无毒，但在封闭的奶牛舍环境下，易造成奶牛缺氧，

且奶牛长期处于高浓度 CO_2 环境中会导致其身体代替和能量代谢缓慢，呼吸困难、食欲不振，严重时会导致窒息死亡。CH_4 本身对牛也没有毒害作用，但当舍内 CH_4 含量增加时，使得氧气分压降低，会造成奶牛慢性缺氧。CH_4 过多排放，代表着奶牛的 CH_4 损失能量较多，降低饲料的利用效率，有研究表明 CH_4 占总进食能的 6% 或消化能的 12%（冯仰廉，2004）。

臭气是混合气体，主要包括氨、硫化氢、粪臭素以及硫醇类等。奶牛长期处于臭气浓度超标的环境中，会危害奶牛健康，增加疫病感染概率，降低生产水平同时对饲养员以及奶牛场周边居民的生活也会造成影响。

三、奶牛舍气溶胶和有害气体控制

（一）气溶胶控制

奶牛舍内过量的生物气溶胶会对奶牛养殖带来许多负面影响。空气中的细液滴完全蒸发后，这些液滴中的微生物被转化为固体或半固体颗粒即生物气溶胶，可以附着在灰尘颗粒上。在奶牛舍中除尘和杀菌能有效减少生物气溶胶。牛舍除尘和杀菌可以从源头加以控制，也可以在舍内采取环境控制措施减少微生物和粉尘。

1. 源头控制　牛舍气溶胶来源主要为舍内牛的排泄、饲料和垫料粉尘。及时清理粪、尿可以在减少牛舍气溶胶方面起到很大作用。控制饲养密度和粉尘也可以对牛舍内空气质量起到积极影响。从饲料上控制气溶胶的产生，费用低操作简单，有较好的效果。例如有研究表明在饲料中添加普乐菲特除霉剂 20 克/（天·头）可使粪便中的双歧杆菌数量降低 16.5%（刘仕军等，2009）。还可以通过改变饲料种类、使用饲料添加剂、使用饲料涂层等方法来控制饲料粉尘。此外，对于牛舍垫料应该选择不易产生粉尘及微生物的种类。

2. 杀菌和除尘 牛舍内生物气溶胶的控制主要集中在减少空气中微生物和颗粒物两方面。奶牛养殖控制微生物的消毒方法主要有喷雾消毒、浸液消毒、紫外线消毒、喷洒消毒、热水消毒。对于舍内粉尘颗粒物，可以采用合适的除尘方法。喷雾除尘和使用机器设备除尘都可以起到较好的效果。

喷雾除尘的原理是液体在喷出过程中受空气阻力作用迅速断裂成细雾，雾化液滴在黏附粉尘颗粒后能够形成比重较大的颗粒物从而加速其沉降，喷洒的液体一般为水、油、或水油混合物等。加入消毒剂的喷雾也可以在黏附颗粒物的同时起到消毒杀菌的作用。喷雾降尘技术的成本低、效率高，但运行过程中耗水量大、喷头易堵塞、容易滋生细菌、影响家畜健康等问题。因而舍内喷雾降尘，要参照温湿度、粉尘等多种环境参数，在满足家畜健康福利要求基础上合理适度施用。使用机器设备如除尘器也能够有效去除舍内颗粒物。还可以使用静电除尘技术，原理是利用电极连接高压电后产生电晕效果，放出自由电子和离子使颗粒物带电，大气中的带电颗粒物受到周围电场力的作用做定向运动，从而实现颗粒物的收集减排。（Dolejš J 等，2006）使用静电空间电荷系统对奶牛舍进行降尘，结果表明奶牛舍内粉尘浓度降低了 12.7%～26.2%。静电除尘按照不同的除尘方式可以分为静电空间电荷系统、干式静电除尘器和湿式静电除尘器等。牛舍内对静电除尘技术要求高，且对于开放式等通风量大的牛舍除尘效果有限。

3. 通风 通风是畜禽舍进行环境调控的重要措施之一。对于密闭牛舍而言，合理的通风有助于引进舍外的新鲜空气，排除舍内的污浊空气，降低舍内微生物气溶胶浓度，以改善畜舍空气环境质量。

（二）有害气体减排

依据奶牛舍有害气体产生、挥发和排放过程的影响因素，可将奶牛舍有害气体的减排措施分为源头减排和过程控制两大类。源头减排通过改善饲料配方和使用饲料添加剂对奶牛体内排出的气体污染物进行调控；过程控制主要采用物理、化学、生物、联合等空气过滤技术对牛舍内气体污染物进行净化，以及利用通风系统等设施工程技术对气体污染物进行收集与过滤。

1. 肠道 CH_4 减排　通过改善饲料质量、合理调整日粮组成，调节瘤胃乙丙酸比、脂类物质的摄入水平以及使用营养添加剂、甲烷抑制剂等措施提高畜禽对日粮的利用率和吸收率，减少畜禽废弃物中营养物质的排放以及 CH_4 排放。

（1）通过对秸秆进行适当处理可以有效提高奶牛对秸秆的利用率而减少单头奶牛 CH_4 排放量。秸秆常用的处理方法为物理处理（秸秆粉碎及颗粒化）、化学处理（氨化法）以及生物处理法（青贮）等。

（2）合理调配日粮组成及精粗比。

（3）添加营养添加剂和饲料添加剂等。多功能舔砖以尿素、矿物质、微量元素、维生素等为主要成分，使用舔砖可使牛的日增重提高 $10\% \sim 30\%$，而相对减少单位畜产品的甲烷排放量 $10\% \sim 40\%$（樊霞等，2006）。

（4）添加脂类物质。

（5）添加 CH_4 抑制剂，如植物提取物、有机酸、电子受体、离子载体等也能在一定程度上减少 CH_4 的排放。此外，饲喂方式也会对 CH_4 排放产生影响。采用少量多次的饲喂方式，可以增加粗饲料的采食量，增加水的摄入量，提高瘤胃内食糜的流通速率，从而增加过瘤胃物质的数量，减少 CH_4 的产生。

2. NH_3 减排　采用低蛋白日粮，降低饲喂奶牛饲料中可被瘤胃降解的蛋白含量，能够降低奶牛粪便的 NH_3 排放量；使用饲料添加剂（如物理添加剂：活性炭、沸石粉、膨润土，生物添加剂：微生物菌剂、酶制剂、植物提取物等）等。

3. 通风减排　通过改进牛舍的通风和清粪系统或增加通风时间和清粪频次等方法可以减小牛舍 NH_3、CO_2、H_2S、臭气的浓度，从而提高牛舍环境质量。常用的机械通风方式包括在牛舍内安装扰流风机、吊扇、冷风机等。除采用单一的自然通风或机械通风方式外，自然通风＋机械通风的混合通风方式不断得到应用，即在温度适中的条件下，放下牛舍卷帘进行自然通风，天气炎热时拉上卷帘进行机械通风。丹麦等国家采用的牛舍混合通风方式由自然通风和机械式局部粪坑通风系统组成，在奶牛活动区域下方设有四个粪坑通道，沿牛舍长轴方向水平布置，粪坑通道与牛舍一侧中央空气通道相连，中央管道末端设有酸过滤器，可收集氨气等气体污染物，通过过滤等净化方式达到气体污染物减排的目的，结果表明，局部粪坑通风系统可收集 64%～83% 的氨气，采用酸过滤器可有效减少氨气排放，相比于其他自然通风牛舍，该系统的 NH_3 排放量降低了约 60%。同时，局部粪坑通风系统可收集 10%～50% 的甲烷（Rong 等，2014）。

第二节　牛舍粪污收集清理

奶牛舍粪污是指奶牛养殖过程中产生的粪便和污水等废弃物。牛粪对环境造成影响的主要原因是饲料中的营养物质不能完全被牛的消化道吸收，牛粪中含有大量的营养物质和能量，时间一长，牛粪中的病原微生物、寄生虫等大量繁殖；其次，未经处理的牛粪污进入水中，会对水资源造成污染和浪费；最后，牛粪、尿分解出氨气和温室气体对舍内环境和大气环境造成污染。

一、奶牛舍清粪方式

规模化奶牛场的粪污清理方式主要包括人工清粪、机械清粪、水冲清粪和尿泡粪等。机械清粪因采用的设备而异，有铲车清粪、刮板清粪、吸粪车清粪和机器人清粪等。我国多数牛场以铲车清粪和机械刮板清粪为主。

（一）人工清粪

在家庭型奶牛场或者小规模养殖户中，以及拴系饲养的奶牛舍内，人工清粪的方法依然被广泛采用。一般是用铁锹、扫帚等工具将粪便收集成堆或直接装入小粪车，运送到舍外集粪点或者粪便处理场。人工清粪工具简单，操作方便，粪、尿分离彻底。但是这种集粪方式对人工依赖程度高、集粪效率低，不适宜中大型奶牛场和散栏饲养的奶牛舍使用。

（二）铲车清粪

奶牛场为了减少清粪系统的机械投入，采用拖拉机安装刮板进行清粪，其工作原理与刮板系统相似，不同之处在于以拖拉机提供动力，便于维修和运行，节省了人力，提高了工作效率，而且这种方式不仅可以清理舍内粪污，还可以清理运动场粪便（图2-3）。为减轻清粪过程中车斗对牛舍地面的破坏，利用废旧轮胎在车斗与地面接

图2-3　铲车清粪

触部分增加一层保护垫层，并可定期更换。这种清粪方式的不足之处主要是清粪时拖拉机在舍内行走、噪音大、体积大、工作时产生尾气等对牛群具有较大的干扰，清粪次数一般为每天一次，很难保证舍内的清洁。且作业时间只能安排在挤奶间隙或将牛赶出牛舍后进行，也无法实现粪、尿的独立收集。

（三）刮板清粪

采用刮粪板将粪便刮进粪沟或储粪池，再运到粪污处理场或用铲车直接装车运出的清粪方式。刮板清粪系统可以实现全部自动化（图 2-4），刮板系统由刮板和动力系统（驱动、减速器以及缆绳/链条）组成。清粪时，动力装置通过链条带动刮粪板沿着牛床地面前行，刮粪板将地面牛粪推至集粪沟中或牛舍一边。刮粪板的清理时间、次数均可以设定，运行时间不受奶牛挤奶时间的限制，任何时候均可清理，真正做到了一天 24 小时清粪，保证了舍内环境的清洁和卫生。该系统符合大型规模化奶牛养殖场的要求。机械刮板清粪安全性高、噪音低，对牛群的生产、生活影响较小，可以提高劳动生产率，降低人工费，但设备投入资金较多。刮粪板清粪中采用的主要设备有：连杆刮板式，适用于单列牛床；环形链刮板式，适用于双列牛床；双翼形推粪板式，适用于舍饲散栏饲养牛舍。

a   b   c

图 2-4 刮板清粪系统

a. 清粪刮板（安装后）　　b. 清粪刮板（使用中）　　c. 清粪刮板（驱动）

刮板清粪系统应用时需要考虑刮板数量与牛舍长度的配比、刮粪板对牛舍地面的磨损、极端天气情况等。刮板和驱动的设置和牛舍长度以及刮板设备有直接的关系。为了保证刮粪板的清粪次数，当牛舍清粪通道长度在120米以内，可以考虑每个粪道只设置一个刮粪板，当然也可以考虑设置两个，不同的刮板数量对应不同的驱动以及缆绳装置，如果清粪通道长度为120～200米，每个清粪通道需要设置两个刮板才能保证刮板系统的正常运行。在生产中，刮粪板与地面之间会产生相互磨损，因此可以在刮粪板与地面接触的部位增加橡胶垫，保护刮粪板和地面。刮粪板不能清理结冰太厚的地面，寒冷地区冬季牛舍地面结冰后一旦清理不及时，结冰较厚，整个清粪系统将不能再使用，必须将冰块清理后，刮板才可以正常运行。因此，北方地区自然通风牛舍在冬季温度低于零度时，就需要增加刮粪板的运行次数，同时保证单个刮粪板刮粪一趟的时长不可太久，防止地面结冰过厚。在极端寒冷的情况下，刮板系统需停止运行，使用备用的机械设备进行清理。

在日常运行过程中，由于粪尿腐蚀以及环境恶劣等因素的影响，需要对刮粪板进行定期维护。

（四）吸粪车清粪

吸粪车又名抽粪车、真空吸粪车，配置有真空吸粪泵，利用真空抽吸粪便，是收集、中转清理运输沼液的新型环卫车辆，吸粪车可自吸自排，工作速度快，劳动强度小，容量大，运输方便。吸粪车的工作原理：由于吸粪胶管始终浸没于液面下，粪罐内的空气被抽吸后，因其得不到补充而越来越稀薄，致使罐内压力低于大气压力，粪液在大气压力作用下，经吸粪胶管进入粪罐；或者由于虹吸管接近罐底，空气被不断排入粪罐时，因其没有出路而被压缩，致使罐内压力高于大气压力，粪液在压缩空气作用下，经虹吸管、吸粪胶管排出罐外。吸粪车抽取效率高，可自吸、自排及直灌，使用寿命长，工作速度快，操作简单，机动性强。适用于规模较小的养殖场场内粪便清理、沼液还田。

（五）清粪机器人

近年，配合漏缝地板清洁的清粪机器人可有效清除地面积粪。根据预先设定的程序，通过定位系统来完成一定路线的清粪工作，具有动物友好性、维修费用低、无障碍等优点，但初期安装成本较高。基于中国牛场养殖规模大、不同地区粪污处理方式各异等特点，当前关于清粪设备的研究主要以机械刮板和相关工艺为主，清粪机器人的研究较少。杨存志等（2017）和侯云涛等（2017）运用超声波测距和陀螺仪定位方法研制了一种适合于漏缝地板的远程控制自走式智能清粪机器人，运行平稳，静音安全。国外关于牛舍清粪设备的研究已经进入信息化与智能化的高端先进技术研究阶段，且技术逐渐趋于成熟，其中主要以荷兰 Lely 公司、德国 GEA 公司、瑞典 Delaval 公司、荷兰 Joz 公司和加拿大 Jamesway 公司的自动清粪刮板和智能化自动清粪机器人设备为代表（图 2-5），设备精巧，操作简单，无噪声无污染，环保节能，可基本实现智能化无人作业（郑国生等，2019）。

图 2-5　清粪机器人

（六）水冲清粪设备

水冲式清粪工艺是欧美等发达国家 20 世纪 70 年代初发展起来的。该工艺是指用从高压泵或高水位池体中通过管路来的冲洗水将牛舍内粪污进行收集输送，当牧场所处地域气温较高时，使用此工艺能同时降低牛舍温度。与之配套的设备包括冲洗阀、冲洗泵、冲洗管路以及控制系统等（图 2-6）。该方法需要的人力少、劳动强度小、效率高，能够频繁清洗，但是需要配备充足的水量、配套的污水处理系统、合适的牛舍坡度、输送粪污用的泵和管路等。该方法用水量大、浪费资源、后期污水处理成本高，且在寒冷地区系统很难保证正常运行。

图 2-6　水冲清粪工艺
a. 地设喷管　b. 地面冲洗阀

冲洗系统的用水量主要由冲洗宽度及坡度决定，如表 2-1 所示。表中的参数是以初始流速为 1.5 米/秒、初始水深为 0.08 米、冲洗时间为 10 秒、总长度为 45 米的通道来计算所需的水量。为了很好地冲走牛粪，必须根据清粪通道坡度来选择合适的冲洗水量及流速。

表 2-1　冲洗参数

道路坡度（%）	冲洗水量（米^3）/粪道宽度（米）
1.0	2.8

（续）

道路坡度（%）	冲洗水量（米³）/粪道宽度（米）
1.5	2.0
2.0	1.6
2.5	1.3
3.0	1.2

　　冲洗牛舍地面需要大量的水。从表中可以看出，在坡度为 1.5%，宽度为 3～3.6 米的一个双列式牛舍，每次冲洗需要用水约 15 米³。如果每天冲洗 2～3 次，则需 30～45 米³。采用再生水可以大大减少冲洗所需的清洁水。当牛群不在牛舍时，可以利用再生水来冲洗牛舍通道。

　　再生水冲洗系统可以通过水塔和泵进行冲洗，水塔冲洗具有不需要配置大功率冲洗泵、运行费用和维修费用较低等优点，比较适合场区面积较大的奶牛场，但是如果要实现多个水塔的供水、冲洗自动控制还比较困难，而且在北方冬季寒冷地区必须考虑保温问题，在温度低的寒冷季节，水塔冲洗将不能再使用，改用机械干清粪。泵冲洗需要配置大功率的冲洗泵以满足冲洗水量的要求，一般适用于挤奶厅和待挤厅地面的冲洗，泵冲洗效率较高，但是由于运行成本较高一般不太适用于牛舍地面的冲洗。

　　冲洗阀是近年刚从国外引进的冲洗设备，其冲洗范围广，冲洗可达 6 米宽，特别适合待挤厅地面的冲洗，并且容易实现自动控制。冲洗阀形式主要分为嵌入地面式冲洗阀以及出地面式冲洗阀：嵌入地面式冲洗阀不影响奶牛的行走，但是水力损失较大；出地面式冲洗阀影响奶牛的行走，必须设置在奶牛不通过的地方，水力损失较小。

二、粪沟地面与清粪工艺的关系

(一) 实体地面

人工清粪、机械清粪和水冲清粪适用于实体地面的牛舍。实体地面通常采用混凝土现场浇筑，然后对凹槽进行防滑处理。机械清粪时对地面磨损严重，尤以铲车清粪最为突出，且难以完全清除凹槽内的粪污，需要定时对地面做防滑处理。采用刮板清粪时，可在刮板底部安装橡胶条来减轻对地面的损坏。

(二) 漏缝地板地面

机器人清粪一般应用于漏缝地板牛舍中。采用漏缝地板的牛舍，舍内清粪通道铺设漏缝地板，排出的粪尿可直接落入地板下面的深粪坑（深度为 2.0~2.5 米）中。地板上残存的少量粪便，可利用清粪机器人或人工推入地下粪坑里。深粪坑一般使用虹吸管道进行排污，其设计是根据舍内牛只数量、粪污产生量、粪沟形状设计粪污区和粪污管道，同时应确保每条管道的首末段均有单向排气阀，以保证在排污的过程中形成压力差来实现虹吸排污。这种地面形式的优点是粪坑中的粪污可通过自动刮板运走、用水冲走或依靠重力流走，有助于保持牛蹄干燥和牛舍清洁，即使高寒地区地面也不会结冰；缺点是牛舍地下工程投资大，长期储存在下面的粪污易进行厌氧发酵，导致牛舍有害气体、气溶胶等积聚较为严重。为防止舍内空气质量恶化，近年来，国外对漏缝地板牛舍的粪坑进行了改良，即采用浅粪坑（图 2-7），深度为60~80 厘米，同时配合刮板清粪方式，较好地解决了舍内臭气问题。

图 2-7　浅粪坑刮板式清粪

三、场区内粪污输送系统

从牛舍清出的粪污需要及时输送到牛场粪污处置区，避免在运输过程中因管理不利而对环境造成污染。常见的粪污输送方式主要有拖拉机输送、罐车输送、暗管输送。拖拉机和罐车输送系统只适用于小规模牛场，大规模牛场多采用暗管输送方式，既能做到降低能耗，又能保证场区的环境卫生。

（一）拖拉机输送

采用人工清粪或者铲车清粪工艺的牛舍，清理的新鲜粪便一般含水率较低，可将粪污清理到牛舍端粪污收集池，利用拖拉机从牛舍输送到粪污处置区进行处理。该输送方式所用设备简单、投资少、运行费用低，但劳动力成本较高，一般使用铲车装粪，在装车和运输过程中遗撒严重，污染环境。牛舍端粪污收集池会污染场区，影响场区整洁美观。

（二）罐车输送

对于日产粪污较少的小牧场，有的会在牛舍端头设置粪污收集池，收集的粪污经适当稀释后由罐车抽取，并运输至粪污处置区。罐车容积小、运行成本高，只适合输送小规模牧场产生的液态、半液态粪污。

（三）暗管输送

使用刮板清粪、浅粪坑、水冲清粪等方式的牛舍都可以使用暗管输送系统。暗管输送系统不仅节省动力费用，还不会污染舍外道路，提高了整个场区的卫生环境。因此，是一种较好的牛场粪污输送方式。管道输送可以采用重力、水冲或者输送泵输送至粪污池，长距离输送或没有足够的坡度时建议采用粪污输送泵输送，其主要设备是搅拌泵和输送泵，以及配套的管道工程，可以长距离、从低处向高处输送。

1. 重力输送　利用液态粪便在重力作用下的流动。用作重力输送的管道需满足如下要求：有光滑的内表面、节点不漏水、节点处能承受 18 千克压力。较好的管材有 PVC 管、高强度聚氯乙烯管和有着光滑内壁的焊接管。输送管道的口径取决于粪便的特性。含固量低于 6％的污水，如挤奶厅废水，流动性较好，只需小的管径（直径为 150～200 毫米）；内表面光滑的较大管径（直径为 600～900 毫米）适合输送牛舍干清出的粪便，其固体含量可高达 12％。重力输送系统一般适用于粪污量较小的冲洗系统；对于干清系统，由于输送距离较长以及粪便的沉降性能，在输送时容易堵塞，一般不选择此输送系统；使用沙卧床的牛舍也不推荐使用此输送方式，因为沙卧床的使用使得粪污中含有大量沙子，很容易堵塞管道。为了防止粪便在管道中冻结，重力流管道应布置在冻土层以下，在冬天来临之前，确保输送管的末端（进入储存池处）上覆盖有 0.6 米厚的粪污。冬季大部分牛舍的粪污会部分或者全部冻结，为防止堵塞应考虑利用其他途径运输。

2. 水力管道输送系统　将牛舍内的粪污直接清至两端或者中

间的粪沟内，通过再生水对粪沟进行冲洗，在水力的带动下，将粪便输送至粪污处理区。这种输送方式可以有效地将粪便输送至处理区，适用于任何舍内干清粪系统以及含沙牛粪的输送。输送管道的选择同重力输送系统，但是对于含沙牛粪需要考虑沙子的影响，一般舍内粪沟选用"V"字形粪沟，底部使用公称直径为300毫米的半个PE管，然后侧壁使用混凝土浇筑，开口可以设计成800～1 000毫米宽，这种粪沟加速了沟底粪污的流速，使沙子不易沉降到沟底。水力输送系统需要配置大功率的冲洗泵，才能达到很好的冲洗效果。现在国外许多泵体制造商针对奶牛场粪污的特性设计制造了奶牛场专用泵，由于国内规模化奶牛场起步较晚，这方面仍比较欠缺，大多是使用国外的设备。

3. 输送泵输送　在使用输送泵进行粪污输送时，可通过真空抽取的方式进行输送，输送效率高。其管道设计可参考水力管道输送系统。

4. 管道输送系统设计时应注意的事项　任何光滑、耐用、不漏水的材料，如水泥管、砖或混凝土粪沟、塑料管、铸铁管和镀锌钢管等，都可用作输送管道。输送管道要有一定的坡度（一般为0.5%～1.5%，当地形坡度较大时，管道的坡度还可更大些），以使粪污靠自身重力输送到贮存池中。

粪污的流动速度对其在管道内的正常输送有直接的影响。粪污的最低流速应大于粪便的沉淀速度，以免粪便沉淀堵塞管道。粪污的流速也不可太大，流速过大会加剧管道的磨损，降低其使用寿命。对于钢筋混凝土管和石棉水泥管，粪污的最大流速应≤4米/秒；对于金属和塑料管等内壁较光滑的管道，最大流速应≤8米/秒。在大中型奶牛场中，由于输送距离远，管道总长度很长，仅靠重力自流输送会要求贮存池深度很深，这就增加了很多基建投资。因此大中型牧场应在场区适当区域设置中转池。中转池内安装搅拌机和中转输送泵，粪污搅拌均匀后泵送至粪污处理区。粪污输送过程应及时清除，尽可能缩短粪污在舍内或粪沟的停留时间，同时还应尽可能使用密闭式的输送方式，如罐车输送、粪沟输送、管道输送的方式。

第三节　冷热应激防控与牛舍小气候管理

在影响奶牛生长及生产的诸多环境因素中，环境温度对奶牛的影响最大。奶牛的体型较大，单位体重的体表面积小，皮肤散热比较困难，再加上奶牛有隔热良好的被毛，因此，奶牛属于耐寒而不耐热的动物。高温不但会因降低奶牛的采食量而使其泌乳量大幅度下降，还会降低公牛的精液品质和母牛的受胎率而影响奶牛的繁殖性能。因此，了解奶牛的产热散热规律，合理应用各种冷热应激防控措施，准确判断奶牛遭受的应激程度，对于奶牛的健康和生产性能的发挥十分必要。

一、奶牛的产热与散热

确定奶牛的产热和散热量对于牛舍的建筑设计、舍内环控设备的选型和参数设计具有重要意义。

(一) 总产热

动物总产热是由于维持和生产需要而从机体内部消散的热量，动物的体重和生产水平直接影响其总产热。奶牛的散热方式取决于生理状况、周围环境温度、表面冷热辐射、风速和卧床条件等。此外，由于受到饲养工艺和光照周期的影响，奶牛每天的产热都会发生变化。通常将 20℃时，24 小时内在正常生产条件下的产热作为基准计算总产热量。

当环境温度处于 0～30℃时，环境温度和奶牛总产热量之间接近线性关系。

（二）显热散热与潜热散热

显热散热量 Q_s 是指动物体温和环境温度之间存在温度梯度差而产生的换热量。潜热散热量 Q_l 是指动物机体通过呼吸道和身体表面以水分蒸发的形式散出的热量。显热散热量与潜热散热量之和为总散热量。

奶牛的生产水平会影响机体的显热散热量和潜热散热量在总散热量中的比例。高产奶牛比干奶牛和低产奶牛的总产热量更大，潜热散热和显热散热量均更大。但是，高产牛的体表面积限制其显热散热能力，因此显热散热量比例下降。表 2-2 列出了不同日产奶量的奶牛在不同环境温度下的显热散热量比例。

表 2-2　产奶量对显热散热量在总散热量中占比的影响

产奶量	环境温度		
（千克/天）	10℃	15℃	20℃
45	49%	40%	31%
30	65%	54%	42%
15（泌乳天数 200＋）	73%	68%	54%

数据来源：Ehrlenmark 和 Sällvik 等（1996）。
注：奶牛体重为 650 千克，数据表示奶牛显热散热量在总散热量中的占比。

二、奶牛对热环境的基本要求

奶牛舍包括温度、湿度、气流速度、热辐射等热环境因素。牛舍的环境除了与外部区域气候条件有关，还受到牛舍的空间大小、围护结构的保温隔热性能、门窗与通风口的设置、环境调控的设施设备，以及牛群规模、月龄、生产水平、饲养管理水平等因素的影响。合理的牛舍热环境调控是使奶牛有效利用饲料、提高其生产性能的重要措施之一。在实际生产中，热环境调控措施主要针对奶牛舍温度、湿度及通风换气制订。

1. 温度　成年奶牛能忍受 $-20\sim30℃$ 的温度变化，在 $-15\sim25℃$ 范围内可进行正常的体温调节。但是，因为奶牛的汗腺不发达，并且通过呼吸系统散发体热的能力也比较弱；当外界温度超过 $20℃$ 时，一些奶牛就会开始进行热性喘息；当温度超过 $30℃$ 时，奶牛的产奶量会明显下降；因此，奶牛泌乳期的适宜温度为 $10\sim18℃$。夏季高温对奶牛的生产性能、繁殖性能和奶牛机体健康的影响都很大。

2. 湿度　由于奶牛饮水量大、粪尿量多、产湿量大，如果牛舍的通风换气量不足，舍内的湿度会很高。在高湿环境下，微生物容易滋生和通过空气传播。一般情况下，空气湿度对奶牛的热平衡影响不大，但在高温高湿、高温干燥，或者低温高湿的环境下，奶牛的产热和散热都会受到影响，产奶量及牛奶的成分也受到影响。气温在 $24℃$ 以下时，空气湿度对奶牛的产奶量、牛奶成分、饲料摄入量、饮水量及体重等的影响不大；气温在 $24℃$ 以上时，随着空气湿度的升高，大部分品种奶牛的产奶量、采食量都会下降。因此，奶牛舍内的相对湿度一般不要超过 85%。

3. 气流速度　一般情况下，牛舍内气流速度小于 0.05 米/秒，说明舍内通风不良；气流速度大于 0.4 米/秒，说明舍内有风。冬季温度较低时，舍内气流速度不应超过 0.5 米/秒。夏季应通过强制通风，尽量加大气流速度，促进奶牛的机体散热；牛体周围气流速度大于 0.7 米/秒时，可以使奶牛感觉较为舒适；但当气流速度大于 1.5 米/秒时，对牛体的散热效果已不明显。

三、奶牛舍热应激防控技术

（一）开放式牛舍降温技术

开放和半开放牛舍采用自然通风系统，即通过合理的牛舍平面布局、檐口高度、屋顶形式、门窗洞口布置和通风口大小与位置等构造设计来保持通风。常用的设施是电动卷帘系统，一般由电动卷膜器、爬升支架、爬升杆、卷膜轴、卷膜布、控制箱及附属部件组成，分为上卷开启式和下卷开启式两种（图2-8）。通过控制箱控制卷帘的升降，调整牛舍通风口的大小，实现通风量的调节。

a   b

图2-8 电动卷帘系统
a. 上卷开启式 b. 下卷开启式

我国大部分地区夏季十分炎热，只靠自然通风系统对奶牛降温难以满足奶牛生产要求，于是采用风机和喷淋降温来解决夏季的高温问题，并辅之以屋顶隔热、墙体隔热、房舍周围绿化、遮阳防晒设施等多种技术措施。

1. 扰流风机降温 在牛舍内安装扰流风机，可增加牛体周围的风速，以加大牛体表面的对流散热，进而起到辅助降温的作用。扰流风机只是增加牛舍内气流的流速，不能向牛舍内引送新鲜空气和排出污浊空气，不能起到通风换气作用。一般在颈枷和卧栏上方安装扰流风机，经过牛体的风速可达到1.0～2.0米/秒。

（1）风机选型　排风量、风机尺寸、驱动类型、购买和运行成本是扰流风机选择时需主要考虑的因素。一般情况下，根据生产工艺设计和要求确定所需风机的流量和压力，依据风机铭牌标识的性能参数选择风机。但是，需要注意的是，性能表中所列参数均指风机在标准进气状态下的性能，即风机进口处的空气压力为 101 325 帕、温度为 20℃、相对湿度为 50％、空气密度为 1.2 千克/米³ 的状态下，如用户的使用条件为非标准状态时，应利用相似原理进行风机性能的相似换算，然后按换算后的性能参数进行选择。

（2）扰流风机的安装　图 2-9 是常见的扰流风机安装位置及安装尺寸。国家奶牛产业体系科研团队在实验室和天津等地的奶牛场进行了大量的试验测试，研究主要有以下几项发现。

①在满足其他设备运行的前提下，风机的安装高度　宜尽量放低，但不能低于 2.4 米，以防止奶牛舔舐风机。

②安装高度、安装角度对距地面 1.5 米处（牛站立高度）的风速分布的影响　风机无法覆盖距离风机水平距离 2.0 米以内的范围（风速＜0.5 米/秒）；风机安装角度为 25°时，形成 1.0 米/秒风速的覆盖范围最大；达到 1.5 米/秒风速的水平距离一般不超过 6.0 米；达到 1.0 米/秒风速的水平距离一般不超过 10 米；2.5～3.0 米的安装高度对风速影响不大。

③安装高度、安装角度对距地面 0.5 米处（牛躺卧高度）的风速分布的影响　风机安装角度以 25°～30°为佳；风机间隔距离约为 8 倍的风机直径；在不妨碍正常生产的情况下风机安装高度宜尽量放低；随风机安装高度的增加，0.5 米处的气流所受的干扰增大。

④风机安装对横向气流分布的影响　颈枷上方的风机安装位置以风机轴心距离颈枷 20～30 厘米为宜；风机间隔不超过 8 米时，可保证牛体站立时的过流风速在 1.5 米/秒以上；对头式卧床上方安装风机，1 米/秒风速可覆盖每侧牛体 1.2 米的范围。

2. 喷淋降温系统　喷淋降温方法是目前开放式牛舍夏季降温最

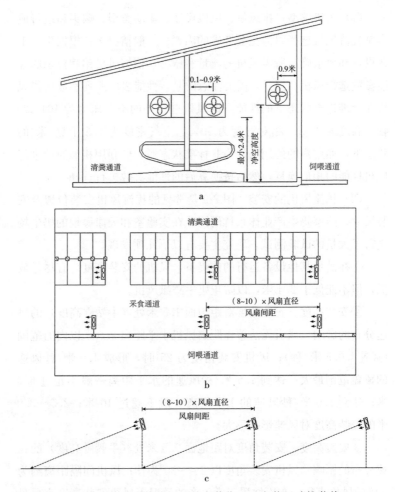

图 2-9　牛舍内扰流风机的安装位置及安装尺寸推荐值

a. 前视图　b. 平面图　c. 侧视图

为行之有效的方法之一。喷淋降温系统指在奶牛采食过程中，由安装在牛舍饲喂栏上方的给水管道和专用喷嘴，把奶牛背部皮肤完全淋湿，然后停止，使奶牛皮肤表面的水分直接蒸发带走热量，等奶牛皮肤变干之后再次启动喷洒，如此循环，达到给奶牛降温的目的。

喷淋降温系统不需要较高的水压，可直接将喷头安装在自来水管道系统中，简便易行，降温效果明显，在密闭式或开放式牛舍中均可使用。使用喷淋降温时，应注意不要让水珠溅洒到奶牛卧床和食槽内，避免牛床和食槽集水而发生污染；还应选择适当的喷嘴，产生合适的水分喷洒粒径，避免形成牛舍地面积水或汇流。在生产中，喷淋系统配合扰流风机使用，可获得更好的降温效果（图2-10）。

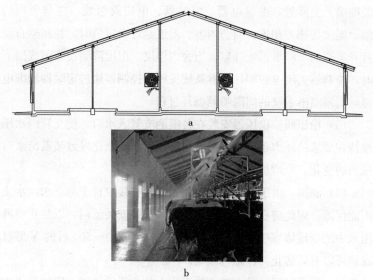

图2-10 喷淋＋扰流风机降温系统
a. 系统示意图 b. 系统工作图

喷淋降温系统设备包括喷嘴、控制器、压力表、稳压阀、滤网、活接管等，设计和安装时应注意以下几点。

（1）喷嘴 为了避免喷淋水淋湿饲料，选择180°喷嘴较为合理，这样可以只喷淋奶牛一侧，避开食槽。180°喷嘴工作压力一般为0.1～0.2兆帕，也有个别的达到0.4兆帕。选择喷嘴时，应特别注意喷洒粒径大小。粒径太大，易造成用水浪费，并增加后续粪污处理难度；粒径太小，喷洒过程中易造成水滴飘逸，不能喷洒到目的区域，或者导致水滴不能穿透皮毛，从而影响降温效果。为获得更好的降温效果，可选择特制高压喷头，雾滴直径达到100微米以上。喷头选择还要考虑喷淋水量，浸湿奶牛皮毛需要的水量为120～180升/小时，即 0.033～0.05升/秒。在牛舍内安装 180°喷嘴时，建议喷洒射程以 1.6～1.8米为宜，相邻两个喷头的间距为1.5～2.5米为宜。

（2）控制器　控制器安装在喷淋供水总管与喷淋支管（其上安装喷嘴）交际处，由继电器、定时器、电磁阀组成，并与舍内的温、湿度传感器相连。当舍内温、湿度超过设定值时，控制器自动打开电磁阀，喷淋系统开启。当舍内温度、湿度降到设定值或以下时，控制器关闭电磁阀，喷淋系统关闭。控制器通过定时器和继电器，实现喷淋系统的间隔喷洒循环过程。

（3）稳压阀　稳压器安装在各喷洒支管入水口，使支管内水压维持在要求的压力条件下，避免由于场区水压变化导致喷嘴出水口压力的变化，以增加系统运行稳定性。

（4）滤网　由于喷淋系统中的用水多直接取自于地下水，水质不能保障，因此应在供水总管和支管入口处安装滤网，以防止喷淋用水中的杂质堵塞喷嘴。有文献报道，采用 200～500目的 Y形过滤器可以有效防止泥沙阻塞喷嘴。

（5）淋洒时间　淋洒在牛体表皮上的水需要经过一定的时间才能全部蒸发，因此系统运行采用间歇喷淋的方式，一般喷淋系统启动喷洒 1～2分钟，然后停止 10～15分钟，再启动喷淋，如此循环。具体喷淋时间和间隔时间，应根据牛舍环境温度和湿度状况来研究确定。

（二）密闭式牛舍降温技术

密闭式牛舍采用机械通风。确定所需的合适的通风量是密闭式牛舍通风换气设计的基本依据。牛舍通风量可分为必要通风量和设计通风量。必要通风量指通过通风和合理的舍内气流组织将舍内温度、湿度及空气质量控制在卫生标准规定的最高允许范围之内所需的通风量；设计通风量指牛舍的通风系统所能提供的最大的通风量。设计通风量不小于必要通风量时，牛舍才可能获得良好的通风换气效果。

1. 通风换气量的确定　根据通风换气目的的不同，必要通风量可分为：为消除舍内余热所需的通风量、为消除舍内余湿所需的通风量、为消除舍内有害气体和粉尘所需的通风量等三部分。

（1）消除舍内余热所需的通风量（千克/秒）

$$G = \frac{Q}{C(T_p - T_s)}$$

式中　Q——室内余热量（指显热，千焦/秒），参考表 2-3；

C——控制质量比热，$C = 1.01$ 千焦/（千克·℃）；

T_p——排出空气温度，自然通风时，可视为舍内要求达到的温度（℃）；

T_s——送风空气温度，自然通风时，即为舍外空气温度（℃）。

表 2-3　体重为 454 千克的乳牛在不同温度下产生的显热和潜热

温度 （℃）	潜热		显热 ［千焦/（小时·头）］
	以水汽量表示 ［（千克/小时·头）］	以潜热量表示 ［千焦/（小时·头）］	
−1.1	0.349	844.1	3 112.62
4.4	0.413	1 002.36	2 796.08
10	0.476	1 160.64	2 426.78
15.6	0.581	1 581.43	2 004.74
21.1	0.608	1 477.17	1 973.71
26.7	0.826	2 004.74	1 055.12

（2）消除舍内余湿所需的通风量（千克/秒）

$$G = \frac{W}{\rho_g(d_p - d_s)}$$

式中　W——室内余湿量（克/千克）；

ρ_g——空气的容重（千克/米^3）；

d_p——排出空气中的含湿量（克/千克，干空气中）；

d_s——送风空气中的含湿量（克/千克，干空气中）。

空气的容重 ρ_g（千克/米^3）可根据环境温度 T（℃）近似计算为：

$$\rho_g = \frac{353}{T + 273.15}$$

实际环境中的空气均为湿空气，其中，干空气的组成接近稳定不变，而水蒸气的含量变化较大。在研究牛舍中空气的湿热性质时，可将湿空气看成是由干空气和水蒸气两种"单一"组分组成的混合物，这两个组成部分均可看作是理想气体。

空气中的含湿量指每千克干空气中含有的水蒸气的质量（克/千克），根据理想气体状态方程式和道尔顿定律，可得：

$$d_p = 622 \frac{P_w}{P_a - P_w}$$

式中　d_p——空气中的含湿量（克/千克）；

P_a——大气压力，标准状态下为 101 325 帕；

P_w——水蒸气的分压力（帕）。

根据湿空气焓湿图可查出在不同温度和湿度下，空气中水蒸气的分压力，利用公式，即可求出排风空气中的含湿量和送风空气中的含湿量，进而利用公式算出为消除舍内余湿所需的通风量。

（3）通风量的修正　采用以上方式计算的通风量仅考虑了动物本身产生的余热和余湿，未考虑到舍内设备运行、照明、采暖等过程中也会产生热量，地面粪污、饮水系统及饲料舍内各表面等也会产生一定量的湿气，因此在实际设计时，应考虑当地条件。

2. 湿帘-风机降温系统　密闭式牛舍主要是采用湿帘-风机系统解决夏季降温问题。湿帘-风机降温系统由湿帘、风机循环水路和控制装置组成。湿帘可以用麻布、刨花或专用蜂窝状纸等吸水、透风材料制作。此系统具有设备简单、成本低廉、能耗低、降温均衡、产冷量大、运行可靠、安装方便等优点，是农业生产中最常用的降温技术，主要适用于密闭式或可封闭开放式牛舍（图2-11）。

图 2-11　牛舍湿帘-风机降温系统

（1）湿帘-风机系统通风量　"湿帘-风机系统排风量"和"湿帘-风机系统进风量"都是评价湿帘-风机系统性能不可或缺的重要参数。湿帘-风机系统进风量和湿帘-风机系统排风量可以分别用以下公式表示。

$$Q_{ws} = 3\ 600 \cdot A_w \cdot \bar{v}_w$$

$$Q_{fs} = \sum Q_{fj}$$

$$Q_f = 3\ 600 \cdot A_f \cdot \bar{v}_f$$

式中　Q_{ws}——湿帘-风机系统进风量（米³/小时）；

A_w——湿帘进风口的面积（米²）；

$\bar{v}_w$——湿帘进风口的平均过流风速（米/秒）；

Q_{fs}——湿帘-风机系统排风量（米³/小时）；

Q_{fj}——系统中第 j 台风机流量（米³/小时）；

Q_f——测量通风机的流量（米³/小时）；

A_f——测量通风机排风口面积（米²）；

$\bar{v}_f$——测量通风机排风口平均风速（米/秒）。

（2）湿帘-风机系统平均换热效率　除通风量外，还需要能够反映出空气处理前后状态变化的特征参数，也就是体现制冷效果的特征参数。

湿帘风机系统的降温方式为直接蒸发降温方式，其降温效果与天气条件密切相关，无法像空调制冷设备一样用制冷量等技术指标来评价其性能，也不具备标准试验条件。直接蒸发降温方式是一种通过空气与水直接接触而对空气进行处理的方式。湿帘装置对空气处理的方法是将水均匀地喷洒在湿帘上，空气穿过湿帘时与水进行热湿交换。对于直接蒸发降温方式，通常用"热交换效率"评价其热工性能，是把实际过程与理想过程进行比较，看其接近理想过程的程度。湿帘-风机系统平均换热效率可以表示为：

$$\bar{\eta} = \frac{T_o - \bar{T}_i}{T_o - T_{ow}}$$

式中　$\bar{\eta}$——湿帘-风机系统平均换热效率（%）；

　　　T_o——室外空气干球温度（℃）；

　　　T_{ow}——室外空气湿球温度（℃）；

　　　$\bar{T}_i$——经湿帘进入室内空气的平均干球温度（℃）。

通过湿帘处理前空气的状态为室外环境空气状态，特定区域内，其状态参数（干球温度和湿球温度）可以认为仅随时间变化而不随位置发生变化。进入室内的空气温度是经过湿帘处理的结果，在整个湿帘范围之内取平均值。

（3）湿帘-风机系统阻力　湿帘-风机系统阻力是湿帘-风机系统的另一个评价参数，它决定了风机在系统中所处的工作状态，也是风机运行时需要克服的阻力。湿帘-风机系统阻力的大小取决于畜舍结构、湿帘结构、湿帘与风机在畜舍中的布局、畜舍中的动物等。另外，还受湿帘以外的其他通风口或空气泄漏口的影响。湿帘-风机系统阻力为室外空气静压与风机的空气入口处静压之间的差。

（三）其他降温技术

1. 靶向通风降温系统　靶向通风降温系统是以奶牛脖颈部位为通风喷淋降温重点部位的一种通风方式。该降温系统具有以下优点。

（1）在开放式成乳牛舍内的每一组颈枷上方设置一独立的靶向通风管道［图 2-12（a）］。每一通风管道通过离心通风机送风，经过直管的直径从与三通管连接处向远端逐级减小均匀送风，并在每一变径管上设置一送风孔，使颈枷内的位于每一部位的奶牛都能享有舒适的送风环境。

（2）由于将靶向通风管道安装在奶牛的颈枷或卧床之上，在奶牛集中采食或躺卧时段，可以对奶牛的脖颈部位通过送风孔直接送风，因此能有效地缓解奶牛热应激反应。

（3）可以同时在通风管道的上方平行设置有喷淋管［图 2-12（b）］。将喷淋管上的喷嘴及位置与通风管道上变径管的送风孔相对应，且送风孔的送风气流与喷淋管的喷淋方向一致，使靶向气流与喷淋水滴穿透牛体的毛层至达皮肤表层，发挥靶向送风与喷淋配合的优势，达到良好的降温效果。

（4）靶向通风方式在每一送风孔处安装有可以调节送风方向的百叶，使靶向气流能够通过百叶在喷淋管的水滴配合下使其对奶牛的降温更加柔和。

2. 卧床冷水管降温系统　当环境温度过高时，奶牛主要的散热方式是蒸发散热，而对流散热、辐射散热、传导散热量的作用都是有限的。但是当湿度足够大，皮肤表面和周围空气之间的水蒸气浓度梯度小，蒸发热损失随着相对湿度的增加而降低，此时对流热损失增加，增加对传导降温的利用也是一项有效的措施。

奶牛卧床冷水管降温系统的原理类似于民用建筑的地板供冷系统。在民用建筑中，供冷辐射是应用 12～20℃ 的冷水循环流动于

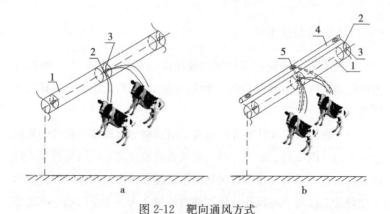

图 2-12　靶向通风方式

a. 通风管道　b. 喷淋管

1. 通风直管　2. 变径管道　3. 送风孔　4. 喷淋管　5. 喷嘴

辐射板换热元件内（管道），从而将室内余热转移至室外。管道一般采用的材质有钢管、陶瓷管及铜管等，之后引进塑料管使用效果较好。地板辐射供冷系统的整体结构，从上到下分别为结构层、保温层、盘管、填充层、地面层。埋管的铺设方式主要有蛇形、回字形，以及将两者结合使用的，具体布置如图 2-13 所示。其中，蛇

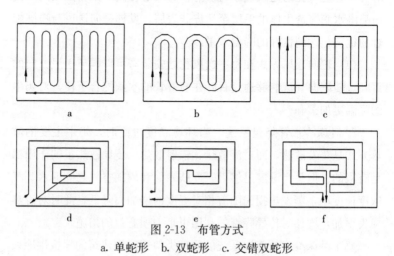

图 2-13　布管方式

a. 单蛇形　b. 双蛇形　c. 交错双蛇形

d. 单回形　e. 双回形　f. 双开双回形

形铺设由于沿管路方向存在温度梯度，所以地面会出现温度不均匀的情况。双蛇形铺设采用进回水交错排列方式，可以解决温度不均的问题，因此适用性更强。

假设埋设的钢管内径为 0.04 米，奶牛的核心温度为 38.7℃，组织热阻的假定值为 0.058 5 米² · 开/瓦，毛皮热阻为 0.041 5 米² · 开/瓦，奶牛体尺参数按照估值 0.3 米² 计算，可以计算出不同参数条件下，奶牛和卧床之间的换热量（表 2-4）。

表 2-4　不同参数条件下的传热情况

管壁温度（℃）	进出水温差（℃）	流速（米/秒）	流量（千克/秒）	冷负荷（瓦）	表面温度（℃）	热通量（瓦/米²）
15.6	1.0	0.3	0.38	1 672	15.9	227.8
		0.4	0.50	2 214	16.0	226.8
		0.5	0.63	2 752	16.1	225.8
16.2	2.1	0.3	0.38	3 344	16.8	218.6
		0.4	0.50	4 428	17.0	216.6
		0.5	0.63	5 504	17.2	214.6
16.7	3.0	0.3	0.38	5 016	17.7	210.5
		0.4	0.50	6 642	18.0	207.4
		0.5	0.63	8 256	18.3	204.3

四、牛舍保温与供暖

牛舍的防寒保温在很大程度上取决于外围护结构的保温隔热性能。保温隔热设计合理的牛舍，除了极端寒冷的地区外，一般都能满足奶牛对温度的基本要求。但对于犊牛，由于其本身热调节功能尚不完善，对低温比较敏感，需要通过采暖来保证犊牛所要求的适宜温度。牛舍的保温就是通过围护结构以及适当采用供暖设备，达到建筑防寒的目的。

（一）牛舍建筑围护结构保温设计

牛舍的保温设计，要根据当地气候和奶牛生理的要求选择适当的建筑材料和合理的外围护结构，使围护结构总热阻达到基本要求，这是牛舍保温隔热的基本措施。通过增加围护结构热阻，可以提高牛舍的保温性能，并为增加牛舍通风提供温度保障，满足牛舍日常操作和对良好空气质量的要求。

我国东北地区属于严寒地区，极端的气候条件加之围护结构设计不合理（牛舍墙体、屋面传热阻值低于冬季低限热阻值），建筑材料老化、受潮、脱落导致密闭性差，冷风渗透和入侵现象严重，从而造成该地区牛舍普遍存在舍内热量损失大、温度分布不均等问题。

基于舍内 10℃ 的设计温度和 80% 的相对湿度要求，东北不同地区奶牛舍墙体和屋面的低限热阻值的参考范围分别为 0.47～1.54 米^2·℃/瓦和 0.63～1.97 米^2·℃/瓦。有窗密闭式与卷帘式牛舍是东北地区的两种典型牛舍，调查研究发现东北地区有窗密闭式牛舍墙体、屋面传热阻值均高于冬季所要求的低限传热阻值 1.07 米^2·℃/瓦、1.52 米^2·℃/瓦，牛舍保温性能符合设计要求。而对于卷帘牛舍，屋面传热阻高于冬季低限传热阻值 1.68 米^2·℃/瓦，侧墙传热阻值低于冬季低限传热阻值 1.18 米^2·℃/瓦。因此，在严寒地区，选择有窗密闭式牛舍结构较卷帘牛舍结构更能满足牛舍保温设计的要求。

门窗是影响牛舍保温的最重要结构。在实际生产中，牛舍大门需要时常开启和关闭，加之寒区牛舍内外温差大、舍内湿度高，致使大门易出现结冰现象，且更易受损，使大门关闭和开启困难，从而导致冷风渗透和侵入现象加剧，由此带来的经济损失可占牛场年经济投入的 5%左右。门斗具有保温隔热作用，它能够有效防止在打开外门时冷空气直接侵入舍内，同时也能够对牛舍大门起到较好的保护效果。

针对不同规模牛舍，通过合理设计门斗尺寸，在舍外温度为−20℃、门斗及牛舍大门均保持全天关闭的理想状态下，可维持舍内温度在 9℃左右。

（二）建筑防寒措施

1. 选择适宜于防寒的牛舍样式　奶牛舍样式应考虑当地冬季寒冷程度和奶牛的饲养阶段。例如，严寒地区宜选择封闭式牛舍，冬冷夏热地区的成年牛舍可以考虑选用开放式封闭牛舍。成年乳牛耐寒而不耐热，故可以采用钟楼式或半钟楼式牛舍，以利于夏季防暑降温。

2. 牛舍的朝向　牛舍朝向不仅影响采光，还与冷风侵袭有关。由于冬季主要风向对牛舍迎风面所造成的压力，使墙体细孔不断由外向内渗透寒气，致使牛舍温度下降、失热量增加，是冬季牛舍的冷源。在设计牛舍朝向时，应根据本地风向频率，结合防寒、防暑要求，确定适宜朝向。宜选择牛舍纵墙与冬季主风向平行或形成 0°~45°角的朝向，这样的冷风渗透量减少，有利于保温。而选择牛舍纵墙与夏季主风向成 30°~45°角，则涡风区减少，通风均匀，有利于防暑，排除污浊空气效果好。在寒冷的北方，由于冬春季风多偏西、偏北，故在实践中，牛舍以南向为好。

3. 门窗设计　门窗的热阻值较小，同时，门窗缝隙会造成冬季的冷风渗透，外门开启时失热量也很大。因此，在寒冷地区，门窗的设置应在满足通风和采光的条件下，尽量少设。北侧和西侧冬季迎风，应尽量不设门，必须设门时应加门斗，北侧窗面积也应酌情减少，一般可按南窗面积的 1/4~1/2 进行设置，必要时还可采用双层窗或单框双层玻璃窗。

4. 控制气流防止贼风　在设计施工中应保证结构严密，防止冷风渗透。入冬前设置挡风障，防止气流过大。

（三）牛舍的供暖

在奶牛的饲养过程中，犊牛是最容易受到环境影响的。犊牛是指初生至 6 月龄的牛，按照其生产管理的需要，又可将犊牛期分为初生期（出生后 7～10 日龄）、哺乳期（初生期后至 60 日龄）和断奶期（断奶后至 6 月龄）。潮湿、寒冷的环境对冬季出生的犊牛是一个重大的挑战，这种环境使犊牛更易患肺炎和遭受冷应激，因此必要的保温、供暖措施对于犊牛的健康成长至关重要。最常见的保温方式为铺设垫料，垫料可以为哺乳犊牛提供松软的躺卧环境，同时还可以起到一定的保温效果。常用的垫料类型为稻草、稻壳、沙子、秸秆等。此外，犊牛夹克也可以帮助犊牛抵御寒冷，当犊牛脱下夹克后，往往需要采食更多的精饲料来维持自身热量。

在采取各种防寒措施后仍不能保障要求的舍温时，还可以通过增加整体供暖和局部供暖的方式保障舍温。初生犊牛的体温调节能力还不完善，易遭受冷应激的影响，因此产房和犊牛舍需要采取供暖措施。产房中，刚出生的犊牛常采用保温灯供暖。对于犊牛舍，在保证良好的建筑热工性能基础上，可通过地面加温或整舍加温的方式，确保犊牛舍内温度不低于15℃。

五、奶牛的冷热应激评价

如何评价冷热环境对奶牛生产影响程度的大小，很多学者从不同的学科背景提出了很多评价方法和评价指标参数，如温湿指数、热负荷指数、风冷指数等。温湿指数虽然应用较为广泛，但人们也逐渐认识到其仅考虑了温度和相对湿度，而对环境参数中很重要的参数如太阳辐射、风速等都没有涉及的不足。随着检测技术手段的进步，有关环境评价方法也在不断地发展。概括起来，主要有以下两个方面。

1. 基于奶牛生理参数和生产性能的评价

（1）体温判定　首先随机测定 10 头奶牛的体温，如果其中 7 头以上体温超过 39.4℃，那么奶牛已经开始处于热应激状态；如果超过 40℃，则处于严重的热应激状态。

（2）呼吸频率判定　先随机测定 10 头奶牛的呼吸频率，如果其中 7 头奶牛的呼吸频率高于 80 次/分钟，则表明奶牛已经开始处于热应激状态；如果超过 85 次/分钟，则处于严重的热应激状态。奶牛呼吸频率为 60 次/分钟是正常的，这时几乎没有热应激。

（3）采食量和产奶量判定　当奶牛采食量或产奶量下降 10% 以上时，认为奶牛已经开始处于热应激状态；如果下降 15% 以上，则处于严重的热应激状态。

2. 基于小气候环境参数的综合评价方法　比较不同的温度、湿度或气流速度等单一因素对奶牛影响的程度是比较容易的，但在生产实际中，通常都是在气温、湿度、气流和辐射等多种因素综合作用下的环境中进行生产活动，则对环境参考的评价就较为复杂。例如，一个气温为 30℃、相对湿度为 60%、风速为 1.0 米/秒的环境和另一个相应参数分别为 28℃、80%、1.2 米/秒的环境相比，难以直观判断哪种环境对奶牛的生产较为有利。此时需要通过环境综合评价法来完成。环境综合评价法通常也被称为热指数法，即利用数学模型将多个环境参数综合成单一指数值来表征环境对奶牛的冷热应激强度。

（1）温湿指数　温湿指数（Temperature-humidity index，THI）是用得最多的奶牛热应激指数。该指数是将温度和湿度结合起来评价环境的炎热程度。由于仅含温度和湿度两个参数，该指数计算简单，获取方便，缺点是无法估计风速和辐射对动物热应激的缓解和加强作用。温湿指数按下式计算：

$$THI = 0.72 \times (T_a + T_w) + 40.6$$

$$THI = T_a + 0.36 T_{dp} + 41.2$$

$$THI = (1.8 T_a + 32) - 0.005 5(1 - RH) \times (1.8 T_a - 26.8)$$

式中　T_a——气温（℃）；

T_w——湿球温度（℃）；

T_{dp}——露点温度（℃）；

RH——相对湿度（℃）。

（2）黑球温湿度指数　黑球温湿度指数（Black globe-humidity index，BGHI）是将黑球温度和露点温度相结合估计环境炎热程度的指标，计算公式为：

$$BGHI = T_{bg} + 0.36 T_{dp} + 41.5$$

式中　T_{bg}——黑球温度（℃）；

T_{dp}——露点温度（℃）。

（3）风冷指数　风冷指数（Windchill index，WCI）是气温和风速相结合估计寒冷程度的一种指标，计算公式为：

$$WCI = (\sqrt{100WS} + 10.45 - WS) \times (33 - T_a) \times 4.184$$

式中　WS——风速（米/秒）；

T_a——气温（℃）。

除上述这些指数外，还有如环境应激指数、调整温湿指数、热辐射指数、综合气候指数、显热基温湿指数、等效温度指数等。虽然指数有很多，计算方法不一，评价的精度也有一定的差异（表2-5），但由于温湿指数（THI）较为直观，加之温度、湿度等参数容易获取，在实际生产中还是以此为奶牛热应激的评价标准。

表 2-5　不同程度热应激的指数值范围

指数	热应激程度			
	轻度	中度	重度	危重
温湿度指数	68～72	72～80	80～90	≥90
黑球温湿度指数	74～79	79～84	≥84	
等效温度指数	30～34	34～38	≥38	
调整温湿度指数	74～79	79～84	≥84	
奶牛等效温度指数	18～20	20～25	25～31	≥31
呼吸率指数	90～110	110～130	≥130	
热负荷指数	89～92	92～95	≥95	
综合气候指数	25～30	30～35	35～40	≥40

参考文献

车凤翔，1986. 空气生物学概述及其进展［J］. 环境科学（1）：85-90.

戴鹏远，沈丹，唐倩，等，2018. 畜禽养殖场颗粒物污染特征及其危害呼吸道健康的研究进展［J］. 中国农业科学，51（16）：3214-3225.

樊霞，董红敏，韩鲁佳，等，2006. 肉牛甲烷排放影响因素的试验研究［J］. 农业工程学报（8）：179-183.

冯仰廉，2004. 反刍动物营养学［M］. 北京：科学出版社.

侯云涛，尧李慧，蔡晓华，等，2017. 自动清粪机器人路径规划方法的研究与实现［J］. 农机化研究，39（6）：23-26.

刘明，张恩平，宋宇轩，2019. 牛舍有害气体排放规律及减除措施研究进展［J］. 家畜生态学报，40（5）：76-81.

刘仕军，袁耀明，徐元年，等，2009. 奶牛专用霉菌毒素吸附剂对粪中双歧杆菌数量和乳中霉菌毒素含量的影响［J］. 中国奶牛（5）：12-15.

鲁煜建，2018. 东北地区奶牛舍热湿环境监测与评价［D］. 北京：中国农业大学.

秦仕达，刘金琪，孟祥雪，等，2016 栾冬梅. 黑龙江省散栏式泌乳牛舍冬
季环境的研究［J］. 黑龙江畜牧兽医（1）：94-96，100.

孙宏起，2017. 奶牛舍内环境中微生物气溶胶分布规律研究［D］. 长春：
吉林农业大学.

王悦，赵同科，邹国元，等，2017. 畜禽养殖舍氨气排放特性及减排技术
研究进展［J］. 动物营养学报，29（12）：4249-4259.

杨存志，贺刚，尧李慧，等，2017. 全自走牛舍清洁机器人的设计［J］.
农机化研究，39（5）：90-94.

郑国生，施正香，滕光辉，2019. 中国奶牛养殖设施装备技术研究进展
［J］. 中国畜牧杂志，55（7）：169-174.

Buffington DE，Collazoarocho A，Canton GH，et al，1981. Black globe-
humidity index（BGHI）as comfort equation for dairy cows［J］.
Transactions of the ASAE，24（3）：711-714.

Dolejš J，Mašata O，Toufar O，2006. Elimination of dust production from
stables for dairy cows［J］. Czech Journal of Animal Science（63）：
305-310.

Ehrlemark A，Sällvik K，1996. A model of heat and moisture dissipation
from cattle based on thermal properties［J］. Transactions of the ASAE，
39（1）：187-194.

Kammer J，Décuq C，Baisnée D，et al，2020. Characterization of particulate
and gaseous pollutants from a French dairy and sheep farm［J］. Science of the
Total Environment，712：135598.

Ortiz XA，Smith JF，Rojano F，et al，2015. Evaluation of conductive
cooling of lactating dairy cows under controlled environmental conditions
［J］. Journal of Dairy Science，98（3）：1759-1771.

Rong L，Liu D，Pedersen EF，et al，2014. Effect of climate parameters on
air exchange rate and ammonia and methane emissions from a hybrid
ventilated dairy cow building［J］. Energy and Buildings，82：632-643.

Thom EC，1959. The discomfort index［J］. Weatherwise，12（2）：
57-61.

Wang X，Gao H，Gebremedhin KG，et al，2018. A predictive model of
equivalent temperature index for dairy cattle（ETIC）［J］. Journal of
Thermal Biology，76：165-170.

Wu C，Yang F，Brancher M，et al，2020. Determination of ammonia and
hydrogen sulfide emissions from a commercial dairy farm with an exercise

yard and the health-related impact for residents [J]. Environmental Science and Pollution Research, 27 (30): 37684-37698.

Zhu G, Ma X, Gao Z, et al, 2014. Characterizing CH_4 and N_2O emissions from an intensive dairy operation in summer and fall in China [J]. Atmospheric Environment, 83: 245-253.

第三章
奶牛场生物安全防控

第一节　传染性病原微生物安全防控

　　牛病的种类有很多种，包括传染病、寄生虫病、内科病、外科病及产科病。其中最严重的是传染病，这些病往往造成牛只大批死亡，给奶牛养殖行业造成巨大的损失。防治牛病，必须坚持预防为主的方针，科学养牛，制定防疫制度，控制导致牛发病的内外因素，是预防牛病的根本措施。

一、奶牛传染病概述

　　农业农村部第 573 号公告明确规定了《一、二、三类动物疫病病种名录》，其中跟牛有关的疫病主要有：

　　一类动物疫病：口蹄疫、牛瘟、牛传染性胸膜肺炎、牛海绵状脑病。

　　二类动物疫病：狂犬病、布鲁氏菌病、炭疽、蓝舌病、棘球蚴病、日本血吸虫病、牛结节性皮肤病、牛传染性鼻气管炎（传染性脓疱外阴阴道炎）、牛结核病。

　　三类动物疫病：伪狂犬病、轮状病毒感染、产气荚膜梭菌病、大肠杆菌病、巴氏杆菌病、沙门氏菌病、李氏杆菌病、副结核病、类鼻疽、支原体病、附红细胞体病、Q 热、弓形虫病、伊氏锥虫病、东毕吸虫病、片形吸虫病、囊尾蚴病、血矛线虫病、钩端螺旋体病、牛隐孢子虫病、牛病毒性腹泻、牛恶性卡他热、地方流行性牛白血病、牛流行热、牛冠状病毒感染、牛赤羽病、牛生殖道弯曲杆菌病、毛滴虫病、牛梨形虫病、牛无浆体病。

二、牛场卫生管理

1. 牛场　牛场的入口是第一道防线，进入牛场的所有人员和车辆应进行清洗和消毒。

（1）车辆　在清洗的基础上应使用复方戊二醛溶液以 1：150 的稀释度喷洒整个车辆。

（2）人员　确保所有牛场工人和访客在进入牛场之前更换清洁的工作服或防护服；进入生产区前应将靴子踏入脚踏盆中进行消毒。脚踏盆中使用按 1：100 稀释的复方戊二醛溶液，应在每天或大量使用后更换一次；在牛场内从一个区域移动到另一个区域时或触摸过牲畜后，应及时清洁双手。

2. 牛舍　牛舍或犊牛岛内的所有有机物质都必须清洁干净。水槽、料槽、奶桶等器具转移至开放通风处，用 1：（50～100）稀释比例的复合型泡沫清洁剂彻底清洗后，用 1：150 稀释的复方戊二醛溶液进行泡沫或浸泡消毒。

牛舍或犊牛岛应用高压冲洗机按照从顶部开始向下到地板的顺序清洗。最好能够在使用高压冲洗机冲洗后，再用人力刮除没能冲掉的污垢。注意不要忽略牛舍内的风扇、横梁、喷淋管道等各处的灰尘。通过发泡喷枪，使用复合型泡沫清洗剂从下至上喷洒与浸泡所有设备表面，复合型泡沫清洗剂的稀释比例取决于污染程度，通常为 1：（50～100），作用时间 15 分钟。使用高压冲洗机用清水冲洗，应按照从屋顶到地面、从建筑的一端到另一端的顺序进行。

待所有表面干燥后，应用复方戊二醛溶液以 1：150 的稀释比例喷洒于所有表面，并至少作用 15 分钟。

牛舍清洗、干燥后，所有进入牛舍的物品和器械都必须先经过清洁和消毒处理后方可带入牛舍。

3. 挤奶厅和待挤区　具体消毒方法和牛舍类似，每班挤奶结束后，按照从上到下的顺序清除设备污迹及地面的粪便，使用复合型泡沫清洗剂按 1：（50～100）稀释喷洒到所有表面和设备作用 15 分钟，高压水枪冲洗，待干燥，使用复方戊二醛溶液喷洒于所有表面并作用 15 分钟。

4. 车辆及驾驶室　车辆进入生活区时需经过消毒池。北方寒冷季节时，建议牛场大门口选用干粉消毒剂对所过车辆轮胎进行消毒。携带牲畜的车辆在两次使用之间应进行彻底清洗和消毒。轮子上可能沾染的泥垢、稻草等应除去。使用发泡枪对车辆表面进行喷洒浸泡，泡沫清洁剂的稀释比例为 1：100，使用高压水枪清洗后干燥，最后使用 1：150 比例稀释的复方戊二酮溶液喷洒所有干燥表面并作用 15 分钟。

除此之外，驾驶室内垫子和地毯也应进行清洁和消毒，同时清洗控制踏板。

三、加强牛场饲养管理

1. 实行分群、分阶段饲养　按牛的品种、性别、年龄、强弱等分群饲养。避免饲养管理方式的随意改动和突然变换，保证牛体正常发育和健康的需要，避免牛只免疫能力下降。

2. 优良的饲养环境　牛舍要阳光充足，通风良好，冬天能保暖，夏天能防暑，年内温度以 9～16℃为宜，湿度以 50%～70%为宜，运动场无积水。经常刷洗牛体，保持牛体清洁卫生。

3. 保证牛只充足的运动　一般每天上、下午让牛在舍外运动1～2小时，使其呼吸新鲜空气，增强心肺功能，同时夏季避免阳光直射。

4. 注意观察　白天在喂料、进行牛舍清扫时，要注意观察，记录牛的采食和健康状况，发现异常及时处置，防止疾病的发生和发展。

四、预防为主，防重于治

1. 疫苗接种　有计划地给健康牛群进行预防接种，可以有效抵抗相应的传染病危害（表3-1）。

表3-1　牛群疫苗免疫时间表

免疫牛群		疫苗类型		免疫时间
犊牛	0～30日龄	呼吸道疫苗		每月10—15日
	31～60日龄	呼吸道疫苗		每月10—15日
	91～120日龄	口蹄疫疫苗	梭菌疫苗	每月10—15日
	121～150日龄	口蹄疫疫苗	梭菌疫苗	每月10—15日
	151～180日龄	布鲁氏菌病疫苗		每月10—15日
青年牛	10～11月龄	布鲁氏菌病疫苗		每月10—15日
	11～12月龄	呼吸道疫苗	梭菌疫苗	每月10—15日
	17～18月龄	呼吸道疫苗	梭菌疫苗	每月10—15日
	青年牛产前60天	呼吸道疫苗	梭菌疫苗	转干奶配方时
成母牛	干奶期	呼吸道疫苗	梭菌疫苗	使用干奶配方时
	围产期	呼吸道疫苗		干奶转围产时

2. 检疫　牛场每年都需对牛群进行布鲁氏菌病和结核病检疫，具体实施方案如下。

（1）布鲁氏菌病检疫　在牛群布鲁氏菌病疫苗免疫 6 个月后，进行虎红平板凝集试验检测，出现阳性后需要进行竞争 ELISA 检测，确定阳性后，进行扑杀及无害化处理。检疫时间是每年 5 月、11 月。

（2）结核病检疫　每年两次对全群牛只进行结核病检测，通过牛型结核分枝杆菌 PPD 皮内变态反应试验进行检测。检测时间为每年 5 月、11 月。

五、灭鼠、杀虫、防兽

鼠、蚊、蝇和其他吸血昆虫是病原体的宿主和携带者，能传播多种传染病和寄生虫病。应当清除牛舍周围的杂物、垃圾和乱草堆等，填平"死"水坑，认真开展杀虫、灭鼠工作。同时，饲养区禁止犬、猫等动物进入，防止其粪便污染饲料和水源。

六、疫情上报

尽早发现疫情并做出正确诊断，发现一般疫情应立即进行隔离、治疗；发现重大疫情，应立即向上级部门或技术中心汇报，必要时，将疫情上报当地政府畜牧局等相关部门。汇报内容包括：疫情发生的时间、地点、发病的动物种类和品种、动物来源、临床症状、发病数量、死亡数量、是否有人员感染、已采取的控制措施、疫情报告的单位和个人、联系方式等。对染疫动物采取扑杀、焚烧或深埋等无害化处理措施。同时全场进行消毒，健康牛进行紧急预防接种。

第二节　环境性病原微生物安全防控

除了传染性病原微生物外，牛场中存在的环境性致病菌同样对奶牛健康以及生产性能造成了严重的影响。由环境性致病菌导致的奶牛乳房炎以及子宫内膜炎会引起奶牛产奶和产犊性能下降，影响牛场的经济效益；同时，牛乳中的病原微生物会降低乳品质。故对牛场内环境性病原微生物进行有效防控显得迫在眉睫。

一、牛场主要环境性病原微生物

1. 细菌　牛场主要的环境性致病细菌包括大肠杆菌、金黄色葡萄球菌、克雷伯氏菌、多杀性巴氏杆菌、无乳链球菌、停乳链球菌、乳房链球菌、副乳房链球菌、沙门氏菌、绿脓杆菌等。这些细菌以单一感染或混合感染的方式导致奶牛乳房炎和子宫内膜炎的发生。它们通常存在于牛的体表以及牛场环境中，牛床垫料也是它们最常见的栖息之处。

2. 真菌　多数真菌如毛霉菌、念珠菌和放线菌等都可以导致奶牛子宫内膜炎。

3. 其他微生物　支原体能够引发奶牛乳房炎以及子宫内膜炎。此外，阴道滴虫、立克次氏体、胎毛滴虫等也能引发奶牛子宫内膜炎。

二、牛群管理

保证牛舍阳光充足、牛床干净，尽量减少污染，冬春季保温，夏季防暑通风，保持舍内的清洁并定期消毒。冬天牛床和运动场最好铺垫消毒后的麦秸稻壳或锯末等，地面、墙壁、栏杆、饲槽至少10天消毒一次。

定期对牛场各分区大缸奶样进行病原菌检测，对异常奶牛进行检查，患病奶牛及时采用抗生素进行治疗；对于病情严重的奶牛进行淘汰处理。

第三节　牛场消毒与卫生管理

随着奶牛饲养集约化程度的提高，饲养规模和养殖密度越来越大，奶牛的疾病也逐渐增多，给奶牛疾病的预防和治疗造成巨大的困难，从而给奶牛场造成巨大的经济损失。加强消毒与卫生管理是控制疫病的最有效途径之一，也是预防奶牛疾病的最简单和最经济的方法。

一、消毒剂的分类和使用原则

市面上可供选择的消毒剂种类繁多，也有不同的分类方法。主要的分类依据包括作用机理、杀灭微生物的效果、作用对象等。按照作用机理，可大致分为化学消毒剂和生物消毒剂（如酶、噬菌体等）。按照杀灭微生物效果的强弱，可大致分为高效、中效和低效消毒剂。通常认为高效消毒剂能杀灭包括细菌芽孢、真菌孢子和病毒在内的各种微生物，这类消毒剂的成分主要有氯类、过氧化物类、醛类等。中效消毒剂不能杀灭细菌芽孢，此类消毒剂的成分通常包括碘类、醇类等。低效消毒剂只能杀灭一般细菌繁殖体、部分真菌和亲脂性病毒，不能杀灭结核杆菌、亲水性病毒和细菌芽孢，如某些胍类和季铵盐类消毒剂等。根据作用对象可分为物体表面消毒剂、医疗器械消毒剂、空气消毒剂、手消毒剂、皮肤消毒剂、黏膜消毒剂等。

理想的消毒剂应广谱高效，对病原杀灭速度快，同时无毒、无刺激、无腐蚀和性价比高。然而在实际应用中，各种消毒剂都有其使用限制，在选择时要考虑实际的使用目的和对象。例如对于重点污染区域，首选高效消毒剂，可以达到更全面、快速的杀灭效果；对于物体表面和设备，还要考虑消毒剂的腐蚀性；而对于人体，则必须考虑消毒剂的安全性和刺激性。2020 年发布的《消毒剂原料清单及禁限用物质》，针对不同消毒对象，规定了所用消毒剂的原料清单和禁、限用物质清单，可以为大家选择消毒剂成分提供依据。同时，为了科学指导公众正确选用消毒剂，国家卫生健康委办公厅组织消毒标准专业委员会编制了《消毒剂使用指南》，简明扼要地说明了不同种类消毒剂的使用指南。

二、牛场出入口日常消毒与卫生管理

1. 生活区出入口管理　牛场主出入口通办公生活区，是员工上下班和外来人员进出场区的主要通道，是出入管理的重点；须保证牛场所有出入口有保安守卫或上锁，在无车辆、人员进出牛场

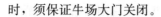

时，须保证牛场大门关闭。

2. 生活区大门设施标准　酒精消毒机一台（酒精喷壶一个）、医用酒精棉球、公司统一人员登记表、完全覆盖大门口整个人行消毒通道且由专业厂家生产的配套标准消毒垫（或自制消毒池、脚垫）等

3. 人员进场消毒程序　外来人员包括外来参观者、检查视察工作的各级领导及随行人员、公司领导及技术人员、与牛场业务往来人员和临时施工人员等。对外来人员进场消毒程序要求如下：所有外来人员进入牛场必须经牛场场长或授权人同意，在门卫室进行详细登记，记录的电话号码需要门卫现场拨打验证，车牌号现场核对；之后由牛场工作对接人引领进入；在门卫室，先用75%酒精对手部消毒，再用消毒液浸泡（喷洒）鞋底，方可进入办公生活区。不论是本场员工还是外来人员均不允许将其他养殖场的动物、原料乳、肉类及其他动物产品或使用过的畜牧设备、工作服等用品带入生产及生活区。

（1）本场工作人员消毒程序（居住在场外的人员上下班）　在门卫室，先用75%酒精对手部消毒，再用消毒液浸泡（喷洒）鞋底，方可进入办公生活区。在周边发生疫情等特殊时期，根据实际情况强化人员进场消毒程序，包括：戴口罩、测体温、手部消毒、鞋底消毒、衣服消毒等。

（2）车辆进入办公区主出入口消毒程序　办公区主出入口需要设置消毒池（消毒池建设标准：长×宽×深为 4 米×3 米×0.3米）；所有车辆进场必须通过消毒池消毒；车体进行喷雾消毒；场内车辆统一停放在指定停车场。

（3）人员消毒通道和车辆消毒池管理规范　办公室主任（或后勤）管理生活区消毒工作，要求严格按兽医主管制订的方案执行；夏季每天清理保证消毒液清洁、充足、浓度达标。冬天使用干消毒剂，每天保证其干净、充足、不板结；夏季消毒池液体深度要求达到 10～20 厘米。冬季干粉消毒带长至少 4 米、宽至少 3 米、厚至少 15 厘米，上铺草帘；人员消毒通道内消毒池夏季消毒液要求能完全湿润鞋底，冬季干粉消毒带要求厚 5 厘米，上铺草帘。

三、生产区出入口日常消毒与卫生管理

1. 消毒设施配置标准　养殖场应配备消毒池、消毒酒精棉球、消毒脚垫（长、宽要求铺满消毒更衣室通道）、洗手池、超声波雾化消毒机、工鞋清洗池、牧场员工更衣柜、员工洗澡间，并设立来访人员专用更衣柜（日常保障 5 人份以上的防护用品储存）。

2. 工作人员着装管理　工作人员在入场工作时需穿戴统一定制的工衣、高筒雨靴、一次性口罩、工帽、反光背心，与牛接触人员需戴一次性橡胶手套。挤奶厅工作人员除穿戴公司统一着装外，还应增加防水围裙、长臂手套和一次性橡胶手套，风险牛场挤奶员应佩戴防护面罩。产房工作人员在接、助产过程中除穿戴公司统一着装外，还应增加防水围裙、长臂手套和一次性橡胶手套、眼罩。疫苗注射人员应穿戴防护服、口罩、帽子、眼罩、雨鞋、橡胶手套。办公室人员临时进入场区可穿戴白大褂、帽子、口罩、雨鞋或工鞋。所有员工工作服应每周至少清洗消毒一次。

3. 人员入生产区消毒流程操作标准　手部消毒采用 75％酒精消毒 3～5 秒。消毒剂应保障充足。人员进入生产区，按不同工种要求换上工作服、口罩、帽子、胶靴、工鞋等防护用品后，在更衣室消毒通道经过 15 秒以上的有效雾化消毒后进入生产区。入生产区人员脚踩消毒脚垫消毒 5 秒，消毒液淹没鞋底即可。消毒槽规格要求为长至少 2 米，宽至少 1.4 米，深至少 5 厘米。牛场相关责任部门应保证消毒剂保障充足。外来人员必须在牛场人员的组织安排下进行消毒更衣。

4. 人员出生产区消毒流程操作标准

（1）清洗胶鞋 出生产区前，先在刷鞋处将胶鞋清洗干净，人员脚踩消毒脚垫时间应大于 5 秒，消毒液淹没鞋底即可；人员离开生产区时，在更衣室脱下工作服等防护用品。

（2）洗手 对裸露手臂进行清洗，牛场责任部门负责及时添加补充洗手液、香皂等。手部清洗消毒流程：清水清洗 5 秒以上，打香皂或洗手液揉搓 5 秒以上，清水洗净，手部 75％酒精消毒 3～5 秒。

（3）手机消毒 75％酒精棉球擦拭手机进行消毒。酒精棉球用完后随时及时添加。除特殊工种工作需要外（如保洁、维修等），其他人员禁止将工服等防护用品穿出生产区。所有人员禁止将工作服等防护用品带出牧场。

四、牛场外来车辆入场日常消毒与卫生管理

外来车辆入场前，门卫、保安对入场车辆轮胎、车身、底盘进行车辆周身消毒，有全自动消毒通道的牛场，保安指引车辆在半离合状态下缓慢通过消毒通道，车身喷湿至滴落液滴为宜，高压消毒喷枪管道长度至少为 30 米；门卫、保安指引车辆通过消毒池或生石灰带进行消毒，用完后及时添加；消毒池液体深度为 10～20 厘米；消毒池标准为长至少 4 米、宽至少 3 米、深至少 30 厘米；石灰带标准为长至少 4 米、宽至少 3 米、厚至少 15 厘米；外来人员下车后进行鞋底消毒（脚踩消毒脚垫消毒 5 秒，消毒液淹没鞋底即可），消毒剂应保障充足；手部消毒（手部使用 75％酒精消毒 3～5秒），消毒剂保障充足；禁止承运淘汰牛的车辆靠近牛场，应在牛场下风向等候拉运淘汰牛，淘汰牛车辆停车地点需要用消毒液进行消毒，牛场人员禁止接触淘汰牛车辆，相关生产车辆和人员回场前应进行严格的消毒。

五、生产区、生活区日常消毒程序

1. 蹄浴消毒管理　蹄浴池清水池在前，药浴池在后。两池间隔 1.5～2 米；蹄浴液深度保证在 10～12 厘米（需保持约 360 升液体）；要求每批蹄浴结束后，两个蹄浴池都要彻底清洗，保证其干净清洁；蹄浴频次为冬季每周 2 次、夏季每周 3 次；根据季节、环境、蹄病发病等情况，可适当增减蹄浴次数；蹄浴药选择符合国家规定的蹄浴药品，配比浓度及使用按说明。

2. 注射器械消毒　注射器械清洗消毒，可重复使用的注射器和针头使用后，进行清水冲洗，外表不能残留血迹和污物，针头内的凝固血液要使用空的注射器抽清水冲洗干净，避免堵塞，冲洗完毕后统一使用高压锅进行高温高压灭菌，灭菌后统一盛放在高温高压灭菌过的器皿中以待备用，根据牧场使用针头、注射器的数量，每周至少统一灭菌 3 次。

3. 乳头药浴消毒　挤奶前执行正确的挤奶程序和严格的乳头药浴。挤奶前用温水或 0.02%～0.03% 的氯盐溶液清洗乳房，每清洗完一头牛应更换毛巾或对毛巾进行消毒，挤乳时用力均匀并尽量挤尽乳汁。清洗不同牛乳房之前用 0.025% 碘液洗手。

六、牛只移动消毒与卫生管理

1. 装车　由场长或场长授权人监督运输车辆事前做好清扫、全车清洗；通过粪污出入口，彻底消毒后，到装牛台；参与装车的物流公司人员在进场前应更换一次性工作服及胶鞋、帽子、口罩，洗手消毒后方可进行装车。

2. 卸车　车辆到达目的地后，通过消毒池消毒，车体用高压喷枪消毒，人员更换一次性工作服及胶鞋、帽子、口罩，洗手消毒后，用消毒剂（按说明书配制成带畜消毒浓度）对牛体喷洒消毒后卸车。

七、发生疾病时的消毒与卫生管理

奶牛群中检出病牛、烈性传染病阳性牛后，对病牛、阳性牛、可疑牛的牛床及其食槽等每天进行 1 次消毒，饲养工具使用后应及时消毒，粪便等排泄物应单独收集并进行无害化处理；对整个牛舍、饲养工具每天进行 1 次消毒，直至病牛、阳性牛、可疑牛痊愈15 天后，方可减少消毒次数。

出现有口蹄疫症状的疾病时，舍内走廊用 5％火碱水溶液消毒，圈面用双季铵盐、络合碘或过氧乙酸消毒。

出现腹泻疾病时，将发病牛群调圈，对该圈栏清扫（冲洗）、药物消毒、干燥。水泥床面和水洗后易干燥的牛舍需要用水冲洗。可以选用 5％氢氧化钠溶液、双季铵盐络合碘、过氧乙酸、双季铵盐类等进行消毒。

出现呼吸道或其他疾病时，进行清扫、通风、载畜消毒。对圈面进行清扫冲洗，用 5％的火碱水溶液消毒，再使用火焰按 70秒/米^{2}进行消毒。

第四节　粪污生物发酵处理

奶牛场的粪污是规模化、现代化、集约化养殖后产生的粪水、污水和各类废弃物。这些粪污不仅直接影响产品质量安全、关系到奶牛场生存与可持续健康发展，还影响养殖场周边环境。现已越来越引起社会、有关部门及企业的关注和重视。如何将放错地方的粪污资源合理利用，实现粪污减量化产生、达标排放、完全消化、科学处理，是奶牛场高效与洁净生产、可持续发展的有效途径与生存保障，是奶牛养殖发展的必经之路。

一、概述

奶牛场粪污生物发酵处理有利于保护生态环境；有利于实现资源循环利用，减少成本增加收入；有利于改善牛舍卧床环境，提高奶牛舒适度，达到奶牛清洁、健康、产奶量高的效果。该系统性工程包括粪污收集、输送、储存、处理、利用等多个环节。该方法是将奶牛场粪污经浓度调节处理后，进入发酵系统进行厌氧发酵，发酵出料经固液分离和二次挤压降低水分后进行干湿分离，固体部分发酵后回填牛床或农田利用。液体部分进入沼气发酵，沼气作为能源用于生活燃料或发电，沼液经三级沉淀过滤达标后灌溉农田。

二、固液分离工艺流程及技术要点

1. 粪污收集　机械刮板收集系统收集牛舍齿槽型地面的粪污，每天 24 小时清粪，时刻保持牛舍的清洁，并具有机械操作简便、运行安全可靠、刮板高度和运行速度适中、基本没有噪音的优点。经机械刮粪使粪污进入粪沟，通过安装在粪沟前端的沼液回收系统，用沼液冲洗到收集池。粪沟与收集池之间设坡度为 2%～3%

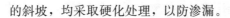
的斜坡，均采取硬化处理，以防渗漏。

2. 调节池　调节池的主要功能是收集粪污水和调节水量，保证后续固液分离机的稳定连续运行。调节池内装有搅拌机和切割进料泵，目的是将粪便和污水搅拌调节稀释均匀，并将粪污中的杂草等纤维物质切碎，最后连同粪污水一并运送至固液分离机。粪污收集池容积为1米³/头牛。

3. 固液分离　发酵后的出料进入混合搅拌池，经搅拌泵打碎混合均匀后，输送到一次筛分固液分离机，其筛网孔径为0.3毫米，筛出的固体纤维物由传送带转送至螺旋挤压设备，进行脱水；一次筛分后的废液由二次筛分进料泵，输送到二次筛分设备，其筛网孔径为0.1毫米，筛分出的固体纤维物由传送带转送至螺旋挤压设备，进行再脱水。筛分出的固体纤维物含水量约为70%。根据固体粪污清理的时间间隔、运输机械的高度及分离机房结构的经济性，固液分离机的平台一般在3米左右。

三、固体和污水生物发酵处理

1. 固体生物发酵处理　生物发酵处理是在一定条件下通过好氧微生物将粪便中不稳定的大分子有机物转化为较稳定的小分子物质。其处理方式主要有好氧堆肥、添加辅料好氧堆肥。

固液分离后的固体物质含水量大，加入一定量的生石灰有助于其快速升温、缩短堆肥周期、杀灭奶牛粪便中病原微生物、消减兽药和微量金属元素残留等污染因子。目前大多数奶牛场是将粪污经固液分离，固体牛粪再经堆积发酵或条垛发酵无害化处理后作为卧床垫料，被分筛脱水后的固体纤维物料经好氧堆积发酵后，可使其含水率降至30%，这样既卫生又安全，具有保障奶牛健康、提高奶牛卧床舒适度、减少肢蹄疾病、易于粪污处理的特点。

2. 污水生物发酵处理 在一定的条件下，通过微生物的分解代谢可分解污水中的有机物，消减污水中化学需氧量（COD）、氮、磷等。其生化处理方式主要有厌氧发酵、好氧发酵、厌氧-好氧组合等。

好氧处理过程是指经过各种原生生物、后生生物和好氧细菌的同化、异化作用从而降解废水中的有机物，最终将其分解为无机盐、二氧化碳和水，好氧处理的典型工艺有生物接触氧化法。厌氧处理法又称为厌氧消化，是指多种微生物在厌氧条件下共同作用，使得有机物分解并产生二氧化碳和甲烷的过程。

综合从环境效益、经济效益的角度出发，奶牛场采用"缺氧池＋稳定塘＋接触氧化池＋二沉池"的工艺组合，具有占地面积小、运行费用低、处理效果好、产生的污泥量和异味少、运行性能可靠稳定等优点。在污水经厌氧发酵进入缺氧池后，会与回流水在接触氧化池内形成缺氧环境。厌氧和好氧环境的混合不仅能在缺氧池中保持 0.5 毫克/升的溶解氧，回流水在接触氧化池中还能起到很好缓冲作用，不会因厌氧发酵而产生较高的水温，导致生物活性下降，影响去除效果。

在接触氧化池中，氨氮会经过反硝化菌的作用脱氮。接触氧化池中底部安装微孔曝气器，当缺氧池出水自流至接触氧化池时，在充氧的条件下，对有机物降解起主要作用的是填料上附着大量微生物群的生物膜。在污水流经填料层时，水中微生物会吸附、分解有机污染物。好氧微生物便以有机物为营养不断地进行新陈代谢，使有机物彻底氧化为二氧化碳和水。出水一部分回流至缺氧池进行脱氮，剩下部分则进入二沉池进行固液分离。而二沉池中产生的污泥部分会回流至缺氧池和接触氧化池中，这样既避免池中因温度过高导致生物活性下降，又使回流生物能发挥整体活性的作用。

当二沉池上清液进入到后续的稳定塘后，会对有机物和污水中氨氮做进一步的处理，在稳定塘中通过设置曝气设备，可以强化此系统的自我净化能力，进一步去除污染物，使最终出水能回用到生产线中或浇灌，而不含重金属等有毒物质的剩余污泥可作为肥料使用。

第五节　尸体堆肥无害化处理

一、动物尸体堆肥概述

　　动物尸体堆肥是指将动物尸体置于堆肥地点，通过微生物的代谢过程降解动物尸体，并利用降解过程中产生的高温杀灭病原微生物，最终达到减量化、无害化、稳定化处理目的的过程。堆肥法发展至今，已出现多种堆制方法来满足不同堆肥原料的堆肥需要，根据堆制方法的不同大致可以分为：条垛动态堆肥、静态堆肥和发酵仓堆肥三种。但对于动物尸体堆肥而言，目前多选择静态堆肥或发酵仓堆肥方式。国外动物尸体堆肥多采用自然通风的静态堆肥方法，因此动物尸体内部及其表面的降解大多数是厌氧消化，厌氧消化产生的液体和气体副产物从动物尸体向周围扩散，由于距动物尸体越远的物料中含氧量越高，副产物在扩散过程中被进一步氧化分解成二氧化碳和水。

　　根据实际不同的原料需要选用不同的堆肥方法。①条垛动态堆肥。一般是将堆体建成窄长的条垛，所以也称敞开条垛式堆肥，条垛断面可以为梯形或三角形，采用机械或人工的方法，每隔3～7天定期翻堆，提高堆体内部氧气含量和颗粒均匀度，使外层发酵缓慢的物料逐渐暴露到堆体中心高温区，从而促进病原微生物的灭活和堆体全面而快速的腐熟。条垛动态堆肥通常升温较快、氧气含量较高、水分散失多而快，腐熟时间短，一般为 1～3 个月，适用于动物粪便堆肥。②静态堆肥。可以建成窄长的条垛形，也可以建成金字塔形，但翻堆频率较低，一般每 3～5 个月翻堆一次，堆体底部可以通过多孔通气管被动供气，也可以不用通气管，而铺放秸秆干草等多孔物质，通过土壤内的氧气被动供气。因此，静态堆肥的堆体含氧量和微生物发酵速度都低于条垛动态堆肥，物料理化性质的不均匀性也会随着堆制时间的延长而增加，但是静态堆肥却比条垛动态堆肥更适合于处理染疫动物，这主要是由于频繁翻堆会扰乱动物尸体周围菌群，干扰动物组织降解，更重要的一点是，在染疫动物体内病原微生物被完全杀死之前，条垛动态堆肥产生的气溶胶可能会导致病原微生物的扩散，有使疫病再度流行的风险，同时也会污染翻堆设备，甚至感染翻堆人员。③发酵仓堆肥。需要有专门的堆肥设备，使堆制在部分或全部封闭的容器内进行，通过控制通风和水分条件，使物料进行生物降解和转化。发酵仓堆肥适用于堆肥肥料的商业化生产，以快速高效为原则，可以处理动物粪便及犊牛尸体等，但由于物料发酵时间短，病原微生物可能不会被全部灭活，同时设备难以容纳成年奶牛等大型动物，所以不适用于染疫动物尸体的处理。

二、动物尸体堆肥原理及特点

1. 堆肥法处理的原理　动物尸体具有水和氮含量高、碳含量低、质地密度大的特点，与高碳氮比、低含水量、高孔隙率的填充物混合使堆体处于发酵的适宜条件。动物尸体堆肥一般分为 3 个阶段：第一阶段是动物尸体在分层放置的静态堆肥中杀灭病原微生物的过程；第二阶段中动物尸体软组织被完全降解；第三阶段是翻堆混匀进一步降解尸体的骨头等残留物质，形成稳定无害、有一定肥效价值终产物的过程。

2. 堆肥无害化处理的优缺点

（1）优点　堆肥有机质通过微生物的代谢降解，不但可以产生大量能够被植物所吸收利用的有效态氮、磷、钾的化合物，还可以合成新的组成土壤肥力的重要活性有机物——腐殖质。堆肥最先用于处理畜禽尸体，其设备要求简单，投资成本低，占地面积小，空间限制小，生物安全性好，不易受天气条件影响，堆肥过程中的温度、通风、水分含量等因素可以得到很好的控制，因此可有效提高堆肥效率和产品质量，产品腐熟度高，稳定性好。

（2）缺点　在染疫动物体内病原微生物被完全杀死之前，频繁翻堆可能会导致病原微生物的扩散，同时也会污染翻堆设备，甚至感染翻堆人员。另外，频繁翻堆会扰乱动物尸体周围菌群，干扰动物组织降解。

三、动物尸体堆肥系统

1. 堆肥原料物质　因为动物尸体具有较低的碳氮比（约为5∶1），所以为保证堆体的适宜碳氮比，需选用具有高碳元素组成特性的物质来作为调整材料。动物尸体堆肥的碳源物质主要以各种农林废弃物、许多林木副产物、农作物废弃物及动物粪便等为主，常用的有锯末、木屑、秸秆、谷壳、玉米青贮、苜蓿干草、燕麦禾秆、落叶、废纸、泥炭、轧棉垃圾、畜禽粪便和畜禽养殖垫料。

另外，为了加快和改善堆肥腐熟的进程和质量，可使用添加剂作为另一种辅助方法。堆肥添加剂是指一类可以加快堆肥进程和提高堆肥产品品质的物质，包括微生物菌剂、有机或无机添加物等。根据添加剂的作用特点，可以将堆肥用添加剂分为接种剂、调理剂等。例如，用分离出的地衣芽孢杆菌加入染疫动物尸体堆肥中，可以显著推进堆肥的进行，使堆肥升温更快、高温更高、高温持续时间更长，而且添加菌剂可以有效弥补堆料养分的不足。

2. 动物尸体堆肥的推荐堆制方法　采用层层叠加的方式，先在底部铺设1或2种碳源物质（最底层为植物碳源物质），总厚度不少于0.3米，在其上放置动物尸体。牛尸一般采用单层尸体堆肥的方式处理。

例如，牛尸堆肥处理时，应在地面上铺40厘米的大麦秆，其上放置牛尸，最后覆盖运动场粪便直至2.0米高。为防止渗滤液进入堆体下面的土壤层，牛尸底部碳源物质厚度也可以增加到60厘米。此外，在牛尸下部也可放两层碳源物质，即底部40厘米大麦秆及其上60厘米运动场的牛粪层，放入牛尸后再覆盖一层运动场牛粪，直至堆体达到2.0米高。春季和冬季的牛尸降解时间分别为4~6个月和8~10个月。当使用多种碳源物质进行牛尸体堆肥时，应将不同物质分层堆铺，并不进行混合处理。

3. 堆肥尸体的降解率评价方法

（1）核酸检测法　核酸检测法是目前评价尸体组织降解率最常用的方法之一。例如，在牛尸堆肥过程中标记牛特有线粒体 DNA（Mt-DNA）后，发现组织降解的过程是迅速分解并释放细胞内容物到其周围堆肥基质，随后被微生物降解。该方法中降解率的衡量主要是通过测定堆肥过程中堆肥基质内的动物特异性 DNA 拷贝数来实现的。

（2）挥发性有机物标记法　尸体降解释放的特定挥发性有机物（VOC）标记检测是另一个评价尸体组织降解率的方法。标记的VOC 样本通过固相微萃取方法收集，并用气相色谱-质谱联用系统来分析。一般来讲，标记物的浓度较高时，堆体中植物成分的呼吸作用较强、降解率较低。本法特殊的设施要求使其应用具有一定的局限性，但封闭的设备能覆盖尸体并减少堆体的移动，形成生物安全屏障而防止疫情蔓延，在染疫动物尸体应急处理过程中能发挥重要作用。

　　4. 堆肥的影响因素

　　(1) 原料含水率　原料含水率低将导致分解率低、堆温低不达标；含水率高将导致腐臭味大、苍蝇多等。控制堆料水分含量是堆肥方法的关键所在。

　　(2) 碳氮比　因为微生物一般每代谢一个单位的氮需要 30 个单位的碳，所以堆肥专家们推荐的堆肥适宜比为（25～40）：1。一般材料的碳氮比，碎纸/报纸/纸张为 150：1，枯草为 80：1，干树叶为 60：1，新鲜树叶为 45：1，果皮为 30：1，草木灰为 23：1，咖啡渣为 20：1，豆渣为 5：1。

　　(3) 孔隙度　也是堆肥的一个条件，维持一定孔隙度的目的是使氧气进入堆体，维持 5% 的氧气水平，防止太多空气渗入而导致堆体温度降低。堆料孔隙度一般为 40%。如果孔隙度太低将导致分解率低、堆温低、臭气大；如果孔隙度太高也将导致分解率低、堆温低。

　　(4) pH　一般 pH 为 6.0～9.0。

　　(5) 堆肥温度　理想的堆肥温度范围为 37.7～65.5℃，温度调节是堆肥处理的关键。保持温度大于 55℃并维持 5 天以上是杀灭病原体的关键。使用草垛环绕堆肥物料进行保温将有助于堆肥温度的升高和高温的保持。

　　5. 堆肥注意事项

　　(1) 尸体堆放位置　不可草率地放入动物尸体，应整齐地单层安放并覆盖严密。

　　(2) 堆肥时间　按不同季节确保适宜的堆肥时间。

　　(3) 湿度　堆肥期间，天气干燥时可在表面喷洒水保持其湿度。

　　(4) 发酵设施　发酵设施必须有保温、防雨、防渗的性能。

　　(5) 氧浓度　在堆肥过程中，应进行氧浓度的测定。各测试点的氧浓度必须大于 10％。

（6）通风　自然通风时，堆层高度宜在 1.2～1.5 米，并应采取必要的强化措施；机械通风时，应对耗氧速率进行跟踪测试，及时调整通风量。通风次数和时间应保证发酵在最适宜条件下进行。

（7）生物安全与疾病预防　防止野生动物、啮齿动物进入堆肥区；减少人员流动；对工具与场地进行消毒。

（8）堆肥结束的相关要求　堆肥结束时，堆肥应符合下列要求：含水率宜为 20％～35％；碳氮比不大于 20∶1；达到无害化卫生要求，必须符合现行《粪便无害化卫生标准》（GB 7959—2012）的规定；耗氧速率趋于稳定。

第六节　奶牛运输生物安全防护

奶牛在长途运输过程中生活环境发生了巨大的变化，易引起应激反应导致其健康受损和生产性能下降，特别是近年受重大疫病的影响，应在运输前、运输过程中和运输后采取生物安全防控措施，以减少运输应激造成的损失。奶牛的运输一定要遵循 2021 年 5 月开始执行的《中华人民共和国动物防疫法》中相关规定执行。

一、运输前的生物安全防护措施

在运输前，为便于管理，将奶牛按照年龄、体况、性别、泌乳期等进行分群编号。为便于以后的防疫，了解当地疫病流行情况和疫苗免疫情况。同时，办理防疫检疫证明、调运证明。

对运输车辆及用具在装运前用过硫酸氢钾等环境友好型消毒剂进行 2 次以上的彻底消毒。对防滑垫消毒后最好空置干燥 12 小时。

长途运输前要准备饮水和粮草，每头牛每天饮水 3～4 次，饲草按每天每 100 千克体重 1.5～1.8 千克进行饲喂，精料为颗粒精补料，按照每 100 千克体重 1.0 千克饲喂。装运前 12 小时，奶牛饮水、饲喂量降到 80%，装运前 2 小时，停止喂水喂料。

短途运输前，采取一些措施以适应运输应激，如将牛置于车辆经常经过的场区，有意增加各种噪音。运输前 2～3 天，饮水中加入浓缩鱼肝油，补充维生素 E、矿物质和一些能量补充剂，也可以用非甾体抗炎药来缓解运输应激。

二、运输过程中的生物安全防护措施

1. 注意防滑　奶牛个体较大，在车厢里会产生大量的粪尿使地板湿滑，防滑垫一般是干草或者草垫，要随时补充并摊平，厚度为 20～30 厘米。司机在驾驶过程中要选择良好路段，起步或停车时要缓慢、平稳，中途保持匀速行驶。

2. 运输过程中疾病的防治　运输过程中每行驶 2 小时后要停车检查，确保奶牛无异常情况发生。常见的异常情况为因路面不平、车起步或急刹车等引发的滑倒损失或扭伤，或由于时间、空间的限制而引起的运输应激，随车饲养员要细心观察，精心管理。如果发现有牛只卧地，应用木板、木棍或钢管等将其隔开，避免其他牛踩踏。给牛饮用口服补液盐或水溶性的多维等。若奶牛受惊吓过度，可以使用镇定药；若奶牛受应激刺激后出现昏迷、躺卧不起等症状，应及时静脉注射 0.9% 生理盐水、维生素 C、复合维生素 B 和强心剂等；若遇到妊娠临产奶牛，要防止其难产，及时做好出生犊牛的防护，让其及时吃上初乳，并使犊牛与大牛隔开，防止犊牛被挤伤、踏伤；若遇到恶劣天气，要及时停运；若在炎热夏季运输，应选择在夜间行车，中午休息。

三、运输到场后的生物安全防护措施

奶牛运输到场后，在准备好的卸牛台将车停好，应特别注意车与卸车台之间的缝隙及高度。打开车门后，给奶牛一个信号，轻轻赶牛使其依次下车。

卸车后的牛群应先集中到已提前消毒好的比较安静的隔离舍，仔细观察每头牛的状况，防止牛之间的打架。先充分休息2～3小时，然后给牛饮水，饮水中可以加入抗应激和增加免疫力的药物，待牛开始有运动意识并开始熟悉环境后，饲喂营养比较高、易消化的羊草、苜蓿等，从第二天开始饲喂的精料以全价颗粒饲料为主，并添加中草药制剂饲喂。

经长途运输后到场的牛常发的疾病有运输应激综合征、口蹄疫、A型产气荚膜梭菌、牛传染性鼻气管炎、病毒性腹泻、奶牛巴氏杆菌病等。

参考文献

崔起超，崔洪钧，2020. 一例牛运输应激综合征的治疗及预防［J］. 现代畜牧科技（8）：119.

段建辉，赵保国，2014. 集约化奶牛牧场应采取的防疫制度［J］. 养殖技术顾问（8）：215.

哈那提·胡斯木汗，2021. 规模化奶牛场粪污处理方法概述［J］. 中国乳业（9）：60-63.

何璐，2019. 牛运输综合征的诊断与防治探讨［J］. 当代畜牧（13）：5-6.

续彦龙，王丽丽，龚改林，等，2015. 堆肥法无害化处理染疫动物尸体的研究进展［J］. 畜牧与兽医 47（4）：138-141.

张伟，2021. 规模化养牛场生物安全防控要点［J］. 中国动物保健，23（11）：33-35.

Benson ER，GW Malone，RL，et al，2008. Application of in-house mortality composting on viral inactivity of Newcastle disease virus［J］. Poult Sci，87（4）：627-635.

Xu W，T Reuter，GD Inglis，FJ，et al，2009. A biosecure composting system for disposal of cattle carcasses and manure following infectious disease outbreak［J］. J Environ Qual，38（2）：437-450.

第四章
奶牛减抗繁育管理

第一节　奶牛育种体系

随着奶业集约化饲养程度的不断加强以及养殖场对高产的一味追求，奶牛健康问题日趋突出，疾病已成为造成奶牛场经济损失的主要原因之一。然而，人们对抗生素的使用以及由此造成的有关动物伦理和动物福利方面的问题高度关注，增加了对奶牛抗病性进行遗传改良的需求。在畜禽群体中总存在一部分抗逆性或抗病性强的个体或类群，对疾病抗性进行遗传选育，是降低奶牛养殖中疾病发生率的有效手段。

一、奶牛育种中抗病力的选择

(一) 奶牛特定疾病抗性的遗传选择

20 世纪 30 年代至 20 世纪 70 年代，奶牛遗传选择的重点仅仅是增加产奶量。随着产奶性状遗传能力的增强，奶牛健康相关性状的遗传趋势下降。奶业的盈利能力受生产、繁殖、动物健康等多种因素的影响。由于疾病导致奶牛产量减少、奶牛死亡、兽医治疗、抗生素使用导致的牛奶损失、额外劳动、延迟受孕、遗传进展减少、牛奶质量降低以及对其他疾病的易感性增加等，给奶牛场造成重大的经济损失。Kelton 等人（1998）评估了加拿大奶牛常见的8种临床疾病，结果表明，各种疾病在每个泌乳期造成的经济损失为39～340美元。因此，通过遗传选育的手段提高奶牛的疾病抗性，进而降低管理成本、增加牛场利润也是一个重要的策略。

1. 奶牛疾病记录体系的扩展与完善　目前，有关奶牛的健康性状主要有乳房健康、代谢和消化疾病以及与奶牛运动相关的一些疾病等相关性状。

完整、准确的奶牛疾病记录是对健康性状进行遗传改良的基础。在欧洲，很多国家都有完善的奶牛健康记录体系。挪威从1975年以来，详细登记每头奶牛的疾病治疗情况。到20世纪80年代，芬兰、瑞典和丹麦也开始建立类似的记录系统。Zwald等人（2004）开始研究美国奶农在农场管理软件程序中记录的乳腺炎、跛行、卵巢囊肿和子宫炎的健康数据。加拿大于2007年启动了全国奶牛健康和疾病数据管理系统，奶农自愿提供8种疾病的记录，包括乳房炎、真胃移位、酮症、产乳热、胎衣不下、子宫炎、卵巢囊肿、跛行。奥地利、德国、法国、加拿大分别于2010年、2010年、2012年、2013年开展直接健康性状的常规遗传评估。2012年，国际家畜记录委员会（ICAR）发布了遗传改良直接健康性状指南，其中包含了全面的奶牛疾病诊断标准，实现了各国奶牛直接健康性状表型间的可比性。综上，奶业发达国家很早就开始探索对奶牛健康性状的直接选择，并建立了专门的数据收集体系，对健康性状进行了相关研究。

2. 疾病抗性性状的遗传评估　完善准确的健康性状表型记录为遗传选择提供了重要信息，但由于健康性状遗传力低、观测值不服从正态分布、某些亚临床疾病记录不足、诊断困难等原因，许多健康性状需利用指示性指标进行多性状评价来提高遗传评估的准确性。如将体细胞评分作为影响乳房健康选择指标的性状，有些国家还将乳房结构、挤奶速度、临床乳腺炎和乳用特征作为乳房健康选择的指标。迄今为止，代谢紊乱的直接健康性状在遗传评估中很少使用。使用丙酮、β-羟丁酸、脂蛋比、体况评分（BCS）等可作为酮病、真胃移位等代谢类疾病的选择指标。也有研究探索新技术实现代谢指标的实时和自动监测，如活动量监测、奶牛监测项圈和标签、基于光谱数据（MIR）的牛奶分析等。

基因组检测技术的成熟应用，使更多的奶牛健康性状得以从遗传角度进行分析。2016 年 8 月，美国奶牛育种委员会将奶牛存活率纳入美国基因组遗传评估系统。奶牛的存活率部分归因于健康，进行对该性状的选择可提供更多的牛奶收入，减少牛群更新。2018 年，六种直接的健康性状，包括酮症、乳房炎、低钙血症或乳热、子宫炎、胎衣不下和真胃移位被纳入美国基因组评估。2020 年，综合一系列健康性状而成的经济指数——健康性状指数（Health trait index，HT）写入总性能指数（TPI）指数中，权重为 2%，这些性状包括产乳热（MFV）、真胃移位（DAB）、酮病（KET）、乳房炎（MAS）、子宫炎（MET）和胎衣不下（RPL）。值越高越好。健康性状指数计算公式为，$HT = 0.34 \times MFV + 1.97 \times DAB + 0.28 \times KET + 1.50 \times MAS + 1.12 \times MET + 0.68 \times RPL$。截至目前，我国奶牛遗传评估系统中暂不包括其他健康性状。

（二）奶牛免疫应答能力的遗传选择

利用动物自身的免疫反应基因来选择天生具有高免疫力的更健康的奶牛，可以减少疾病发生、增加牛场利润、提高牛奶质量和动物福利。免疫应答的遗传选择可能是提高奶牛内在抗病性的可行的方法。

免疫系统由完整的、受基因调控的一系列细胞和分子组成，这些细胞和分子控制机体对外部和内部刺激的反应，包括病原微生物。在接种疫苗或感染疾病等生产应激阶段，深入了解免疫系统内的生物和遗传关系，有助于促进实施改善牲畜健康的新方法。

动物通过细胞介导的免疫反应（Cell-mediated immune response，CMIR）对细胞内病原体产生反应，通过抗体介导的免疫反应（Antibody-mediated immune response，AMIR）对大肠杆菌等胞外病原体产生反应。使用圭尔夫大学开发的专利测试系统可以识别具有高 CMIR 和 AMIR 的奶牛。对牛抗体和细胞介导免疫反应的遗传力估计结果表明，可以通过遗传选择进行改良。

1. 免疫应答与其他经济性状的关系　通过加拿大牛乳房炎研究网（CBMRN），可以获得临床乳腺炎病例的数据，初步结果显示，在加拿大各地对奶牛进行免疫反应测试的所有临床乳腺炎病例中，高免疫反应（High immune response，HIR）奶牛凝固酶阴性葡萄球菌的发生率最低。

迄今为止的结果表明，对 AMIR 和 CMIR 的选择性育种不会影响产量。当这两种性状都用于选择指数时，不会对产奶量、脂肪或蛋白质产生不利影响。同样，CBMRN 的研究中，HIR 奶牛的305 天产奶量、蛋白质产量、脂肪产量或一生的总体盈利能力与低IR 或平均 IR 奶牛没有差异。

2. 免疫应答性状的遗传参数估计　遗传力是指由遗传引起的性状的表型变异所占的比例，被用来估计动物该性状的育种价值。换句话说，就是将这些基因传递给后代的能力。CBMRN 的研究结果显示，AMIR 和 CMIR 均属于中高等遗传力，范围为 0.14～0.56，这表明 14%～56% 的免疫应答表型变异可以用遗传变异来解释。既然在这些 IR 性状中已经鉴定了一个显著的遗传组分，那么可以在育种计划中加入免疫反应性状，在奶业总体健康方面获得遗传进展。

值得注意的是，一般情况下，被认定为高免疫反应者的小牛直到成长为成熟的泌乳牛都会保持这一特性。因此，动物一生中只需要根据其 IR 育种价值进行一次测试和分类。这些信息有助于我们更好地理解增强高应答者免疫的机制，以及那些同时具有高 AMIR 和 CMIR 动物的利用价值增加的机制。选用高免疫应答能力的种公牛，通过遗传手段实现"奶牛群"的免疫力，可以通过一次配种方式降低疾病发病率，减少抗生素的使用，提高动物福利，拥有更高的繁殖力，获得更高的经济效益。

二、奶牛抗逆性状的遗传选择

抗逆性是指动物在受到干扰后使其所受影响最小或迅速恢复到受干扰前状态的能力。抗逆性强的奶牛可以节约劳动力和疾病治疗成本，而且生产的损失更低（Berghof et al，2019）。

（一）抗逆性在育种目标中的重要性

目前奶牛育种目标已从生产性能为主要导向转变为同时提高产量、效率、健康和功能性状的平衡育种目标，抗逆性的遗传改良符合平衡育种的理念。抗逆性还没有包含在奶牛育种目标中，但如果抗逆性会影响牛场利润，它就应该是育种的目标性状。那么如何确定抗逆性的经济价值呢？

要确定抗逆性的经济价值，我们可以考虑缺乏抗逆性的成本，如更高的生产损失、医疗成本、兽医成本等。在确定性状的经济价值时，应避免重复计算。例如：生产性状可能已经反映了生产损失（即由于缺乏抗逆性而造成的偏差）；某些疾病治疗的相关费用可能已经计入了育种目标，如奶牛乳房炎，乳房炎的治疗费用或废弃牛奶的费用不应计入抗逆性。此外，观察动物是否生病或出现其他问题的劳动力成本经常被忽视，如果牛场养殖数量增加，兽医劳动时间受到限制，而抗逆性的遗传改良可减少劳动力需求，并允许牛场饲养更多奶牛。因此，育种目标中应包含抗逆性指标。

（二）育种项目中抗逆性的附加值

这里举一特定的例子，探讨在选择指数中加入抗逆性的效果，做以下假定。

一是，抗逆性的遗传力为 0.10（Elgersma et al，2018）。抗逆性与产奶量、寿命、乳房健康之间的遗传相关分别是 -0.61、0.30、0.36。换句话说，较高的抗逆性与较低的产奶量、较长的寿命和较好的乳房健康具有遗传相关。

二是，仅基于基因组育种值进行选择。基于 20 000 头牛的参考群和 1 200 个独立染色体片段，基因组育种值的准确性约为 0.79。

三是，将产奶量的经济价值设定为 0.3，寿命为 0.3，乳房健康为 0.2。默认抗逆性设置为 -0.2。这意味着产奶量权重是 30%，寿命权重是 30%，乳房健康权重是 20%，不考虑性状之间的相关性（Miglior et al，2005）。

尽管与健康相关的性状（即寿命和乳房健康）已经包括在育种目标和选择指数中，奶牛育种目标中包含抗逆性仍会有更高的选择反应。在选择指数中加入抗逆性指标，则长寿性、乳房健康的选择反应分别提高 1.6%、1.0%，抗逆性选择反应下降 106.7%，弥补了产奶量性状 6.3% 的选择反应损失（表 4-1），总体育种目标选择反应提高 3.8%。这个简化的例子表明，抗逆性指标可以产生有益的影响。

因此，将抗逆性纳入奶牛育种计划的选择指数将极大地提高家畜对抗逆性的反应，也可以增加育种目标的选择反应。随着海量数据采集技术的快速发展，将会有更多的数据用于育种，利用这些数据可以确定抗逆性指标，进而选育出抗逆性强的奶牛。

表 4-1 奶牛育种选择指数中不包含或包含抗逆性指标

（经济价值＝－0.2）时的选择反应及相对变化

性状	选择反应		相对变化（%）
	选择指数不包含抗逆性	选择指数包含抗逆性	
产奶量	0.80	0.75	－6.3
长寿性	1.25	1.27	1.6
乳房健康	0.80	0.808	1.0
抗逆性	－0.15	－0.31	106.7
育种目标	0.80	0.83	3.8

数据来源：Berghof 等（2019）。

（三）抗热应激性能奶牛的选育

热应激会对奶牛造成严重危害，进而影响牛场经济效益。耐热奶牛品种（品系）培育受到国内外研究学者的广泛关注，研究资料表明，直肠温度是判断奶牛是否处于热应激状态的重要指标，其遗传力为 0.25～0.65，在热应激状态下直肠温度较低的奶牛具有更强的抗热应激能力。

1. 通过奶牛红细胞钾水平选育耐热奶牛　奶牛红细胞钾浓度呈正态分布，符合数量性状分布规律，是评定奶牛耐热性的重要指标，耐热奶牛红细胞钾浓度较低。赖登明等建议以 550 毫克/升的红细胞钾浓度作为选择标准；刘玉庆建议耐热母牛的选择标准是红细胞钾含量必须在 800 毫克/升以下；史彬林则建议以 550 毫克/升的红细胞钾浓度为标准，选择强度 20%，以缩短耐热奶牛群选育周期。对于红细胞钾的选择标准还要根据不同的品系、地理位置和育种目标等实际情况来确定。

2. 通过杂交手段培育耐热品种（品系）　有学者认为，可以引入抗热能力较强的品种（如娟姗牛、瑞士褐牛）来改良本地奶牛的抗热功能，也可以引入热带地区的奶牛品系进行改良。国内有报道的是娟-荷杂交模式，发现与荷斯坦牛相比，娟荷杂交牛耐热性能较强。刘庆华通过研究热应激对奶牛血液流变学、生化指标、免疫功能、抗氧化特性的影响，分析奶牛 *HSP*70 等热应激相关基因表达及其多态性与耐热性的关系，从耐热应激机理得出娟荷杂交牛比荷斯坦牛更能适应热带和亚热带地区高温高湿的气候条件。梁学武等也在尝试培育含 25%～75% 娟姗血液的荷-娟耐热新品系。

在通过杂交手段选育抗热应激品种方面，做得最成功的当属以色列。从 20 世纪 40 年代起，以色列以当地奶牛品种为基础，开始引进国外公牛，但是从 1963 年以后就停止引种，基本使用国内的公牛冻精，并制订和严格执行国内育种改良计划，最终培育出了适应当地高热环境的高产品种——以色列荷斯坦牛。目前以色列95% 的奶牛均为该品种牛，其单产水平和抗热应激性能均表现优秀。

3. 利用基因组技术提高奶牛的耐热性　奶牛耐热性是数量性状，遗传力较低，常规育种效果不明显，而以分子标记辅助选择为代表的分子育种可获得较快的遗传进展，已成为选育抗热应激奶牛的新突破点。目前，在与奶牛抗热应激有关的遗传标记研究中，*HSP*70、*S*441、*S*463、*S*2011、*S*275、*HSF*1、*ATP*1A1 和 *ATP*1B2等基因可作为奶牛耐热性状的候选基因。

Olson 等（2003）研究了委内瑞拉的卡罗拉牛发现携带少毛基因的个体夏季直肠温度较低，耐热性较强，卡罗拉牛与荷斯坦牛的杂交后代耐热性增强，他们认为光滑短毛的控制基因 *HCT* 可以作为选育抗热应激奶牛的一个遗传标记。美国佛罗里达大学 Peter 团队和新西兰家畜遗传改良公司的 Stephen 团队研究发现，毛发光滑的奶牛比不光滑的奶牛抗热应激性能更强，在夏季热应激状态下的产奶性能受损较轻，提出引起毛发光滑和长短的突变基因 *PRL* 基因及其受体 *PRLR* 基因可以作为选育抗热应激奶牛的关键遗传标记。

总之，利用基因组范围内的 DNA 标记预测奶牛对热应激的耐受性，可以加速耐热性育种的进程。有研究认为，高温耐受性的基因组选择可以增加全世界奶牛的抗逆性和福利，并在未来热应激发生率增高、持续时间延长的情况下，提高奶牛养殖业的生产力（Garner et al，2016）。

三、通过基因组工具改善奶牛健康

传染病给养牛业带来沉重的经济负担，许多影响牲畜的疾病的病因尚未完全阐明，而且往往缺乏有效的对策。迄今为止，疫苗、抗生素和抗寄生虫药物是应对传染病的主要工具。虽然这些方法在某些情况下的应用效果非常成功，但寄生虫的出现和微生物的耐药性是一个令人担忧的问题。对于新的基因组工具的使用有助于进一步改进治疗方法，成功地创建育种计划，以降低奶牛的易感性。

（一）基因组工具概述

在各种控制牛场疾病的方法中，通过抗病育种技术选出疾病抗性更高的动物，是一种能够从种群水平减少疾病影响的重要手段。在有关奶牛疾病遗传机理的研究中，利用基因组技术筛选各类疾病抗性的候选基因和研究各种疾病的遗传机理方面取得了一些成果：Usman 等研究发现，*IL-17F* 和 *IL-17A* 基因的 SNPs 与奶牛乳房炎抗性存在显著关联，可作为奶牛乳房炎的遗传标记；Wang 等研究发现，*TRAPPC9* 和 *ARHGAP39* 基因可作为奶牛乳房炎抗性的候选基因。

现代高通量测序技术的一大优点是能够快速积累大量的基因组信息，有助于更好地了解复杂表型背后的遗传结构。该技术可以从牛（宿主）及其微生物组和病毒组以及入侵的病原体中收集遗传、转录组和表观遗传信息。对这些数据进行生物信息宏基因组分析，有助于阐明宿主、微生物组、病毒组和病原体之间的相互作用以及由此产生的疾病表型，从而丰富对致病性和病因学的认识。主要通过以下方式实现：①发现新的信息，增强对相关信息结构和功能的注释；②通过对许多生物体的比较，研究人员可以推断出不同状态之间的差异。

目前已经证明的基因组的用途主要包括：对病原体进行诊断分析指导牛群管理；开发诊断性生物标记物监测疾病进程；深入了解病原体基因组结构及其对宿主的影响，以及为达到育种目的将感兴趣的表型与特定位点联系起来，开发新的治疗方法。

（二）基因组辅助育种

基因组辅助育种，也被称为基因组选择或基因组预测，该方法基于分布在基因组中大量多态标记的信息，最初由 Meuwissen 等人（2001 年）提出。目前，该技术在奶牛上的应用尤其成功（Bouquet and Juga，2013；Hutchison et al，2014）。

美国奶牛育种委员会用于基因组评估的基因型包括 79 294 个 SNP（Wiggans et al，2019）。截至 2019 年 8 月评估，该基因型奶牛的数量为 2 725 350 头。

使用基因组数据，低钙血症或乳热（MFEV）、皱胃移位（DA）、酮症（KETO）、临床型乳房炎（MAST）、子宫炎（METR）、胎衣不下（RETP）等六种性状的平均育种值可靠性增加 2～3 倍。青年公牛平均基因组育种值可靠性为 44%（产乳热）～67%（临床型乳房炎）；成年牛平均基因组育种值可靠性为 50%（产乳热）～77%（临床型乳房炎）。与传统育种的可靠性相比，没有后代的青年公牛的育种值可靠性进展最大。可靠性估计很大程度上取决于参考群体的规模（Egger-Danner et al，2015）。在不同种群中（公牛、有 5 个以上女儿的公牛或母牛），临床型乳房炎的平均基因组育种值可靠性为 23%～33%。生殖疾病的综合性状的平均基因组育种值可靠性为 9%～15%（Abdelsayed et al，2017）。

（三）表观遗传调控在乳房炎抗病育种中的应用

奶牛乳房炎是一种常见复杂疾病，发病率极高，受遗传、环境与病原菌的共同影响，目前已从表观遗传调控方面获得了一些有效的表观遗传标记及靶基因。Vanselow 等（2006）首次报道 αS1-酪蛋白基因（alpha-S1-casein，CSN1S1）启动子区的 DNA 甲基化可能与奶牛大肠杆菌乳房炎的发生、发展有重要关系。此后，刘利等（2012）用相同的方法研究表明，金黄色葡萄球菌侵染奶牛乳腺组织 24 小时后，CSN1S1 基因的表达量与 DNA 甲基化程度呈显著负相关，与 Vanselow 等的研究结果一致，即病原菌引起的 DNA 甲基化可抑制 CSN1S1 基因的表达。罗国静等（2014）的研究结果表明，健康牛乳腺组织和乳房炎牛乳腺组织中 CpG 岛甲基化差异不显著，均呈低甲基化状态，但位于转录因子 SP1 结合区域内的第 4 和 5 个 CpG 位点存在健康组甲基化程度显著高于乳房炎组现象，同时发现该基因在健康组的表达水平显著低于乳房炎组。Singh 等（2009）研究发现乳链球菌性乳房炎与 DNA 高甲基化相关，并且甲基化程度随着病菌侵染时间的延长而增加。解小莉等（2012）研究提示乳房炎相关基因（CCR2、IL12B、CD4 等）的启动子区 CpG 甲基化修饰程度可能与基因的表达相关。CD4 基因在 T 细胞信号传导通路及宿主抵抗病毒感染中发挥重要作用。Wang 等（2013）的研究结果发现，临床型乳房炎牛 CD4 基因启动子的 DNA 甲基化水平显著高于健康牛，基因表达水平则相反，表明牛 CD4 基因启动子区的高 DNA 甲基化水平可作为奶牛乳房炎易感性的表观遗传标记。

（四）基因编辑技术在抗病育种中的应用

使用基因编辑技术来创造不太容易患病的动物，这种技术可以实现传统育种方法无法实现的改进，为疾病控制提供了更大的可能性。例如，将细菌基因转移到牛的基因组中以产生对某些乳腺炎菌株的抗性（Moore and Thatcher，2006）。生产在牛奶中表达人类溶菌酶的转基因奶牛是最近报道的另一种获得乳腺炎耐药性的方法（Liu et al，2014）。由国际牲畜研究所 Kemp 领导的一个小组开展了抗锥虫病牛的培育工作（Karaimu，2014），这些牛被植入一种来自狒狒的天生就能抵抗锥虫病的基因（Thomson et al，2009）。

　　CRISPR/Cas9 系统是继一代基因编辑技术——锌指核酸酶技术和二代基因编辑技术——类转录激活因子样效应物核酸酶技术之后的第三代基因编辑技术，与前两代技术相比，CRISPR/Cas9 系统由于具有操作简单、经济、高效等优势，已经逐渐取代前两代基因编辑技术，成为迅速崛起的新技术。CRISPR/Cas9 系统现已经被用于提高牛的抗病力、高繁殖效率等多方面研究中，且取得了突破性的进展。

　　研究人员通过应用 CRISPR/Cas9 系统提高牛健康水平。才冬杰（2018）利用 CRISPR/Cas9 系统敲除了牛肾上皮（MDBK）细胞的低密度脂蛋白受体（*LDLR*）基因，结果发现敲除了 *LDLR* 基因的 MDBK 细胞在感染病毒 24 小时和 36 小时后只检测到微弱的病毒蛋白表达，而野生型细胞的病毒蛋白表达明显，说明 CRISPR/Cas9 系统的成功应用，为从基因水平上防治牛病毒性腹泻提供了理论基础。de V. C. Oliveira 等（2019）根据线粒体转录因子 A（*TFAM*）基因设计 gRNA，克隆后用 Cas9 和对照质粒转染牛成纤维细胞，转染 24 小时后用流式细胞仪分析细胞的转染效率，结果阳性转染率达到 51.3%，产生了 7 个杂合突变体克隆，为进一步使用这些突变体细胞系作为模型系统阐明 *TFAM* 在维持 mtDNA 完整性中的作用提供了可能性。R. J. Bevacqua 等（2016）研究表明可以利用 CRISPR/Cas9 系统完成对胎儿成纤维细胞和受精卵朊蛋白基因的定点敲除和敲入。Y. Gao 等（2017）应用单一 Cas9 切口酶技术、细胞核移植和胚胎移植技术，成功培育出 11 头 *NRAMP*1 转基因奶牛，同时转基因牛中 *NRAMP*1 基因表达水平明显增强。于婉琪（2019）利用 CRISPR/Cas9 系统对牛疱疹病毒（BHV）进行基因敲除和重组，结果表明 BHV 的 gE 基因被成功敲除，且重组毒株具有免疫原性，为通过基因编辑技术生产疫苗提供了试验基础。

第二节　冻精管理

一、冻精保存

冻精到场时检查液氮情况，若没有液氮或液氮不足应拒绝接收并及时反馈。

冻精到场时用显微镜检查活力，并形成报告，对于活力不足的拒收并反馈。

冻精使用遵循先到先用，剩余少量时，使用下一种，确保每个公牛号有可以使用的符合禁配要求的冻精。

每次使用新冻精时及时告知信息处，方便信息录入时审核。

储存罐每周至少添加 3 次液氮，避免储存罐液氮不足。

每月月底盘点一次冻精实际库存量，并报至数据处。

二、冻精解冻流程

1. 预热　配种前将输精枪以及输精枪外套放在恒温枪套里预

热至 35℃。

　　2. 提取　查询需要配种的牛只信息，选择冻精。在液氮罐提取冻精时提桶的顶端提取高度要低于罐口 10 厘米。

　　3. 解冻　提出冻精后轻甩冻精，将冻精细管上残留的液氮甩干净，放在恒温解冻杯中解冻 45 秒，恒温解冻杯的水温应在 35℃。

　　4. 擦净　解冻时间结束后，用镊子将冻精从恒温解冻杯中夹出并用干净的纸张擦拭冻精细管上的水分。

　　5. 核对　对已解冻的冻精编号进行核对，看是否正确。

　　6. 装枪　把冻精装入输精枪，并用剪刀剪开冻精吸管顶端。安装输精枪外套，推动输精枪，使冻精达到输精枪外套顶端。

三、解冻细节

　　输精前解冻精液应准备的物品有输精枪、塑料枪套、纸巾、用于提取冻精用的棉手套、用于记录的纸张和笔、用于取冻精的镊子、恒温解冻杯、恒温输精枪外套、细管剪刀、冻精等。

　　冻精解冻前要仔细核对禁配父号，避免近亲参配。预先知道要提取的冻精号。

　　从罐里提取精液时，保证提桶的顶端低于罐口 10 厘米。

　　提取冻精时若 5 秒钟内未能取出，则应放回液氮中 30 秒后重试。

　　取出冻精后应甩掉在细管上的液氮以防止细管爆裂。

　　解冻水温为 35℃，解冻时间为 45 秒。要定期矫正解冻杯水温，防止其温度过高或过低影响精液活力。

　　解冻时要使用恒温输精枪套对输精枪进行加热，温度为 35℃。

　　将冻精放入解冻杯中时需要将解冻杯的杯盖盖好，保证温度的同时要保证解冻杯内水质清洁。

取出解冻好的精液用卫生纸擦净细管上的水，在 30 秒内完成输精。

在解冻过程中如果出现冻精爆管应该将损耗的冻精细管保存好交给主管，并反馈操作过程。

解冻人员要注意水质、细管剪刀、镊子、手套等是否干净。注意现场卫生，加强无菌意识。

第三节　成母牛及青年牛繁殖管理

一、发情揭发工作

（一）奶牛发情

奶牛达到一定的年龄或在产后一段时间，由卵巢上的卵泡发育所引起受下丘脑-垂体-卵巢轴调控的一种生殖生理现象称为发情。具体外在表现为兴奋不安、活动增强、食欲减退、泌乳量降低、其他奶牛进行爬跨时站立不动、在躺卧时外阴流露透明黏液。

（二）发情周期

母畜自第一次发情后，如果没有配种或配后没有妊娠，则每隔一定时间便开始下一次发情，如此周而复始地进行，直到性机能停止活动的年龄为止。这种周期性的活动，称为发情周期。

正常未孕成母牛发情间隔一般为 18～23 天，平均为 21 天。成母牛发情周期一般有 2 个卵泡波，而青年牛生命体征旺盛则会有 2～3 个卵泡波。奶牛一个发情期一般只排一枚卵母细胞，所以母牛单胎多。每次奶牛发情排卵后将开始进行下一次发情周期。

（三）发情周期阶段

母牛的发情周期包括发情前期、发情期、发情后期和间情期四个阶段，各阶段没有明显的界线。

1. 发情前期　发情母牛精神敏感，食欲减退，产奶量下降，嗅其他牛阴门，爬跨其他牛但不接受其他牛的爬跨，阴门开始肿胀，从阴门流出蛋清样清亮的黏液，但黏性差、不成线。持续 6～12 小时。

2. 发情期　极度兴奋，哞叫频繁，食欲废绝，接受爬跨和爬跨其他牛，发情期内可接受爬跨 4～50 次，爬跨每次持续 4～7 秒，接受的爬跨时间总和为 1～6 分钟。外阴肿胀明显，流出大量透明蛋清样黏稠黏液，牵缕性强。持续 15～18 小时。

3. 发情后期　采食正常，拒绝爬跨，外阴部肿胀明显消退，从阴门流出少而黏稠的黏液，浑浊，颜色由浅黄逐渐变为灰白，牵缕性差，呈糊状。持续 6～8 小时。

4. 间情期　可持续 12～15 天，又称为休情期。此时奶牛性欲消退，精神和食欲恢复正常。卵巢上的黄体逐渐生长、发育至最大，孕激素分泌旺盛乃至最高水平。同时一些卵泡也逐渐缓慢发育，但这些卵泡在黄体萎缩之前不能达到完全成熟。

（四）发情观察

严格执行一天一次的配种工作，通过涂蜡笔标记奶牛的发情、配种情况。

对刚配的牛要进行准确的后驱标记，便于跟踪观察，必要时进行补配，每月补配率应控制在 8%～12%。

每天使用涂蜡笔揭发发情的同时记录有脓性分泌物的牛，将其牛号、舍组、观察日期填写在流脓记录单上。

每天进行发情观察的同时，对流产牛做详细记录，如是否见胎、在胎天数、下次发情是否能配种、是否胎衣不下等信息，填写在每日事件报告单和每月流产牛记录单上。

每天进行发情观察的同时把胎衣不下牛号及时通知兽医以便治疗。胎衣停留在体内夏季 12 小时以上，冬季 24 小时以上确定为胎衣不下。

（五）发情揭发方法

1. 发情揭发流程　一般采用尾根涂蜡法来揭发发情，前提是每日涂的蜡笔标准要一致，同时每个参配舍必须每头牛都要进行涂蜡，以便观察。涂蜡方式为尾根上部，涂蜡长度为一扎长（10～15厘米），宽度为两指宽（3～5 厘米）。根据挤奶顺序，在牛群挤奶完成回到牛舍前打起颈枷，在颈枷上操作，严禁对不在颈枷上的牛只进行涂蜡工作，以防牛只应激伤到工作人员。

（1）看昨日在尾根的涂蜡痕迹是否存在　痕迹在继续涂蜡；痕迹不在则进行下一步工作。

（2）看尾根被毛是否受到摩擦　未受到摩擦继续涂蜡；受到摩擦进行下一步工作。

（3）看外阴部位是否红肿、有黏液　未见红肿、黏液继续涂蜡；见到红肿、黏液进行下一步工作。

（4）翻开外阴看内阴是否红肿、有黏液　未见红肿、黏液继续涂蜡；见到红肿、黏液进行下一步工作。

（5）通过牛场管理软件查看该牛的发情周期是否在正常范围内　不在正常范围内继续涂蜡；在正常范围内进行下一步工作。

（6）查看子宫是否充血有弹性。

（7）通过直肠检查查看是否有黏液流出。

以上工作为奶牛发情鉴定工作，可以总结为"四看三查"，即"看蜡笔、看被毛、看内阴、看外阴、查周期、查子宫、查黏液"。在检查被毛时要注意区分被毛被奶牛舔舐和爬跨不同的被毛表现，被奶牛舔舐造成的被毛翻卷和蜡笔痕迹消失极易误导发情揭发工作。

2. 异常发情　母牛的发情由于受多种因素的影响，一旦母牛发情超出正常规律，就是异常发情。主要有以下几个方面。

（1）隐性发情　就是母牛发情没有明显的性欲表现，多见于产后瘦弱母牛。其原因是促卵泡激素和雌激素分泌不足、营养不良、产奶量高等原因造成的。

（2）假发情　母牛的假发情有两种情况：一是有的母牛已配种怀孕而又突然表现发情，接受其他牛爬跨；二是外部虽有发情表现，但卵巢内无发育的卵泡，最后也不排卵。前者，在进行阴道检查或直肠检查时，子宫外口表现收缩或半收缩，无发情黏液，直肠检查能摸到胎儿；后者，常表现在患有卵巢机能不全的育成牛和患有子宫内膜炎的母牛身上。

（3）持续发情　正常母牛的发情持续时间较短，但有的母牛连续发情 2～3 天以上。其原因是卵巢囊肿，主要由于不排卵的卵泡不断发育、增生、肿大、分泌过多的雌激素，造成母牛发情时间延长。奶牛的发情周期一般在 19～23 天的范围内，平均为 21 天。由于环境条件、个体等不同，奶牛发情周期的长短也有些差异：如夏季稍长，冬季稍短；初产牛稍短，经产牛稍长；瘦牛稍短，肥牛稍长等。奶牛发情的持续时间，大体上为半天到 1 天，长者可达3～4 天，短者只 2 小时左右，平均为 18 小时左右。

3. 奶牛发情时间分布　奶牛发情（爬跨）的开始时间为：00：00—6：00，占 43%；6：00—12：00，占 22%；12：00—18：00，占 10%；6：00—24：00，占 25%。

二、奶牛配种工作

（一）配种前的准备

配种车准备物品：输精枪、塑料枪套、纸巾、温度计、细管剪刀、记录本和笔、用于取冻精的镊子、恒温解冻杯及充电器、秒表、恒温输精枪外套、液氮罐及冻精、长臂手套、蜡笔、液体石蜡、查牛单（记录牛只信息）、药箱（前列腺素、促性腺激素释放激素、注射器、针头）等。

（二）冻精解冻

参照第二节第二部分和第三部分。

（三）牛只参配查询

1. 牛只参配记录单所需记录的项目　牛号、牛舍、繁殖状态、观察日期、不配种原因、配种日期、配后天数、配种方式、配次、累计配次、禁配原因、当前胎次流产次数、流产后天数、产后天数、最近一次产奶量、最近二次产奶量、最近三次产奶量、父号。

员工在查询牛只信息时主要关注繁殖状态、配后天数、产后天数、不配种原因、累计配次、禁配原因、冻精禁用信息；其次要关注配种方式及最近一、二、三次产量。

2. 牛只参配标准

（1）繁殖方法　实际生产中奶牛的繁殖包括自然繁殖（自然交配）、人工授精、胚胎移植等三个方法。人工授精包括常规普通冻精授精和性控冻精授精两种方式。

（2）青年牛参配标准　月龄达到 14 月龄，身高达到 130 厘米，体重≥380 千克。

（3）挤奶牛参配标准　所有挤奶牛产后 50 天开始配种。产后首配天数≤75 天。

（4）繁殖状态　可分为尚未配种、已配待检、初检未孕、初检已孕、复检无胎、复检有胎。

（5）冻精的使用　要注意父号及冻精使用规范的查询，避免近亲参配。青年牛第一、第二次配种要使用性控冻精，第二次以上配种时使用普通冻精，成母牛不可使用性控冻精。

（6）牛只发情周期　周期范围在 2～16 天为短发，17～26 天为正常，27～34 为延发。

（7）其他　确认牛只参配后应做配后记录，主要记录牛舍、牛号、配种员、父号、周期、配种方式、不配种原因、冻精型号。每舍最长锁牛时间不得超过 90 分钟。

（四）配种流程

1. 准备　配种人员需标准着装。要求配种人员佩戴腰包，随身携带蜡笔、长臂手套、液体石蜡、卫生纸等。在做同期发情药物注射时，需携带注射器、针头、所需注射药物等。

2. 锁颈枷　在泌乳牛挤奶和青年牛投料前打起颈枷。

3. 揭发　按照发情揭发流程进行发情揭发和蜡笔补涂。

4. 解冻　按照解冻流程进行冻精解冻。

5. 配种　对发情牛和定时输精牛只进行配种。

6. 记录　核对好母牛牛号，并记录好配种员姓名。

7. 放颈枷　配种结束放开颈枷，最长锁颈枷时间不得超过 90 分钟。

（五）输精技术要点

1. 戴上塑料手套，涂上润滑油，按摩直肠。

2. 手臂进入直肠时，应避免与直肠蠕动相逆的方向移动。分次掏出粪便，但要避免空气进入直肠而引起直肠膨胀。

3. 通过直肠壁用手指插入子宫颈的侧面，伸入宫颈下部，然后用食、中、拇指握抓住宫颈。宫颈比较结实，阴道质地松软，宫体似海绵体（触摸后为弹性的实感）。

4. 用纸巾擦净外阴，擦拭时避免将牛只排泄物擦入内阴。

5. 再次核对发情牛号，配种员经过学习与培训，并经繁育处长同意和授权后方可开始做人工授精操作。

6. 输精枪以 $35°\sim45°$ 的角度向上进入分开的阴门前庭段后，略向前下方进入阴道宫颈段。

7. 输精枪前端在通过子宫颈内横行而不规则排列的皱褶时的手法是输精的关键技术。可用改变输精器前进方向、回抽、滚动等操作技巧配合子宫颈的摆动，使输精枪前端柔顺地通过子宫颈。禁止以输精枪硬戳的方法进入。

8. 插枪时的力度一定要缓慢，以免损伤子宫黏膜。

9. 输精部位为子宫体（在子宫角和子宫颈的连接处，只有1～2厘米）。

10. 精液的注入部位是子宫体，在确定注入部位无误后注入精液（要求在 5 秒内输完）。

11. 退出输精枪和塑料外套。

12. 输精枪护套管不得重复使用。输精枪具用毕后应及时清洗并消毒干燥。为避免污染，在授精全过程中均须保持清洁卫生。

13. 对于输精后仍持续爬跨 10～12 小时的奶牛，用同种公牛精液再次输精（补配），在 48 小时内补配的不额外计算配种次数。

（六）输精完成后的工作

1. 把输精器具擦净与洗手。

2. 做好记录：包括牛号、牛舍、配种员、配种日期和配种用冻精号或公牛号。

3. 在奶牛臀中部位用蜡笔进行标记，左侧标"S"，右侧标配种日期。

4. 填写事件报告单，要求字迹清晰、书写规范。

（七）奶牛禁配

奶牛禁配情形见表4-2。

表4-2 奶牛禁配情形

编号	禁配原因	主要症状
1	遗传性低产	在奶牛无后天疾病的条件下，305天总产量低于4吨（计算方法为：任何胎次泌乳牛产后90天内高峰期日产量低于20千克）而不包括泌乳后期因生理原因导致的低产
2	宫颈闭锁	发情正常但无法把输精枪插入子宫内
3	乳房下垂	乳房韧带松弛或乳房严重下垂，经常脱杯挤不净奶导致发生乳房炎或乳区坏死的牛只
4	乳头不规则	四个乳头分布不均匀，距离过远、过近或乳头过小、过大乳头严重外展从而无法正常使用机器挤奶，经常导致乳房炎的发生和出现挤不净奶的现象
5	乳区坏死	两个或两个以上乳区坏死或一个乳区的严重坏死而影响其他乳区正常泌乳并且年产4吨以下的奶牛才允许设定禁配，乳区坏死但是305天产量高于4吨的奶牛不允许禁配
6	乳房结构差	后乳房韧带松弛前乳房附着不对称或四个乳区大小不一样
7	子宫肌瘤	产犊损伤或输精时严重损伤子宫而产生子宫硬物
8	子宫粘连	产犊或人工授精过程中造成子宫损伤与腹壁或直肠壁粘连的牛
9	习惯性流产	青年牛：流产次数≥2次；成母牛：本胎次流产次数≥2（不包括怀孕90天以内出现流产）或本胎次流产次数≥3次（不考虑流产时怀孕天数）

（续）

编号	禁配原因	主要症状
10	产道拉伤	产犊时把阴门撕裂，久治不愈
11	生殖系统先天性发育不良	一般指子宫、卵巢、外阴等生殖器官的发育不全，无法受孕牛（只适用于青年牛）
12	体格发育不良	先天性体格发育不良或有慢性疾病、顽固性疾病久治不愈等（只适用于青年牛）
13	恶癖牛	一般指严重踢人、顶人、吸吮其他牛乳房的牛。踢人牛一般是个别牛脾气暴躁不易让人接近进行人工授精操作，年内控制在 0.03%
14	变形蹄	指遗传性变形蹄或不包括久治不愈的蹄病牛
15	不孕症	青年牛累计配次≥6 次仍未孕牛； 成母牛产后天数≥400 天（不包括流产）且日产乳量<25 千克仍未孕牛； 泌乳牛配次≥9 次且日产乳量<25 千克 仍未孕牛；累计配次≥11 次（不考虑产量）仍未孕牛； 未孕干奶后配次≥3 次或累计配次≥9 次仍未孕牛
16	子宫炎	经过繁育、兽医双方鉴定，子宫蓄脓或积水，没有治疗价值
17	乳房炎	无法治愈乳房炎按乳房炎设定禁配
18	体况过肥	体况评分≥4.5 分的且近三次产量在 25 千克以下的未孕牛可以按照体况过肥设置禁配
19	慕雄狂	慕雄狂是卵泡囊肿的一种症状表现，其特征是持续而强烈地表现发情行为，尾根部位明显变形。但并不是所有的卵泡囊肿都具有慕雄狂的症状，也不是只有卵泡囊肿才引起慕雄狂。卵巢炎、卵巢肿瘤以及内分泌器官（脑下垂体、甲状腺、肾上腺）或神经系统（主要是丘脑下部）机能扰乱都可发生慕雄狂
20	阴道脱出	阴道壁的一部分或全部突出到阴门外

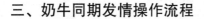

三、奶牛同期发情操作流程

（一）成母牛首次配种定时输精处理程序（预同期加同期）

第一针：对产后 39～45 天的牛，肌内注射 5 毫升前列腺素。

第二针：对产后 53～59 天（第一针＋14 天后）的牛，肌内注射 5 毫升前列腺素。

第三针：对产后 64～70 天（第二针＋11 天后）的牛，对所有未见发情的牛阴道内放赛得宝，同时肌内注射 1 支促性腺激素释放激素。

第四针：对产后 71～77 天（第三针＋7 天）的牛，对所有未见发情的牛从阴道内取出赛得宝，同时肌内注射 5 毫升前列腺素。

第五针：间隔 24 小时再肌内注射 5 毫升前列腺素。

第六针：注射完第五针后 32 小时肌内注射 1 支促性腺激素释放激素（未见发情的牛），16 小时后进行配种。

（二）成母牛首次配种定时输精处理程序（双同期）

第一针：产后 38～44 天肌内注射 1 支促性腺激素释放激素。

第二针：产后 45～51 天肌内注射 5 毫升前列腺素。

第三针：产后 48～54 天肌内注射 1 支促性腺激素释放激素。

第四针：产后 55～61 天肌内注射 1 支促性腺激素释放激素。

第五针：产后 62～68 天肌内注射 5 毫升前列腺素。

第六针：产后 62～68 天肌内注射 5 毫升前列腺素（与第五针间隔 24 小时）。

第七针：产后 64～70 天肌内注射 1 支促性腺激素释放激素（与第六针间隔 32 小时）；产后 65～71 天的牛 16 小时后进行配种。

（三）青年牛处理方案

青年牛主要以涂蜡揭发和人工观察为主。

若 14.5 月龄时仍未发情，则肌内注射前列腺素 5 毫升，12 天以后（14.9 月龄）对未发情的牛再肌内注射前列腺素 5 毫升。

15.2 月龄仍没有发情的牛可肌内注射 100 微克促性腺激素释放激素同时在阴道放置阴道栓，15.4 月龄取阴道栓同时肌内注射 5 毫升前列腺素，72 小时肌内注射 100 微克促性腺激素释放激素同时进行输精。

四、牛的孕检

妊娠诊断原则：经妊娠诊断，确认已怀孕的母牛应加强饲养管理，而未孕母牛要注意再发情时的配种和对未孕原因的分析。在进行妊娠诊断的过程中还可以发现某些生殖器官的疾病，以便及时治疗；对于奶牛群来说，早期妊娠诊断的错误，极易造成发情母牛的漏配与误配。怀孕检查是对配种员的一项重要考核指标以及做决定干奶日期和产犊预算的重要依据。

（一）怀孕检查

1. 初检

（1）每周通过血液孕检（配种后 28 天以上未返情）或直肠检查（配种 40 天以上未返情）确定是否怀孕。

（2）及时把初检结果交给信息部门录入电脑。

（3）对通过直肠检查和血液孕检的空怀牛，按同期处理发情方案进行处理。

（4）初检由繁育部门自行进行，为了加强孕检工作的管理，采血单填写时要清楚、不模糊、规范。

2. 复检

（1）每月 20 号对妊娠 3～4 个月的母牛进行再次检查，以免因流产而使奶牛长期空怀。

（2）及时把复检结果交给信息部门录入电脑。

（3）检查空怀牛，每周五对其进行治疗和处理。

（二）妊娠诊断方法

1. 直肠检查法　如妊娠初期，主要是检查奶牛子宫角的形态和质地变化（理论）；30 天以后以胚胎的大小为主；中后期则以卵巢、子宫的位置变化和子宫动脉特异搏动为主。在具体操作中，探摸子宫颈、子宫和卵巢的方法与发情鉴定相同。

（1）未妊娠母牛的子宫颈、子宫体、子宫角及卵巢均位于骨盆腔；有时经产牛的子宫角可垂入骨盆腔入口前缘的腹腔内。未孕母牛两侧子宫角大小相当，形状相似，向内弯曲如绵羊角；经产牛会出现两角不对称的现象。触摸子宫角时有弹性，有收缩反应，角间沟明显，有时卵巢上有较大的卵泡存在，说明母牛已开始发情。

（2）妊娠 40～47 天，孕角开始增粗，孕角波动明显，角间沟清楚，40 天时有液体感，两角弯如羊角样，用手轻握孕角，从一端滑向另一端时有摸到玻璃球样的胚胎。

（3）妊娠 90 天，角间沟完全消失，子宫颈被牵拉至耻骨前缘，向腹腔下垂，两角共宽一掌多，也可摸到整个子宫角，偶尔可触到浮在胎水中的胎儿，子宫壁一般较为柔软，无收缩。触诊不清子宫时，手提起子宫颈，可明显感到子宫的重量增大。孕侧子宫动脉基部开始出现微弱的特异搏动。难摸到胎儿和孕角的卵巢，但仍然能摸到空角卵巢。子宫动脉的特异搏动明显。

（4）妊娠 120 天直至分娩，子宫进一步增大，沉入腹腔，甚至可达胸骨区，子叶逐渐增大如鸡蛋大小；子宫动脉两侧都变粗，并出现更明显的特异搏动，用手触及胎儿，有时会出现反射性的胎动。寻找子宫动脉的方法是，将手伸入直肠，手心向上，贴着骨盆顶部向前滑动，在岬部的前方可以摸到腹主动脉的最后一个分支，即髂内动脉，在左右髂内动脉的根部各分出一支动脉，即为子宫动脉。通过触摸此动脉的粗细及妊娠特异搏动的有无和强弱，就可以判断母牛妊娠的大体时间阶段。

2. B超诊断法　　B超诊断法是利用超声波的物理特性和不同组织结构特性相结合的物理学诊断方法。对早期怀孕诊断或直肠检查不确定牛只进行B超诊断。B超检查的三个步骤为：①确定黄体的位置在哪一侧；②查看黄体侧子宫体内有无液体；③查看液体内有无胚胎。

3. 血液孕检法　　血液孕检是通过检测怀孕早期存在于牛血清或乙二胺四乙酸血浆中的怀孕相关蛋白确定牛只是否怀孕的一种检测方法。

（1）根据再同期处理流程，需要对配后28～34天的奶牛进行采血、检验、出具结果。

（2）当繁育员接到采血单时应对采血单中繁殖状态、配后天数进行重点审核避免采错。

（3）周六与周日打印采血单时，要与上午的参配牛进行核对，对采血单中出现的参配牛只要及时删除。

（4）周六与周日下午下班前，根据采血单的采血数量将采血针管与真空管、腰包、圆珠笔及保温箱准备好。同时将采血员进行分配，这样采血工作才能有条不紊地开展。

（5）采血工作需要使用颈枷完成，对泌乳牛挤奶并赶走后将颈枷打起，干奶牛及青年牛需要在撒料后进行将颈枷打起。

（6）每头牛采血完毕后需要对牛只信息进行记录，要求书写工整，避免因记录字迹潦草使检测人员辨认不清导致检测结果错误，同时一定要用圆珠笔书写，中性笔风干速度慢字迹容易模糊。

（7）每舍采血完毕后核对牛号及数量，确保准确，保证采血单的整洁干净。对找不到的牛只进行记录，配后 40 天进行直检。

（8）血样温度应控制在 18～25℃，采血完毕后将血样及采血单一起送至品控处，送样时需要将泌乳牛、青年牛、干奶牛的样品分开。夏季应避免阳光直晒。冬季可放入暖水袋或棉被包裹防止温度过低使血样冻结。

（9）采血要点总结　①采血单打印时注意配后天数；②做好采血前的准备，注意颈枷打起的时间以及采血速度，减少锁牛时间；③熟练掌握真空管的使用、举尾的力度及采血的位置，降低应激，防止踢伤；④了解采血量、小心处理针头，工整书写仔细核对牛号，将青年牛与成母牛血样分开，血样数量与采血牛头数做到百分百一致。

五、药物储存以及药物作用原理

（一）药物储存

常用药物储存方式见表 4-3。

表 4-3　药物储存方式

	药品名称	储存方式	温度控制
1	卜安得	遮光、密闭，在干燥处保存	0～25℃
2	律胎素	严封，在阴凉处保存	0～20℃
3	前列腺素（PGF2α）	严封，在阴凉处保存	0～20℃
4	赛得宝	在阴凉、干燥处保存	0～20℃
5	阴道栓（长效黄体酮缓释剂）	密闭，在阴暗、干燥处保存	0～20℃
6	氯前列醇注射液	遮光，在凉暗处密闭保存	0～20℃

（续）

药品名称	储存方式	温度控制
7 舒胎素	遮光、密闭保存	0～20℃
8 舒牛	遮光、密闭、凉暗处保存	0～20℃
9 福诺	在阴凉处保存	0～20℃
10 0.9%生理盐水	密闭保存	0～20℃
11 生源	遮光、密闭、凉暗处保存	0～20℃

（二）药物作用原理

1. PG（前列腺素类似物） 有溶解黄体、促进子宫收缩（对孕牛使用可引起流产）的作用。深部肌内注射，由于 PG 可通过皮肤被人体吸收，在使用时工作人员需佩带一次性防护手套。

使用 PG 可以人为缩短奶牛的黄体期。只有母牛处在发情周期的第 5～18 天（黄体功能期）的黄体才能被前列腺素所溶解，而发情周期第 5 天之前的新生黄体不能被前列腺素溶解。

2. GnRH（促性腺激素释放激素） 刺激垂体促卵泡激素（FSH）和黄体生成素（LH）的合成与释放，促使雌性动物卵巢的卵细胞成熟排卵。

FSH 主要在早期卵泡的募集、选择和优势化过程中发挥作用；而 LH 的功能是促进卵泡成熟、参与优势卵泡的选择、排卵及黄体生成。

GnRH 产品为冻干粉，用生理盐水或注射用水稀释，肌内注射。注射生理剂量后可引起血浆 LH 的明显升高和 FSH 的轻度升高。

3. CIDR（黄体酮阴道缓释剂） CIDR 商品名为"赛得宝"，是黄体酮阴道缓释剂。黄体酮缓释剂被置入母牛阴道后，缓慢释放出的黄体酮经阴道黏膜进入体内，使血浆中黄体酮保持有效浓度，与内源性黄体酮发挥一样的作用，反馈抑制垂体促性腺激素和下丘脑促性腺激素释放激素的分泌，从而抑制奶牛发情和排卵，人为地延长黄体期。一旦取出黄体酮缓释剂，黄体酮的作用消失，动物的垂体开始分泌促性腺激素，促进卵泡的生长和奶牛发情。

六、繁殖指标

青年牛要求发情揭发率≥95％；成母牛要求发情揭发率≥95％；产后75天时参配率≥95％；产后110天参配率≥98％；青年牛15.5月龄参配率≥95％；未孕干奶牛占干奶牛比例标准为3％；产后180天以上未孕成母牛占成母牛比例标准为10％；17个月以上未孕青年牛占17月以上青年牛比例标准为10％；挤奶牛平均产犊间隔在400天以下；青年牛平均产犊月龄在25个月以下；成母牛年繁殖率≥85％；21天妊娠率≥18％。

第四节　奶牛子宫健康管理

奶牛产后子宫疾病是奶牛最常见疾病之一，奶牛产后子宫恢复情况直接影响产后发情和配种时间、产后受胎率，产犊间隔等。研究报道，子宫恢复缓慢会导致产犊间隔达到400天以上，给牛场带来巨大经济损失。产后子宫恢复速度取决于子宫收缩频率、力量和子宫肌内胶原蛋白和肌浆球蛋白降解成氨基酸的速度。因此，影响产后子宫收缩和蛋白质降解的因素都会影响产后子宫恢复速度，如胎衣不下、难产时间较长、产后瘫痪、运动不足及产后脂肪肝等；

另外，产后卵巢功能恢复速度与子宫恢复速度呈正相关，即卵巢功能恢复早，子宫恢复也比较快。

一、奶牛子宫健康管理措施

（一）控制难产比例

准确预测奶牛分娩期，提前做好接产准备工作，以控制难产比例，奶牛发生难产比例一般约为 5%～8%，因此应尽量提高自然分娩的比率。引起奶牛难产的因素一般包括产犊胎次、产犊时体况、所产犊牛性别和犊牛初生重。与经产牛相比，头胎牛更易发生难产，主要原因是头胎牛产犊时一般未达到体成熟，易发生胎儿与母体产道不匹配的难产；产犊时母牛体况评分应介于 3.25～3.75 之间，产犊时母牛体况小于 3.25 或大于 3.75，人工助产率和器械助产率均会显著升高，是母牛难产的主要风险因素；产死胎、公犊和犊牛初生重大于 44 千克时，也易引发奶牛难产。

（二）促进胎衣排出，防控胎衣不下

促进胎衣排出是预防产后子宫炎的第一步。正常情况下，新产牛会在产后 8 小时内排出胎衣，产后 24 小时胎衣仍未脱落的奶牛即为胎衣不下，易引发产后子宫炎。胎衣不下发病率一般为 3%～12%，影响因素包括早产、难产、流产、多胎、死胎、子宫感染、孕牛年龄、低钙血症、营养缺乏（包括硒、维生素 E 等）以及产犊季节等。当牛群中胎衣不下发病率大于 4.9% 时，会降低第一次配种怀胎率，使产后奶牛淘汰率升高。

防控奶牛胎衣不下需要注意观察产后恶露排出情况，如排出恶露的颜色、气味、稀稠度、排出量及有无异常情况等，并做好记录；对于胎衣滞留等异常分娩牛，采用注射氯前列醇方法帮助子宫恢复，另外也可以配合使用催产素等；一般不徒手剥离胎衣，无并发症的胎衣不下病牛不需要立即进行治疗。

（三）防控奶牛子宫炎

目前，随着奶牛养殖现代化、规模化的发展和人工授精技术的普及，奶牛子宫炎发病率增高，成为导致奶牛不孕的主要生殖疾病之一，直接影响奶牛场经济效益。国外学者研究报道，奶牛子宫炎发病率为 2.6%～53%；我国学者也相继报道了奶牛子宫炎的发病率，杜广波等（2005）报道江苏地区奶牛子宫炎发病率为 34.6%，曹杰（2007）报道北京地区奶牛在产后 21～28 天子宫炎发病率为 64.29%，岳春旺等（2007）报道奶牛子宫炎发病率为 44.68%。可见，我国奶牛子宫炎发病率较高（34.6%～67.8%）。

奶牛子宫炎一般定义为一种发生于奶牛产后 10 天内的常见生殖疾病，以大肠杆菌和化脓隐秘杆菌感染为主，常见恶臭、红棕色或水样子宫颈口分泌物，部分牛出现体温升高等全身症状，直肠检查子宫异常扩大，如果治疗不及时会发生死亡。产后子宫炎发生的风险因素包括：疾病因素，如难产、胎衣不下、流产、真胃变位、酮病和产后低血钙等；非疾病因素，如牧场管理、年份、双胎、胎次以及产犊季节等。

防控奶牛子宫炎需要及时监控奶牛体温，对发热的牛需要进行及时治疗，不发热的牛可在产后 5～7 天时，观察其子宫颈口分泌物进行评价，以确认是否需要治疗；防控奶牛子宫感染可以使用中草药，以减少因使用抗生素产生的药物残留和耐药性，中草药一般选择具有清热解毒、活血化瘀、抗菌消炎、去腐生肌、利于排脓等作用。一般要求将奶牛产后子宫炎发病率控制在 10%以内。

（四）防控奶牛子宫内膜炎

奶牛子宫内膜炎主要是由于奶牛在分娩过程中，细菌、病毒、寄生虫等病原微生物经产道、子宫颈进入子宫内感染而引发炎症。奶牛子宫内膜炎是奶牛子宫常见病,不仅导致母牛发情不正常,而且炎性产物及细菌毒素直接危害精子,进而造成不孕,主要发生在奶牛分娩过程中和产后。在奶牛产后 21～28 天时通过直肠检查综合评定其有无子宫内膜炎,一般以恶露状态和子宫颈、子宫角状态来确定。研究报道,爱尔兰地区奶牛子宫内膜炎发病率为 24%、加拿大 17%、美国 54%(Grohn et al,2000;Maizon et al,2004);我国学者赵鑫(2019)对新疆昌吉、石河子、沙湾及奎屯地区的研究表明,这四个地区子宫内膜炎的平均发病率为 19.6%;安泓霏(2020)研究表明,宁夏地区奶牛子宫内膜炎发病率平均为 27.0%,各市与县(区)之间发病率差异不显著,但是发病率与季节气候、饲养管理水平和奶牛年龄具有相关性。其中春秋季节发病率高于冬夏季节,规模化奶牛养殖场全年发病率显著低于散养户发病率,发病率分别为 18.5% 和 35.5%,随着奶牛年龄增长,子宫内膜炎发病率呈现高-低-高的趋势,其中在奶牛 4 岁时发病率最低,8 岁时发病率最高,分别为 17.17% 和 42.0%,不同品种的牛发病率差异不显著。

引起奶牛子宫内膜炎的因素主要为:母牛产死胎、产犊时体况过肥或过瘦和产后子宫炎,母牛产死胎会显著提高子宫内膜炎的发病率;分娩时,黏膜有大面积创伤;胎衣滞留在子宫内;子宫脱出,使细菌等病原体入侵;助产或剥离胎衣时,术者手臂、器械消毒不严格,或人工授精时感染;产房卫生条件差,临产奶牛的外阴、尾根部污染粪便而未彻底洗净消毒等。

做好奶牛子宫健康管理,可以降低子宫内膜炎的发病率,并进一步减少病牛的淘汰率以及由于治疗导致的牛奶中抗菌药物残留,提高牛奶产量,改善乳品质。

1. 产房管理　奶牛平均妊娠期为 280 天,怀孕奶牛在预产期前 15 天进入产房,产后 10～15 天出产房。产房要求光线充足、通风、干燥，牛床需要每天清扫，保持干燥并铺以清洁的垫草或木屑，产房每周消毒1次。一般选用的消毒剂有次氯酸盐、有机氯、有机碘、过氧乙酸、生石灰、氢氧化钠、高锰酸钾、硫酸铜、新洁尔灭或来苏儿等。消毒剂要求对人、畜和环境安全，没有残留毒性、对设备没有破坏、在牛体内不产生有害积累。消毒方法通常包括喷雾消毒、浸润消毒、紫外线、消毒剂喷洒消毒。头胎牛易发生难产，助产时应严格执行兽医消毒和助产操作规程，尽可能降低对产道的机械性损伤。

2. 接产管理 要准确预测奶牛的分娩期，提前做好接产的准备工作。接产时，要仔细对奶牛的外阴和后躯、助产人员的手臂及助产器械等进行严格消毒，一般采用0.1%～0.2%的高锰酸钾溶液。奶牛分娩时，需要保持环境安静，使其向左侧躺卧。正常分娩情况下，犊牛两前肢会夹着头先露出，此时只需做好接产即可。接产员每30分钟巡视一次围产舍，将进入第二产程的牛只转入单独产圈待产。发现有出现产程异常的牛只立即对其进行检查，确定是否需要助产。助产比例应控制在10%以内，如果助产比例控制不好，会增加奶牛产道撕裂及胎衣不下等疾病的发病率，直接影响子宫复旧及后续繁殖性能。若奶牛分娩期已到，临产表现明显，阵缩和努责正常，但久不见胎水流出和胎儿肢体露出，或胎水已破达1小时以上仍不见胎儿露出肢体时，应及时检查，并采取矫正胎位等助产措施，使其产出。在难产助产的控制过程中，胎儿先露，看到胎头、前肢或后肢后立即助产，助产时，动作要缓慢，不能强拉、猛拉，防止产道损伤和感染。如助产后胎儿仍难以产出，则应及早采取剖腹术。助产不宜人工介入过早，有时再坚持5～10分钟就可能自然分娩。

产后立即进行产道检查；产后1小时内完成初乳收集和产后灌服，有产后瘫痪史的经产牛第2天再次灌服；产道损伤的牛用凉水冲洗外阴部5分钟，出血及撕裂创大于5厘米的牛使用PGA

缝线缝合，每日局部使用碘甘油涂布；异常新产牛产后 10 天内检测体温，直肠检查确定是否出现产后子宫炎；对所有牛在产后21～28 天进行直肠检查，确定是否出现子宫内膜炎并及时治疗。

3. 人工授精操作管理　输精员要保持良好的卫生习惯，及时修剪指甲，实施人工输精前做好自身和器械的消毒工作，同时对奶牛后躯进行清洗消毒时需要使用流动水，具体如下。

（1）输精器械消毒　奶牛输精所用器械，必须严格消毒。消毒方法主要为蒸煮法或烘干法。其中输精器如果是球式或注射式，应先冲洗干净，再用纱布包好，放入消毒盒内，蒸煮半小时，也可放入烘干箱进行烘干消毒；使用细管冻精所用的凯式输精枪时，通常在输精时套上塑料外套，再用酒精棉擦拭外壁消毒；一支输精器一次只能为一头奶牛输精。

（2）奶牛后躯消毒　奶牛在配种前，需要对其阴门部位进行消毒，因为牛只在圈舍内走动、起卧时，极易在外阴部沾上粪便。具体消毒步骤如下：先用清水将牛只外阴、肛门等部位冲洗干净，然后再用 0.1％高锰酸钾溶液进行消毒，最后用消毒纸巾擦干。若奶牛在配种过程中突然出现排粪现象，应在保持输精枪不拔出的情况下，按照上述操作过程重新消毒。

（3）输精前准备　输精员在实施人工输精时要切实做好消毒卫生工作。在输精前需要剪短指甲并磨光，洗手后用消毒纸巾或毛巾擦干，再用 75％酒精棉擦手。配种时戴好长臂手套，在手套内预先放入少量石粉，使手能较为方便地伸入手套。同时，输精员应穿戴好工作衣帽，穿上长筒胶鞋。

（4）输精操作　采用直肠把握子宫颈输精法。输精员首先戴上塑料长臂手套，按摩奶牛肛门，手臂进入直肠时，避免出现与直肠蠕动相逆方向的移动。分几次掏出粪便，防止空气进入直肠引起膨胀。通过直肠壁用手指插入子宫颈的侧面，伸入宫颈下部，然后用食、中、拇指握住宫颈。另一只手将输精枪以 $35°\sim45°$ 的角度向上进入分开的阴门前庭后段，再略向前下方进入阴道宫颈段，人工输精的部位要准确，一般以子宫颈深部到子宫体为宜。禁止以输精枪硬戳的方式进入，严防粗暴动作损伤奶牛生殖道。插枪时一定要缓慢，以免损伤子宫黏膜，造成出血。

4. 奶牛产后生殖系统管理　胎衣完全脱落后，育种员要每5天记录1次恶露排出情况（包括恶露排出的时间、地点、姿态、颜色、浓度、数量等）。1个月后再根据子宫复旧情况确定恶露观察频度，至少每周1次。子宫复旧即指子宫恢复，包括子宫生理恢复和临床恢复，子宫生理恢复通常比临床恢复晚大约15天。产后瘫痪、胎衣不下、子宫感染等疾病均可延长子宫复旧时间。若环境良好，多数母牛可在卵巢功能恢复之前清除宫内污染；如果母牛在分娩过程中出现难产、子宫创伤或发生胎衣不下，导致子宫免疫和防御能力下降、子宫内膜和子宫腔内吞噬细胞的吞噬能力降低时，污染细菌可能引发产后子宫炎或子宫内膜炎。产后1个月兽医要对奶牛进行直肠检查，注意观察子宫的复旧状况，对子宫内膜炎必须坚持早发现、早治疗原则，避免错过有效的治疗时机。

二、奶牛围产期饲养管理

奶牛产前21天到产后21天称为围产期。其中产前21天为围产前期；产后21天为围产后期。

（一）围产前期饲养管理

营养平衡是奶牛健康的基础，也是奶牛正常发情、排卵和受孕的保证。围产前期能量过剩容易造成奶牛肥胖综合征，进而影响奶牛繁殖效率，导致难产、胎衣不下、乳房炎、子宫炎及酮病等发生。产前能量不足，奶牛膘情太差，易发生产后胎衣不下、恶露滞留与子宫内膜炎增多，卵泡发育迟缓，受胎率降低。因此维持奶牛中上等膘情及适当运动是保证奶牛良好繁殖性能的基础。围产前期环境卫生对奶牛子宫健康也很重要，要求卧床干燥，及时清理粪便和污物；冬季垫褥草，做好保暖；夏天垫细沙土，做好降温工作。

（二）围产后期饲养管理

奶牛日粮营养不平衡，过多或缺乏均会严重影响奶牛产后子宫恢复。奶牛日粮中能量缺乏或过高，都会直接影响奶牛生殖机能的恢复。研究报道，过剩的能量会带来一系列的营养代谢病，引起奶牛胎衣不下、子宫内膜炎、卵巢囊肿等病症，严重影响奶牛子宫的恢复。奶牛能量不足会延迟产后第一次排卵，抑制黄体生成素的脉冲频率，减少雌二醇分泌，导致乏情期延长。奶牛日粮中蛋白质含量的高低会直接影响奶牛的繁殖性能。产后奶牛摄入蛋白质含量过低会引发奶牛乏情，导致卵泡发育迟缓，严重缺乏时，会引发胚胎早期死亡、流产，并影响受胎率。高蛋白日粮可改变子宫分泌物，减弱孕酮对子宫环境的诱导作用，影响胚胎正常发育。奶牛日粮中矿物质和维生素是奶牛产后生殖系统恢复必不可少的营养物质，维生素、微量元素比例失调时，奶牛的抵抗力降低，容易发生胎衣不下和子宫内膜炎。如果缺乏维生素 E 或硒会导致奶牛乏情、死胎、产后停滞以及胎衣不下等病；维生素 A 缺乏，会导致奶牛性激素分泌不足，影响奶牛产后子宫复旧和子宫疾病的治疗；铬元素具有改善奶牛免疫力和抗应激的作用，能促进奶牛产后子宫的恢复。另外，奶牛分娩后需要及时补充大量损失的体液，补给水量是体重的 7% 左右。

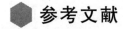

参考文献

安泓霏，2020. 宁夏地区牛子宫内膜炎流行病学调查及组方泡腾栓的研制 [D]. 兰州：甘肃农业大学.

曹杰，齐长明，2007. 奶牛产后子宫内膜炎早期诊断与治疗 [J]. 中国动物检疫 (6)：36-37.

杜广波，2004. 新型结构的直流断路器及其测控系统的研究 [D]. 大连：大连理工大学.

王晓铄，俞英，2010. 表观遗传对炎症的调控机制及其在奶牛乳房炎抗病育种中的应用前景 [J]. 遗传 (7)：663-669.

邬建飞，字向东，2021. CRISPR/Cas9 系统及其在牛基因组编辑中的应用研究进展 [J]. 黑龙江畜牧兽医 (5)：35-39.

俞英，宋敏艳，2016. 畜禽表观遗传学主要研究领域及研究进展 [J]. 中国畜牧兽医 (43)：2701-2709.

岳春旺，齐长明，陈华林，等，2007. 奶牛子宫内膜炎发病相关因素的研究 [J]. 中国兽医杂志 (1)：27.

张华林，赵晓铎，李倩倩，等，2019. 抗热应激性能奶牛选育的研究进展 [J]. 中国奶牛 (2)：9-13.

赵鑫，2019. 新疆部分规模化牧场奶牛子宫内膜炎病原菌的分离鉴定及防治 [D]. 石河子：石河子大学.

B Georgios，Eileen W，Coffey MP，et al，2013. Identification of immune traits correlated with dairy cow health，reproduction and productivity [J]. Plos One，8 (6)：e65766.

D Liang，Arnold LM，Stowe CJ，et al，2017. Estimating US dairy clinical disease costs with a stochastic simulation model [J]. Journal of Dairy Science，100 (2)：1472-1486.

Dubuc J，Duffield TF，Leslie KE，et al，2011. Randomized clinical trial of antibiotic and prostaglandin treatments for uterine health and reproductive performance in dairy cows [J]. Journal of Dairy Science，94 (3)：1325-1338.

Gautam G，Nakao T，Koike K，et al，2010. Spontaneous recovery or persistence of postpartum endometritis and risk factors for its persistence in Holstein cows [J]. Theriogenology, 73 (2): 168-179.

Gilbert RO, Shin ST, Guard C, et al, 2005. Prevalence of endometritis and its effects on reproductive performance of dairy cows [J]. Theriogenoloy, 64: 1879-1888.

Grohn YT, Rajala-Schultz PJ, 2000. Epidemiology of reproductive performance in dairy cows [J]. Anim Reprod Sci (60-61): 605-614.

J Pollock, Low A, Mchugh R, et al, 2020. Alternatives to antibiotics in a One Health context and the role genomics can play in reducing antimicrobial use [J]. Clinical Microbiology and Infection, 26: 1617-1621.

Kim IH, Kang HG, 2003. Risk factors for postpartum endometritis and the effect of endometritis on reproductive performance in dairy cows in Korea [J]. Journal of Reproduction and Development, 49 (6): 485-491.

López-Gatius F, 2003. Is fertility declining in dairy cattle?: A retrospective study in northeastern Spain [J]. Theriogenology, 60 (1): 89-99.

Okawa H, Fujikura A, et al, 2017. Effect of diagnosis and treatment of clinical endometritis based on vaginal discharge score grading system in postpartum Holstein cows [J]. Journal of Veterinary Medical Science, 79 (9): 1545-1551.

Plöntzke J, Madoz LV, Sota RLDL, et al, 2010. Subclinical endometritis and its impact on reproductive performance in grazing dairy cattle in Argentina [J]. Animal Reproduction Science, 122 (1-2): 52-57.

Roche JF, 2006. The effect of nutritional management of the dairy cow on reproductive efficiency [J]. Animal Reproduction Science, 96 (3-4): 282-296.

Tvl Berghof, Poppe M, Mulder HA, 2019. Opportunities to improve resilience in animal breeding programs [J]. Frontiers in Genetics, 9.

第五章
奶牛减抗营养调控与健康管理

第一节　犊牛营养与健康管理

　　犊牛作为牛场的后备力量，其营养和管理水平，不但直接影响牛场整体经济效益，还关系到牛场未来的发展。因此，科学合理的犊牛营养与管理一直是牛场生产管理的核心，应保证犊牛按照计划正常生长和发育。

一、犊牛定义

　　犊牛一般指从出生到 6 月龄的牛，这个时期犊牛经历了从母体子宫环境到体外自然环境、由靠母乳生存到靠采食植物性为主的饲料生存等巨大生理环境的转变，各器官系统尚未发育完善，抵抗力低，易患病。

二、不同饲喂阶段犊牛的营养

（一）哺乳

　　1. 初乳营养价值　　初乳中营养物质丰富，含有较高浓度的镁离子，具有促进胎粪排出的作用，同时初乳较高的酸度有利于刺激犊牛胃液的分泌，较高的黏度可暂时代替消化道黏膜的作用，因此初乳对于犊牛消化系统的发育起到重要作用。

在母牛怀孕期间，抗体无法穿过胎盘进入胎儿体内，使新生犊牛的血液中没有抗体。初乳中含有大量的免疫球蛋白（表5-1），新生犊牛可依靠摄入高质量的初乳获得被动免疫能力，抵御病原微生物的侵袭。如果犊牛没有摄入高质量的初乳，则出生后几天（或几周）内的死亡率极高。

表 5-1　初乳与常乳主要营养成分比较

参考指标	初乳	常乳
相对密度	1.056	1.032
总固体（%）	23.9	12.9
脂肪（%）	6.7	4.0
总蛋白（%）	14.0	3.1
酪蛋白（%）	4.8	2.5
乳清蛋白（%）	6.0	0.5
免疫球蛋白（%）	6.0	0.09
免疫球蛋白 G（克/100 毫升）	3.2	0.06
乳糖（%）	2.7	5.0
胰岛素样生长因子-I（毫克/升）	341	15
胰岛素（毫克/升）	65.9	1.1
维生素 A（毫克/100 毫升）	295	34
维生素 E（毫克/克，以脂肪计）	84	15
核黄素（毫克/毫升）	4.83	1.47
维生素 B_{12}（毫克/100 毫升）	4.9	0.6
叶酸（毫克/100 毫升）	0.8	0.2
胆碱（毫克/毫升）	0.7	0.13

注：引自 Foley 等（1978）；Hammon 等（2000）；曹志军等（2012）。

2. 初乳用量　犊牛血液中的大部分抗体来自第一次摄入的初

乳。为保护犊牛免受疾病感染，2 日龄犊牛血液中免疫球蛋白 G 浓度至少应为 10 克/升或总蛋白 52 克/升。出生后 1 小时内饲喂 3.0 升初乳，12 小时饲喂 2.0 升初乳（不能剩余）或出生后 1 小时内饲喂 4.0 升初乳，12 小时饲喂 2 升初乳（可以剩余），一般能使犊牛获得足够的免疫球蛋白 G（娟姗犊牛由于出生体重较小，初乳喂量可以减半）。若初乳质量较差或饲喂量少于 3.0 升，血液中的免疫球蛋白 G 浓度或总蛋白浓度就会不足（表 5-2）。出生 12 小时后饲喂的初乳中免疫球蛋白 G 的吸收率下降，如出生后 24 小时才饲喂初乳，犊牛未能尽快获得抗体，则会导致被动免疫转移失败，犊牛发病率和死亡率就会提升，因此饲喂初乳前建议不要饲喂其他任何食物。

初乳的饲喂温度在 35℃左右。第一次饲喂初乳可以使用胃导管，其优点是犊牛能在短时间内摄入足够的初乳。第二次饲喂可以使用奶嘴或奶桶。每次使用后应将盛奶用具清理干净。在某些情况下，初乳是母牛与犊牛间疾病传播的载体，如患有结核病或副结核病的母牛，可以通过初乳将疾病传播给犊牛，因此患病母牛所产的犊牛必须从产房立即移走，并饲喂健康母牛的初乳。

表 5-2   **不同品质初乳对新生犊牛血清免疫球蛋白 G
含量的影响**（毫克/毫升）

处理组	饲喂第一次初乳/过渡乳/常乳后时间		
	0 小时	24 小时	48 小时
初乳组	0.04	24.6	22.8
过渡乳组	0.05	16.4	13.9
常乳组	0.02	0.09	0.08

注：引自曹志军等（2013）。

3. 哺乳量   日哺乳量一般为出生重的 10%～20%，每日喂2～3 次，每次饲喂量为 2.0～3.0 升。根据不同饲养方案，犊牛哺乳期总的哺乳量差别较大。生产中普遍采用 7～8 周断奶方案

（表 5-3），早期断奶可在 5～6 周（表 5-4），部分牛场选择 3 月龄断奶（表 5-5）。

在奶牛养殖过程中，犊牛的饲喂方法较多，主要包括奶桶饲喂法、奶瓶饲喂法、自动饲喂法、群体饲喂法等。饲喂过程中应注意喂奶器具的卫生，最好能够在每次饲喂后及时清洗，以免滋生细菌。可用于犊牛哺乳的牛奶类型除全乳外，还有初乳、发酵初乳、脱脂奶及其他牛奶加工副产品等，合理地利用这些原料饲喂犊牛可以适当降低成本。

犊牛哺乳量过多和哺乳期过长，都不利于犊牛的内脏器官（尤其是消化器官）的发育，且增加饲养成本。高喂奶量饲养的犊牛体型肥胖，但采食量少，不利于后期生长发育。

表 5-3　哺乳期 8 周犊牛饲喂方案示例

日龄	饲喂食物	每日饲喂次数	饲喂量（升/次）
出生	初乳	2	4.0（2 小时内饲喂）
2～7	全乳/代乳粉	2	3.0
8～15	全乳/代乳粉	2	3.0
16～21	全乳/代乳粉	2	3.5
22—35	全乳/代乳粉	2	4.5
36～49	全乳/代乳粉	2	3.5
50～56	全乳/代乳粉	1	3.0

注：引自曹志军等（2012）。

表 5-4　哺乳期 45 天犊牛饲喂方案示例

日龄	饲喂食物	每日饲喂次数	饲喂量（升/次）
出生	初乳	2	4.0（2 小时内饲喂）＋2.0（12 小时饲喂）
2～7	全乳/代乳粉	2	4.0
8～15	全乳/代乳粉	2	3.0
16～25	全乳/代乳粉	2	2.5

（续）

日龄	饲喂食物	每日饲喂次数	饲喂量（升/次）
26～35	全乳/代乳粉	2	2.0
36～45	全乳/代乳粉	2	1.5

注：引自曹志军等（2012）。

表5-5　哺乳期3个月犊牛饲喂方案示例

日龄	饲喂量（升）	总量（升）
1～10	6	60
11～20	7	70
21～40	9	180
41～60	7	140
61～80	4	80
81～90	2	20
合计	—	550

注：引自曹志军等（2012）。

（二）断奶

断奶期犊牛面临着生长发育的一个重要转折时期，即犊牛从哺乳犊牛向断奶犊牛的转变，犊牛将对精粗饲料的需求量增加。尽早为犊牛提供和饲喂固体食物，并采取循序渐进的饲喂方式可提高饲料的利用效率，创造良好的环境可加速犊牛瘤胃发育和提高犊牛断奶体重。

根据月龄、体重、犊牛饲料采食量确定断奶的时间，应在犊牛生长良好并至少摄入相当于其体重1%的犊牛料时进行，较小或体弱的犊牛应延后断奶。在断奶前1周每天饲喂1次牛奶。生产实践中一般在7～8周龄断奶。犊牛料采食量应作为确定断奶时间的主要依据。当犊牛连续3天采食0.7～1.0千克以上犊牛料时方可断奶。在断奶期间，犊牛饲料摄入不足，可造成断奶后最初几天犊牛体重下降（断奶应激）。因此，需要特别关注犊牛健康状况，一旦发现犊牛出现采食量下降、精神萎靡等情况，应及时对其进行诊断或治疗。

一般犊牛断奶后有 1～2 周日增重降低，且毛色缺乏光泽、消瘦、腹部明显下垂，甚至有些犊牛有行动迟缓、不活泼等表现，这是犊牛的前胃机能和微生物区系正在建立且尚未发育完全的缘故，随着犊牛料采食量的增加，上述现象很快就会消失。断奶至 6 月龄日粮配方可参考表 5-6。犊牛断奶后进行小群饲养，将年龄和体重相近的牛分为一群，每群 10～15 头。犊牛早期断奶要求犊牛基本健康，管理一致，注意卫生。

表 5-6　荷斯坦奶牛 3～6 月龄断奶犊牛（平均体重为 150 千克，
估计采食量为 3.2～4.0 千克/天）**日粮的精、粗饲料构成**

日粮构成	质量	日粮营养组分	含量
优质粗饲料（千克）	1.8～2.2	粗饲料（%）	40～80
精饲料（千克）	1.4～1.8	粗蛋白（%）	16
一般粗饲料（千克）	1.4～1.8	中性洗涤纤维（%）	34
		钙（%）	0.5
		磷（%）	0.3

注：引自李胜利等（2011）。

（三）补饲

随母哺乳时，可根据草场质量对犊牛进行适当补饲，既有利于满足犊牛的营养需要，又利于犊牛的早期断奶。人工哺乳时，可根据饲养标准配合日粮，并早期让犊牛采食植物性饲料。如果早期饲喂优质干草和精料，可促进瘤胃微生物的繁殖、促进瘤胃的迅速发育。

1. 精饲料　饲喂固体饲料后，犊牛食道沟逐渐失去功能，草料中带入的微生物使犊牛瘤胃中的微生物区系逐渐建立起来。精饲料在瘤胃发酵产生的挥发性脂肪酸（特别是丁酸）是瘤胃发育的重要刺激物，只喂牛奶缺乏固体食物刺激会使瘤胃发育缓慢。因此尽早训练犊牛采食精饲料非常重要。犊牛出生后15～20天，开始训练其采食精饲料。初喂精饲料时，可在犊牛进食完奶后，将犊牛料涂在犊牛嘴唇上诱其舔食，经过2～3天后，可在犊牛栏内放置犊牛料任其自由舔食。因初期采食量较少，料不应放多，每天必须更换，保证饲料及料盘的新鲜与清洁。犊牛料应满足营养丰富、易消化、适口性强的要求。最初每头每日喂干粉料10～20克，数日后可增至80～100克，等适应一段时间后再喂以混合湿料，即将干粉料用温水拌湿，经糖化后饲喂。湿料给量可随犊牛日龄的增长逐渐增大。

2. 粗饲料　在犊牛饲喂过程中，要使犊牛提早习惯植物性饲料，以促进消化系统发育。从7～10日龄开始，训练犊牛采食干草。在犊牛栏的草架上放置优质干草（如豆科和禾本科青干草等），供其采食咀嚼，并防止其舔食异物。为犊牛调制富含蛋白质、矿物质和胡萝卜素的干草料，干草喂量逐渐增加，3月龄时干草喂量应达到1.3～1.4千克/天。粗饲料的喂量最高为10%，当精饲料采食量达到0.7～0.9千克时，可自由采食易消化的优质粗饲料，这对牛的瘤胃、网胃发育极为重要。

犊牛2月龄时每日可采食青绿饲料4千克，到4月龄达到11～12千克，到6月龄可达到18～20千克。如果放牧牧草不足或不易采食，那么必须保证犊牛的青绿饲料采食量，牧草的日喂量标准取决于放牧场的牧草数量和质量。对于青贮饲料，从犊牛2月龄开始，每天饲喂100～150克，3月龄可喂到1.5～2.0千克，4～6月龄增至4～5千克。在此期间，应保证青贮饲料品质优良，避免用酸败、变质及冰冻青贮饲料饲喂犊牛，以防犊牛下痢而造成死亡。

3. 开食料　犊牛开食料不但对犊牛瘤胃发育有重要影响，且能够为犊牛提供充足的营养，提高日增重水平，尤其是在冬季寒冷的地区，犊牛采食足量的开食料可以降低发病率和死亡率。犊牛开食料配方和主要营养指标示例见表 5-7 和表 5-8。

表 5-7　犊牛开食料配方示例（1）

原料	含量	营养组分	含量
压片玉米（%）	43	产奶净能（兆焦/千克）	8.8
燕麦（%）	9	粗蛋白（%）	18.2
大麦（%）	6	中性洗涤纤维（%）	15.2
优质苜蓿草粉（%）	4	酸性洗涤纤维（%）	8.2
糖蜜（%）	3	钙（%）	1.1
膨化大豆（%）	28	磷（%）	0.46
乳清粉（%）	3.7	脂肪（%）	6.5
预混料（%）	1		
磷酸氢钙（%）	0.5		
氧化镁（%）	0.3		
石粉（%）	1		
食盐（%）	0.5		

注：引自李胜利等（2011）。

表 5-8　犊牛开食料配方示例（2）

原料	含量	营养组分	含量
玉米（%）	48	产奶净能（兆焦/千克）	8.0
麸皮（%）	17	粗蛋白（%）	17.9
豆粕（%）	10	中性洗涤纤维（%）	20.5
花生粕（%）	10	酸性洗涤纤维（%）	9.3
干酒糟及其可溶物（%）	10	钙（%）	1.1
预混料（%）	1.0	磷（%）	0.52
磷酸氢钙（%）	1.5	脂肪（%）	4.2
石粉（%）	1.5		
食盐（%）	1.0		

注：引自李胜利等（2011）。

三、犊牛的饲养管理

在犊牛培育过程中，饲养管理条件对其生长发育、健康状况和以后的生产性能都会有很大影响。犊牛饲养对畜舍条件要求严格，高湿和有害气体过多会影响犊牛的健康，管理混乱将会导致生长发育受阻，增加单位增重的饲料消耗，降低经济效益，有时还会造成犊牛发生各种疾病，增加犊牛的死亡率。

（一）初生犊牛的护理

犊牛应在产房的产栏中出生，并保证产房垫料充足、环境干燥、空气清新。出生后，首先清除口腔及鼻孔内的黏液以防犊牛呼吸障碍，造成窒息或死亡。其次是用干草或干抹布擦干净犊牛体躯上的黏液（特别是当外界气温降低时），以免犊牛受凉。

犊牛出生时，脐带往往会自然地被扯断。在未扯断脐带的情况下，可在距犊牛腹部 10 厘米处，用消毒过的剪刀剪断脐带，然后挤出脐带中的黏液并用碘酊充分消毒，以免犊牛发生脐带炎等疾病。断脐带后约 1 周左右脐带会干燥而脱落，若脐带长时间不干燥并发生炎症时，应及时治疗。

（二）犊牛登记

按照我国规定的统一格式编号，同时根据牛场需要可以按照时间顺序编号。新生犊牛应打上永久的标记，其出生资料必须永久存档。标记犊牛的方法包括：套在颈项上刻有数字的环、金属或电子识别的耳标、盖印、冷冻烙印。此外，照片或自身的毛色特征也是标记犊牛的永久性记录。

（三）犊牛舍卫生

刚出生的犊牛对疾病没有任何抵抗力，应放在干燥、避风、不与其他动物直接接触的单栏内饲养，以降低发病率。断奶后 10 天以内，最好均采取单栏饲养的方式，并注意观察犊牛的精神状况和采食量。犊牛舍内要有适当的通风装置，保证舍内阳光充足、通风良好、空气新鲜、冬暖夏凉。犊牛舍应及时更换垫草。一旦犊牛被转移到其他地方，牛栏必须进行清洁消毒，并晾干备用。

（四）犊牛去角

犊牛 2~3 周龄时可以进行去角。去角的方法有电烙铁烧烙法和苛性钠或氢氧化钾涂抹法。操作如下：前者是将电烙铁加热到一定温度后，牢牢地压在角基部直到其下部组织烧灼成白色（不宜太久太深，以防烧伤下层组织），再涂抹青霉素软膏或硼酸粉；后者应在晴天且哺乳后进行，先剪去角基部的毛，再涂一圈凡士林以防药液流出伤及头部或眼部，然后用棒状钾稍沾水涂擦角基部，至表面有微量血渗出为止，在伤口未变干前不宜让犊牛吃奶，以免腐蚀母牛乳房皮肤。

（五）去副乳头

奶牛有 4 个乳区，每个乳区有 1 个乳头，但有时在正常乳头的附近有小的副乳头，可引发乳腺炎，应将其切除。切除方法是用消毒剪刀将其剪掉，并涂碘酊等消炎药消毒。适宜的切除时间为 4~6 周龄。

（六）免疫消毒

犊牛的免疫程序应根据牛场的具体情况和国家的有关法律法

规，由专业人员制订。犊牛圈舍和运动场要保证清洁卫生，定期进
行打扫和消毒，消毒药定期交换使用，防止细菌、病毒对消毒液产
生耐药性，且要根据细菌或病毒的季节性传播高发期进行消毒药的
选择。保证犊牛舍的空气流通和湿度，一般圈舍相对湿度控制在
45%~60%。

（七）健康管理

建立犊牛健康监测制度，及时发现犊牛患病征兆，如食欲降
低、虚弱、精神萎靡等，必要时请兽医诊断并及早治疗。犊牛常见
疾病为肺炎和下痢，这是造成犊牛死亡的主要疾病。运动对促进犊
牛的采食量和健康发育都很重要。在管理上应安排适当的运动场或
放牧场，场内要常备清洁的饮水，在夏季必须有遮阴条件。犊牛在
舍食期，每天至少要进行 2 小时以上的驱赶运动。犊牛每月称量
1 次体重和体高，并做好记录，用于监测犊牛的发育情况，6 月龄
后可转入青年牛群。

第二节　育成牛营养与健康管理

一、定义及目标

育成牛指 6~13 月龄的后备牛。育成牛的日增重应该达到
800~900 克，13 月龄体重为 340~360 千克的占比应超过 95%，体
高达到 130 厘米。

二、营养与管理

（一）育成牛的营养标准

推荐育成牛的营养标准如表 5-9 所示。

表 5-9　育成牛的营养标准

月龄	营养需求	
	7～9 月龄	9～13 月龄
粗蛋白（％）	15～16	14～15
干物质采食量（千克）	5.5～9	9～11.5
泌乳净能（兆焦/千克）	5.85～6.06	5.64～5.85
日粮瘤胃降解蛋白质含量（％）	60～65	65～70
日粮瘤胃非降解蛋白质含量（％）	35～40	30～35
最低中性洗涤纤维（％）	35～40	45～55
最低酸性洗涤纤维（％）	21～25	25～30
最低非纤维性碳水化合物（％）	25～30	20～25
钙（克）	0.7～0.8	0.7～0.8
磷（克）	0.35～0.4	0.35～0.4

（二）管理

1. 体高、体重监测　定期监测育成牛生长发育情况（体高、体长、体重），体高为鬐甲最高点至地面的垂直距离，体斜长为肩端至坐骨端的距离，体直长为肩端至坐骨端后缘垂直线的水平距离，胸围为肩胛骨后角垂直体轴绕胸一周的周长，根据监测数据绘制生长曲线，作为今后评定育成母牛生长发育状况的依据，并做好记录存入档案。一旦发现牛体型有异常，应及时查找原因，然后做好饲养管理的改善，保证育成牛健康成长。

2. 分群　牛是群居动物，但不同个体之间又存在竞争性，因此每个年龄阶段的牛均会出现采食营养的不平衡，个体牛的生长发育往往会受到一定限制，所以个体之间会出现差异，为了尽可能减少这种差异，通常根据牛的体高、年龄进行分群饲养管理。育成牛最好在6～7月龄时进行分群，为保证采食，建议分群后每栏牛只数量低于颈枷数的80%。每月对牛群进行一次调整，将体型大小一致的牛只分到一个群体，瘦弱牛只单独饲养。

3. 配种　育成牛达到12月龄且体高达到130厘米以上时开始观察发情，发情牛只结合牧场的牛群改良方案，使用优质冻精进行配种，青年牛前2次配种使用优质性控冻精，可在提升母犊率的同时降低接产干预率。

4. 饲养管理　育成牛的饲养管理水平直接影响母牛繁殖生理和未来的生产，因此育成牛不可饲喂霉变及冰冻饲料。另外，多种寄生虫、传染病通过粪口途径传播，新建牧场可以在牛舍采食通道出口处设置隐形门，其他牧场可以在门口铺设草帘，避免车辆轮胎将粪污带入采食通道从而污染饲草料。隐形门或草帘长度应保证车辆轮胎可以碾压一圈。育成牛舍应至少每天清洗1次水槽，至少每天开展1次清粪工作，每月定时清理、翻松运动场并添加垫料，要求保持垫料干燥、松软。

5. 日粮过渡　犊牛生长需要蛋白和能量，干草和谷物含有糖、淀粉和真蛋白，干草和谷物可以产生更多的丁酸，刺激瘤胃乳头充分发育，同时给机体提供能量。发酵饲料为机体提供的是可溶性蛋白，犊牛无功能性瘤胃，无法充分利用，如果给犊牛过早饲喂全混合日粮，犊牛无法从有限的瘤胃空间获取足够的营养，因此犊牛6月龄以前不建议饲喂全混合日粮。为了减少日粮变化引起的应激，建议牧场在饲喂全混合日粮之前一定要做好过渡，颗粒料和全混合日粮可按照7∶3、5∶5、3∶7的比例逐步过渡，过渡时间不少于1周。为保证营养浓度的稳定性，不建议牧场用泌乳牛剩料饲喂育成牛，牧场可以通过饲料本地化的方式降低后备牛饲养成本。另外，每天定时给料，避免空槽，保证干物质采食量。

6. 舒适度管理　育成牛是牧场的未来，坚持使育成牛进行户外运动，能够确保其食欲、心肺发达，同时还可避免因为缺乏运动导致的体况过肥，因此需要为育成牛提供运动场。运动场要保证育成牛的舒适度，建议牛场每天对运动场进行翻松，先用超过 15 厘米深的大犁进行深翻，然后用翻松机将翻松到表面的泥土打碎，运动场边缘未翻松处宽度应不超过 10 厘米，并定期对运动场进行消毒。

夏季运动场要搭建遮阴网或遮阴棚，遮阴棚安装风扇，冬季严寒地区运动场迎风侧建立挡风墙。

三、健康保健

兽医每天巡栏，重点观察牛只鼻腔分泌物、警觉状态、呼吸、采食、排便、行走、体温等情况，对于出现异常的牛只，及时转入病牛舍进行检查、治疗。

牛场经营分析会议中要重点回顾近期牛场发病数据，分析各类疾病发病率，了解近期牛场各类疾病发病情况，针对发病率高的疾病，组织牛场各部门进行沟通，快速找到解决办法。另外，牛场要定期分析兽药费用、制订管控指标，这样不仅可以有效降低用药成本，还能规范用药。

四、防疫措施

每年的春秋使用乙酰氨基阿维菌素、浇泼剂等驱虫药物对育成牛进行全群驱虫。另外，牛场应每年定期开展布鲁氏菌病、结核病的检疫。一些地区青年牛早产率超过 2%，流产率超过 1% 的牛场可以对育成牛开展免疫，建议在 3～6 月龄使用 A19 疫苗进行 1 次免疫，皮下注射剂量为 600 亿单位；9～11 月龄再减低剂量开展 1 次加强免疫，皮下注射剂量为 60 亿单位。口蹄疫疫苗可随其他牛群在每年的 3、7、11 月开展，其他疫苗根据牛场疫病监测情况自行开展免疫。

第三节　青年牛营养与健康管理

一、定义及目标

青年牛指13月龄以上到产犊前阶段的母牛。青年牛首次产犊月龄为 22～24 月龄，产前体重要大于 550 千克，临产体况评分在3～3.75。

二、营养与管理

（一）青年牛的营养标准

推荐青年牛的营养标准如表 5-10 所示。

表 5-10　青年牛的营养标准

营养需求	
月龄	13～22 月龄
粗蛋白（％）	14～15
干物质采食量（千克）	11.5～13
泌乳净能（兆焦/千克）	5.30～5.64

（续）

营养需求	
日粮瘤胃降解蛋白质含量（%）	65～70
日粮瘤胃非降解蛋白质含量（%）	35～40
最低中性洗涤纤维（%）	30～35
最低酸性洗涤纤维（%）	25～31
最低非纤维性碳水化合物（%）	20～25
钙（克）	0.7～0.8
磷（克）	0.35～0.4

（二）管理

1. 不同饲养阶段

（1）转群　月龄较小的青年牛，牛场可结合繁育管理，根据配种及怀孕情况进行分群管理，将怀孕或配种天数相近的牛只分到一个群体。围产期在圈天数对产后疾病发病率影响非常大，对于产前的青年牛，应将其与成母牛分开，减少竞争，因此牛场要单独建立青年围产牛舍，并提前28天将待产青年牛转入青年围产牛舍单独饲养。通常青年牛产犊会提前，因此牛场要统计本场青年牛平均妊娠天数，保证青年牛在围产舍至少在圈28天。

（2）饲养　青年牛初次怀孕，容易出现早期流产，因此要为青年牛建立一个舒适、干燥、卫生的生活环境，每天清理、翻松运动场和卧床，定期进行消毒，日常管理过程中要保证营养均衡，饲料配方调整需要过渡，禁止饲喂发霉变质饲料，保证牛只自由采食和饮水，禁止暴力赶牛，冬季做好除冰防滑工作，避免因为管理不当导致的应激性流产。

（3）控制胎儿体重　在牛妊娠后期要适当增加营养，确保微量元素和维生素的供给，但是也要避免营养过剩导致胎儿过大，胎儿过大会增加难产和助产概率，并间接增加产后疾病发病率，因此一定要控制好胎儿体重，确保奶牛顺利产犊，使头胎牛胎儿平均体重

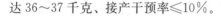

达 36～37 千克、接产干预率≤10％。

2. 健康保健

（1）舒适度管理　育成牛阶段饲养环境差，后期发生蹄病和乳房炎的概率就会增加，因此运动场要保持干燥和松软，建议牛场每天对运动场进行翻松，先用超过 15 厘米深的大犁进行深翻，然后用翻松机将翻松到表面的泥土打碎，运动场边缘未翻松处宽度不超过 10 厘米，并定期对运动场进行消毒。

（2）蹄浴　青年牛生长速度快、蹄质柔软、容易磨损，长期在潮湿环境饲养易发生蹄疣、腐蹄病等，影响青年牛的生长性能，青年牛舍每天要至少清理 1 次粪污，保证环境干燥，同时在环境管理的基础上可定期使用 5％福尔马林或 5％硫酸铜对青年牛进行蹄浴。

（3）巡栏　兽医每天巡栏，重点观察牛只的鼻腔分泌物、警觉状态、呼吸、采食、排便、行走、体温情况，对于出现异常的牛只，及时转入病牛舍进行检查。

三、防疫措施

青年牛同样需要开展驱虫，但为了减少应激，产前 1 个月的奶牛禁止开展驱虫。其他免疫、检疫程序可根据牛场疫病防控计划自行开展。

第四节　成乳牛各阶段营养与健康管理

成乳牛是指第一次产犊开始泌乳的奶牛。根据泌乳量的变化把整个泌乳期划分为泌乳初期（第 0～21 天）、泌乳盛期（第 22～100 天）、泌乳中期（第 101～200 天）和泌乳后期（第 201 天至干奶）四个阶段。泌乳期饲养管理的好坏直接影响到奶牛泌乳性能和繁殖性能的好坏，从而对经济效益产生影响。因此，必须加强奶牛泌乳期的饲养管理。

一、成乳牛不同泌乳阶段的生理规律

泌乳阶段奶牛的生理规律可以用泌乳量、干物质采食量和体重变化 3 条曲线来描述，如图 5-1（王加启，2006）所示。

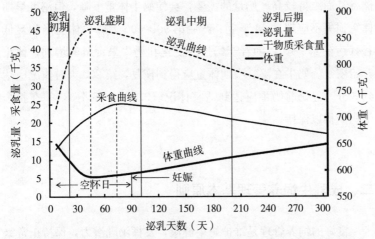

图 5-1　奶牛一个泌乳周期内泌乳量、干物质采食量和体重变化曲线

（一）泌乳量变化规律

奶牛分娩后泌乳量快速上升，一般第 40～60 天达到泌乳高峰，然后开始缓慢下降，到第 305 天左右停止挤乳（图 5-1）。峰值泌乳量决定整个泌乳期产量，峰值泌乳量增加 1 千克，则全期泌乳量增

加 200～300 千克。群体中头胎牛的高峰奶应相当于经产牛的 75%。

（二）干物质采食量变化规律

奶牛分娩后，每日干物质采食量一开始随着泌乳量的快速增加而快速增加，至泌乳峰值后仍然继续增加，但增加的速度明显下降，到分娩后第 70～90 天达到干物质采食量峰值（图 5-1），之后随着产奶量的下降缓慢下降，直至干奶期。

（三）体重变化规律

奶牛产犊前体况处于 3.5～3.75 分，由于泌乳早期机体动用体储备从而维持较高产奶量的需要，会使奶牛体重下降，但泌乳早期体重损失不应超过 50 千克。产后第 90～100 天奶牛体况降到最低谷（约在 2.5 分），随着产奶量的变化和奶牛采食量的增加，体重开始恢复。奶牛在泌乳中期体重应得到恢复，第 200 天时体况应达到 3 分。停奶前奶牛应达到适宜体况（3.5～3.75 分），并在整个干奶期得以保持。

二、成乳牛饲养管理基本原则

良好的饲养管理是维护奶牛健康，发挥泌乳潜力，保持正常繁殖机能的基础。虽然在泌乳期的不同阶段有不同的饲养管理重点，但有许多基本的饲养管理原则在整个泌乳期都应该遵守执行。

（一）成乳牛饲养基本原则

使用合理的饲养技术可以为奶牛提供营养均衡的养分，维持良好的体况，提高产奶量，改善饲料报酬，降低饲养成本，增加经济效益。

1. 合理确定日粮　保持饲料合理的配比，保证日粮中各种养分的比例均衡，能满足不同泌乳阶段奶牛的营养需要（表 5-11）。保持饲料的新鲜和洁净，饲料发霉、变质会严重损害奶牛的健康，轻者会导致泌乳量下降，严重的会导致死胎、流产。

表 5-11　成乳牛各阶段营养浓度需要

日粮营养水平	泌乳早期 （第 0~100 天）	泌乳中期 （第 101~200 天）	泌乳后期 （第 200 天至干奶）
日平均产奶（千克）	45	35	25
干物质采食量（千克）	24~26	22~24	18~22
泌乳净能(兆焦/千克，干物质)	7.11~7.32	6.69~7.32	6.27~6.90
粗脂肪（%，干物质）	5~6	4~6	3~4
粗蛋白（%，干物质）	17~18	15~17	13~15
过瘤胃蛋白（%，粗蛋白）	35~40	35~40	35~40
中性洗涤纤维（%，干物质）	30~34	30~34	34~38
酸性洗涤纤维（%，干物质）	18~22	18~22	22~26
粗饲料（%，干物质）	35~40	35~40	45~50
钙（%，干物质）	0.8~1.2	0.8~1.2	0.6~1.0
磷（%，干物质）	0.4~0.6	0.4~0.6	0.3~0.5
铜（毫克/千克，干物质）	15~30	15~30	10~20
锰（毫克/千克，干物质）	40~80	40~80	40~60
锌（毫克/千克，干物质）	60~100	60~100	40~80
碘（毫克/千克，干物质）	0.8~1.4	0.8~1.4	0.6~1.2
硒（毫克/千克，干物质）	0.2~0.3	0.2~0.3	0.2~0.3

（续）

口粮营养水平	泌乳早期（第 0～100 天）	泌乳中期（第 101～200 天）	泌乳后期（第 200 天至干奶）
钴（毫克/千克，干物质）	0.20～0.5	0.20～0.5	0.20～0.3
维生素 A（×10³ 单位/天）	100～200	100～200	100～200
维生素 D（×10³ 单位/天）	20～30	20～30	20～30
维生素 E（单位/天）	600～800	400～600	400～600

资料来源：规模化奶牛场生产技术规范（DB31/T 356—2019）。

2. 定时定量饲喂　定时饲喂会使奶牛消化腺体的分泌形成固定规律，这对于保持消化道内环境的稳定性、维持良好的消化机能、提高饲料的利用率非常重要。同时，饲料的供给需根据奶牛不同泌乳阶段的营养需要定量饲喂。饲料供给不足，会导致奶牛泌乳量大幅度下降，体况变差，甚至患各种疾病；反之，如果饲料供给过量，则会造成饲料浪费，奶牛体况过肥，影响以后的泌乳和繁殖机能。

3. 保证全混合日粮混合均匀度　配好的全混合日粮成品应具有均一性。精饲料和粗饲料混合均匀，精饲料要附着在粗饲料上，松散不分离，无异味，不结块。全混合日粮干物质含量以 45%～55% 为宜，不宜超过 60%。宜用全混合日粮分级筛进行全混合日粮颗粒度测定，泌乳牛全混合日粮颗粒度要求见表 5-12。

表 5-12　泌乳牛 TMR 颗粒度要求

项目	粒径（毫米）	泌乳牛颗粒度（%）
上层	≥19.0	6～15
中层	8.0～18.9	25～45
下层	1.18～7.9	30～45
底层	<1.18	<25

资料来源：奶牛全混合日粮生产技术规程（NY/T 3049—2016）。

4. 保证水的卫生　水对于奶牛健康和泌乳性能的重要性比饲料更为重要。奶牛每天需水量为 60～100 升，是干物质采食量的 5～7 倍。同时，奶牛的饮用水应保持清洁卫生，良好的水质和饮水条件能使泌乳量提高 5%～20%。

（二）成乳牛管理基本原则

良好的管理可以保证饲料被奶牛高效利用，发挥奶牛的泌乳潜力，维持奶牛的健康。因此，必须加强奶牛泌乳期的管理工作。

1. 保持良好的卫生　良好的卫生对于奶牛场养殖环境有重要的影响。在养殖过程中，要保证运动场、牛舍环境及牛体的卫生。

（1）运动场　应定期消毒，定期灭蚊蝇、灭鼠，消除杂草、水沟等蚊蝇滋生地。运动场地面平坦且无石块和锋利异物等易于创伤牛蹄和牛身体的物质。运动场地面干燥时开放，潮湿或下雨时关闭。

（2）牛舍环境　牛舍内的粪污应及时清除，保持牛舍清洁、干燥，牛床垫料舒适、干燥清洁且无伤害牛体的异物等，定期对牛舍设施及用具进行消毒。

（3）牛体　保持牛体卫生，特别是要保持牛的尾部清洁。

2. 加强运动　适宜的运动对于促进血液循环、增进食欲、增强体质、防止腐蹄病和体况过肥、提高产奶性能等都具有良好的作用。同时，户外运动还有利于促进维生素 D 的合成，提高钙的利用率，也便于观察发情和发现疾病。对于拴系饲养的奶牛，每天要进行 2～3 小时的户外运动。对于散养的奶牛，每天在运动场自由活动的时间不应少于 8 小时。在保证奶牛运动的同时应避免剧烈运动，特别是对于妊娠后期的牛。

3. 肢蹄护理

（1）定时修蹄　修蹄应由专业人员使用专用工具进行。修蹄时，要避免引起奶牛损伤。对于妊娠 6 个月以上的牛，不能进行修

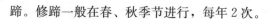

蹄。修蹄一般在春、秋季节进行，每年2次。

（2）定期蹄浴　用5％福尔马林液或4％硫酸铜液对牛实施蹄浴。蹄浴时，将福尔马林溶液加热到15℃以上，溶液深10厘米以上，让牛自动进入；然后使牛在干燥的地方站立0.5小时。如果浴液太脏，应及时更换。每次蹄浴需要连续进行2～3天，间隔1个月再进行一次效果更好。

4. 乳房护理　保持乳房的清洁，减少乳房炎的发生；按摩乳房，以促进乳腺细胞的发育。泌乳初期使用乳罩吊起乳房，可以有效避免损伤；患有乳房炎的奶牛使用外置热水袋，可以减轻肿痛，缓解炎症；高产奶牛使用乳罩，可以减轻乳房负担；严寒季节使用棉乳罩，可以避免乳头冻伤，增加乳腺活力；炎热的夏天使用纱布乳罩外涂驱蚊蝇药，可以避免蚊虫叮咬，减少乳房炎发病率，提高产奶量；定期进行隐性乳房炎检测，一旦检出，应及时对症治疗。

5. 做好观察和记录　饲养员每天要认真观察每头牛的精神、采食、粪便和发情状况，以便及时发现异常情况。对可能患病的牛，要及时请兽医诊治；对于发情的牛，要及时请配种人员进行适时输精；对体弱、妊娠的牛，要给予特殊照顾，注意观察可能出现流产、早产等征兆，以便及时采取保胎等措施。同时，要做好每天的采食和泌乳记录，发现采食或泌乳异常，要及时找出原因，并采取相关措施纠正。

6. 使用正确的挤奶技术　挤奶前洗净乳房，应用包括但不限于含碘或次氯酸钠的药浴液对乳头进行药浴，药浴时间应持续30秒以上。并用干净毛巾或纸巾等擦干，套杯前弃去前3把奶并集中处理。挤奶后用包含但不限于含碘和护肤剂等的药浴液药浴，药浴覆盖整个乳头2/3以上。

发现头3把奶异常或有乳腺红肿等疑似乳房炎症状的奶牛不应套杯挤奶，应将其赶出挤奶厅后，手工挤尽乳区牛奶，并及时隔离、治疗；发现病牛后，挤奶人员应立即停止挤奶，进行双手消毒后，再继续对其他牛挤奶。

加强挤奶设备日常维护，每天检查奶杯、脉动管、奶管、真空压，依据设备要求及时更换奶衬等部件；挤奶完成后，奶杯按照既定位置放好，挤奶管道系统进行原位清洗。

三、泌乳初期的营养与管理

泌乳初期一般是指从产犊到产犊后 21 天以内的一段时间。对于重胎牛，其泌乳初期通常划入围产期，称为围产后期，泌乳初期母牛一般仍应在产房内进行饲养。分娩后，母牛体质较弱，消化机能较差。因此，此阶段饲养管理的重点是促进母牛体质尽快恢复，为泌乳盛期的到来打下良好的基础。

（一）泌乳初期的营养

此阶段应做好产前、产后日粮的转换，使牛只尽快提高采食量，适应泌乳牛日粮，尽快彻底排出恶露，恢复繁殖机能。

分娩后，要立即喂给温热、充足的麸皮水（麸皮 1 000 克、盐 100 克、水 10 千克），可以起到暖腹、充饥及增加腹压的作用，有利于产后奶牛的体况恢复和胎衣排出，但对于乳房水肿严重的奶牛，应适当控制饮水量。

分娩后，日粮应立即改喂阳离子型的高钙日粮（钙占日粮干物质的 0.7%～1%）。从第 2 天开始逐步增加精料，每天增加 1～1.5 千克精料，至产后第 7～8 天达到泌乳牛的给料标准，但喂量以不超过体重的 1.5% 为宜。

（二）泌乳初期的管理

泌乳初期的管理水平直接关系到奶牛以后各阶段的泌乳量和奶

186

牛的健康。因此，必须高度重视泌乳初期的管理。

1. 分娩　根据预产期做好产房、产间、助产器械工具的清洗消毒等准备工作。母牛产前 1～6 小时进入产间，消毒后躯。通常情况下，让其自然分娩，如需助产时，要严格消毒手臂和器械。母牛产后立即喂麸皮盐水，清理产间，喷洒药物消毒，更换褥草，做好产科检查。

2. 挤奶　母牛产后 30 分钟到 1 小时内挤 1～2 次奶，挤奶 2～4 千克。挤奶前，先用温水清洗牛体两侧、后躯、尾部，并把污染的垫草清除干净；然后，对乳房进行热敷和按摩；最后，用 0.1％～0.2％的高锰酸钾溶液对乳房进行药浴。挤奶时，每个乳区挤出的头 3 把奶须废弃。

3. 乳房护理　分娩后，乳房水肿严重的，在每次挤奶时都应加强热敷和按摩，并适当增加挤奶次数，每天最好挤奶 4 次以上，这样能促进乳房水肿更快消失。如果乳房消肿较慢，可用 40％的硫酸镁温水洗涤并按摩乳房，可以加快水肿的消失。

4. 胎衣检测　产后 24 小时内观察胎衣排出情况，胎衣排出后，应将外阴部清理干净，用 1％～2％新洁尔灭彻底消毒，以防生殖道感染；如果胎衣脱落不全或胎衣不下，及时进行处理。

5. 消毒　产后 4～5 天内，每天坚持消毒后躯一次，重点是臀部、尾根和外阴部，要将恶露彻底洗净。同时，加强监护，注意观察恶露排出情况。如有恶露闭塞现象，即产后几天内仅见稠密透明分泌物而不见暗红色液态恶露，应及时处理，以防发生产后败血症或子宫炎等生殖道感染疾病。

6. 日常观测　奶牛分娩后，要注意观察阴门、乳房、乳头等部位是否有损伤，以及有无产后瘫痪等疾病发生的征兆。每天测 1～2 次体温，若有升高要及时查明原因，并请兽医对症处理。同时，要详细记录奶牛在分娩过程中是否出现难产、助产、胎衣排出情况、恶露排出情况以及分娩时奶牛的体况等资料，以备以后根据上述情况进行有针对性的处理。

7. 其他　夏季注意产房的通风与降温，冬季注意保温和换气。一般奶牛经过泌乳初期后身体即能康复，食欲日趋旺盛、消化恢复正常、乳房水肿消退、恶露排尽，经健康检查，正常牛可出产房，并做好交接手续，异常牛单独处理。

四、泌乳盛期的营养与管理

泌乳盛期指母牛分娩后第 22～100 天。泌乳盛期是奶牛平均日泌乳量最高的一个阶段，峰值泌乳量的高低直接影响整个泌乳期的泌乳量。一般峰值泌乳量每增加 1 千克，全期泌乳量能增加 200～300 千克。因此，必须加强奶牛泌乳盛期的管理，精心饲养。

（一）泌乳盛期的营养

泌乳盛期奶牛营养需要见表 5-11。泌乳盛期奶牛泌乳处于高峰期，而采食量尚未达到高峰期。采食峰值滞后于泌乳峰值约一个半月，使奶牛摄入的养分不能满足泌乳的需要，不得不动用体储备来支撑泌乳。因此，泌乳盛期开始阶段奶牛体重仍有下降。最早动用的体储备是体脂肪，在整个泌乳盛期和泌乳中期，奶牛动用的体脂肪约可合成 1 000 千克乳。如果体脂肪动用过多，在葡萄糖不足和糖代谢障碍的情况下，脂肪会氧化不全，导致奶牛暴发酮病，对牛体损害极大。此时期奶牛饲喂要点包括以下两点。

1. 提供优质粗饲料　粗饲料必须保证优质、适口性好。干草料以优质牧草为主，如优质苜蓿、羊草；青贮饲料最好是全株玉米青贮，同时，饲喂一定量的啤酒糟、白酒糟或其他青绿多汁饲料，以保持奶牛良好的食欲，增加干物质采食量。

2. 提供优质精料补充料　精饲料要求高能高蛋白，根据产奶量和奶牛体况增加精饲料饲喂量，但最高不宜超过 15 千克，精料占日粮总干物质的最大比例不宜超过 60％。对减重严重的牛，在其日粮中适当添加脂肪和补充过瘤胃蛋白，并满足维生素和矿物质的饲喂标准，保证瘤胃内环境平衡。

（二）泌乳盛期的管理

由于泌乳盛期的管理关系到整个泌乳期的产奶量和奶牛健康。因此，泌乳盛期的管理至关重要。泌乳盛期管理的目的是要保证泌乳量不仅升得快，而且泌乳高峰期要长而稳定，以求最大限度地发挥奶牛泌乳潜力，获得最大泌乳量。

1. 加强乳房的护理　泌乳盛期是乳房炎的高发期，可适当增加挤乳次数，加强乳房热敷和按摩。每次挤乳后对乳头进行药浴，可有效减少乳房受感染的机会。

2. 适当延长饲喂时间　泌乳盛期奶牛每天的日粮采食量很大，宜适当延长饲喂时间。每天食槽空置的时间应控制在 3 小时以内。饲料要少喂勤添，保持饲料的新鲜。每天的剩料量应控制在 5％左右。

3. 保证充足、清洁的饮水　要加强对饮水的管理。在饲养过程中，应始终保证充足、清洁的饮水。冬季有条件的要饮温水，水温在 16℃以上；夏季最好饮凉水，以利于防暑降温，保持奶牛食欲。

4. 适时配种　要密切注意奶牛产后的发情情况。奶牛出现发情后，要及时配种。配种时间以产后第 70～80 天较佳。

5. 加强对奶牛的观察，并做好记录　从奶牛体况、采食量、泌乳量和繁殖性能等方面进行观察，并做好记录。奶牛产犊前，适宜的体况得分为 3.5～3.75 分。在泌乳盛期，由于动用体储备维持较高的泌量，体况下降，但体况最差应在 2.5 分以上，否则会使奶牛极度虚弱、极易患病。如果奶牛体况过差，应考虑增加精料喂量或延长饲喂时间、增加饲喂频率。

五、泌乳中期的营养与管理

泌乳中期是指奶牛分娩后第 101～200 天。该期是奶牛泌乳量逐渐下降、体况逐渐恢复的重要时期。泌乳中期奶牛多处于妊娠的早期和中期，每天产乳量仍然很高，是获得全期稳定高产的重要时期，泌乳量约为全期泌乳量的 30%～35%。本期饲养管理的目标是最大限度地增加奶牛采食量，促进奶牛体况恢复，延缓泌乳量的下降。

（一）泌乳中期的营养

泌乳中期奶牛营养需要见表 5-11。根据奶牛状况和泌乳量调整日粮营养浓度，在满足蛋白和能量需要的前提下，适当减少精料喂量，逐渐增加优质青、粗饲料喂量，力求使泌乳量下降幅度减到最低程度；按照每产 3 千克奶喂给 1 千克精料的方法确定精料喂量，对于体瘦或过肥的牛，应根据体况适当调整日粮营养浓度和精料喂量；泌乳中期日粮精料比例应控制在 45%～50%。

（二）泌乳中期的管理

泌乳中期奶牛的管理相对容易，主要是尽量减缓泌乳量的下降速度，将奶牛的体况控制在适当的范围内。

1. 关注泌乳量的下降　泌乳中期奶牛泌乳量开始逐渐下降，但每月乳量的下降率应保持在 5%～8%。如果每月泌乳量下降超过 10% 则应及时查找原因，对症采取措施。

2. 控制奶牛体况　每周或隔周根据泌乳量和体重变化调整精饲料喂量。在泌乳中期结束时，使奶牛体况达到 2.75～3.25 分。

3. 加强日常管理　应坚持刷刮牛体、按摩乳房、加强运动、保证充足饮水等管理措施，以保证奶牛的高产、稳产。

六、泌乳后期的营养与管理

泌乳后期指分娩后第 201 天至停乳。此期是奶牛产乳量急剧下降、体况继续恢复的时期，泌乳量头胎牛每月降低约 6％、经产牛每月降低约 9％～12％。泌乳后期的奶牛一般处于妊娠期。此期饲养管理的关键是减缓泌乳量下降的速度。同时，使奶牛在泌乳期结束时恢复到一定的膘情，并保证胎儿的健康发育。

（一）泌乳后期的营养

泌乳后期奶牛营养需要见表 5-11。泌乳后期奶牛的饲养除了考虑泌乳需要外，还要考虑妊娠的需要。对于头胎牛，还必须考虑生长的营养需要，应保持奶牛具有 0.5～0.75 千克的日增重，以便到泌乳期结束时奶牛可达到 3.5～3.75 分的理想体况。日粮应以青粗饲料特别是干草为主，适当搭配精料。同时，降低精料中过瘤胃蛋白质或氨基酸的添加量，停止添加过瘤胃脂肪，限制小苏打等添加剂的饲喂，以节约饲料成本。

（二）泌乳后期的管理

泌乳后期奶牛的管理可参照妊娠期青年牛的管理，同时，应考虑其泌乳特性。

1. 单独配置日粮　单独配制泌乳后期奶牛日粮，确保奶牛达到理想的体脂储存；增加粗料比例，确保奶牛瘤胃健康。

2. 合理分群　根据体况分别饲喂，预防奶牛过肥或过瘦。泌乳后期结束时，奶牛体况评分应达到 3.5～3.75 分，并在整个干乳期得以保持，这样可以确保奶牛的营养储备满足下一个泌乳期泌乳的需要。

3. 做好保胎工作　按照青年牛妊娠后期饲养管理的措施做好保胎工作，防止流产。

4. 直肠妊娠检查　干乳前应进行一次直肠检查，以确定妊娠情况。对于双胎牛，应合理提高饲养水平，并确定干乳期的饲养方案。

第五节　围产期牛营养与健康管理

一、定义

指奶牛临产前 21 天至产后 21 天这段时期。

二、营养及饲养管理

（一）营养

围产期各阶段牛群营养标准见表 5-13。

表 5-13　围产牛的营养标准

泌乳阶段	围产前期	围产后期
产奶量（千克）	—	30～45

（续）

泌乳阶段	围产前期	围产后期
干物质采食量（千克）	10.1～13.7	16～20
产奶净能（兆焦/千克）	5.73～6.48	7.23～7.61
粗蛋白（%）	13.0～15	16～18
钙（%）	0.50～0.70	0.6～0.67
磷（%）	0.35～0.45	0.32～0.38
中性洗涤纤维（%）	40～43	25～33
酸性洗涤纤维（%）	20～22	17～21

（二）饲养管理

1. 围产前期

（1）转群　每周进行围产牛转群，同时结合产犊淡、旺季及牛舍密度情况灵活调整每周转群次数，降低奶牛应激。

（2）密度　牛舍密度应小于85%。

（3）牛舍管理　夏季要在采食道添加喷淋设施、卧床区域添加风扇等控制热应激。冬季要做好牛舍通风，做到防寒保暖。牛舍内水槽必须保持干净、清洁，保证充足的饮水。

（4）转出　出现临产症状牛只及时转入产房，避免在围产牛舍产犊，发现异常牛只及时通知保健部。不可强行进行驱赶，严禁打牛只。

（5）舒适度管理　卧床垫料厚度不小于15厘米，同时垫料必须与牛床外沿高度保持水平。定期清理疏松运动场，保证运动场干净、干燥、松软，雨雪天严禁将牛放在运动场。

（6）牛只检查　转群前必须对每头挑出的围产牛只进行检胎，对于怀孕情况不确定的牛只必须由育种部会诊确定。对超预产期（5天以内）的奶牛，接产员通知繁育部门做直肠检查确认是否有胎并了解胎龄。

2. 围产后期

（1）分类

① 产后 1 小时内对二胎及二胎以上新产牛进行投钙，对出现早产、胎衣不下、难产、死胎、双胎、产道拉伤等高危牛需要注射保健针，并对高危牛灌水和营养药物。

② 对于未过抗的新产牛进行单独隔离，待过弃奶期后，采集奶样进行抗生素检测，检测合格且健康的牛只转入 0～20 天的新产舍进行产后护理及监控。

③ 新产牛出现其他疾病的，直接转入病牛舍进行治疗。

（2）牛舍密度　新产牛密度不能超过 85％，并确保新产舍颈枷完好率为 100％，在产犊高峰期或牛舍紧张情况下可适当缩短护理天数。

（3）牛的监控　对回舍后未上颈枷采食的牛进行记录，驱赶其上枷，并重点关注。

①检查　对新产牛连续 7 天进行产后监控（体温在正常范围时在右侧臀部用蓝色标识，体温超出正常范围时用红色标识）。

②检查项　精神状态、采食状态、乳房充盈度、粪便状态、胎衣情况。先对牛进行精神、采食查看，对异常牛进行标记，然后在牛后对观察有问题牛进行全身检查（体温、呼吸、心律、瘤胃蠕动、乳房）。

（4）异常牛的检查

① 体温（直肠温度）检查　奶牛体温发热程度根据体温升高程度不同可分为微热、中热、高热、过高热。

② 心律检查　检查位置为肩端线下 1/2 部的第 3～5 肋骨，检查时心律以第 4 肋骨间最明显，正常成母牛心率为 60～80 次/分钟。

③ 呼吸检查　测定呼吸数一般通过观察奶牛胸腹壁的起伏动作和鼻翼的开张动作计算，在冬季可通过观察奶牛鼻孔呼出的气流

计算，正常呼吸次数为 10～30 次。

④ 瘤胃检查

A. 视诊　牛瘤胃容积为全胃总容积的 80%，占据左侧腹腔的绝大部分，可通过站在奶牛正前方或正后方视诊左肷窝或腹肋部来判断瘤胃的充满状态。

B. 触诊　用右手握拳或以手掌触压左肷部，感知其内容物性状、蠕动强弱及频率。

C. 叩诊　健康牛瘤胃上部为鼓音，向下则由鼓音逐渐变为半浊音，下部完全浊音。

D. 听诊　健康牛瘤胃蠕动音呈逐渐增强又逐渐减弱的"沙沙声"或粗大的"吹风声"，蠕动次数为 1～3 次/分钟。

（三）常见疾病的营养调控模式

1. 酮病

（1）定义与病因　本病为奶牛产犊后几天或几周内发生的一种代谢病。奶牛体内糖代谢呈现负平衡，导致血糖下降、血酮升高引起的疾病。主要原因是饲料中蛋白质和脂肪含量过多，而碳水化合物含量不足；或者是饲料中这三种营养物质含量都不能满足牛体需要，引起奶牛体内原发性糖代谢出现负平衡。

（2）症状　体温正常或略低，厌食，异食，反刍减少，前胃迟缓；后期常出现腹泻，快速消瘦，粪便表面有黏液，乳汁易产生气泡，尿黄色，易形成气泡，尿、乳和呼出的气体有丙酮气味；部分病牛呈现兴奋、吼叫、狂暴等神经病症；血糖下降，血酮升高，尿酮定性检查呈现阳性反应。

（3）预防　围产日粮饲料中增加粗纤维碳水化合物、减少高蛋白饲料。建立奶牛产后疾病监控体系，预防奶牛酮病的发生。

2. 产后瘫痪

（1）定义　产后瘫痪又称乳热症，主要发生在产后数天内的一种急性低血钙疾病。

（2）症状　体温下降，四肢瘫痪，知觉减退；无食欲，昏迷，常继发为臌气，瞳孔扩张，心跳加快，血钙低；多发生在 2～5 胎次的高产牛，通常在产后 3 天内发生。

（3）预防　产后初乳不应一次性挤干净，够犊牛使用即可。经产牛产后立即补充钙质。

3. 胎衣不下

（1）定义与病因　母牛分娩后 24 小时仍不排出胎衣，即为胎衣不下。主要病因是产后子宫阵缩无力或子宫弛缓，常因干奶期营养不良、奶牛过肥或过瘦、运动量不足、胎儿出生重过大、双胎、难产等使子宫扩张，产后子宫阵缩微弱，导致胎衣不下。

（2）症状　胎衣全部不下，全部胎膜滞留于子宫内，或胎膜及子叶与子宫腺窝紧密连接，一部分胎衣呈带状悬垂于阴门外；胎衣部分不下，部分或个别胎盘留在母体胎盘上，或是胎衣在排出过程中断离，一部分残留在子宫内，腐败后随恶露一同排出，多数病例并发子宫炎。

（3）预防　饲养环节中注意保证日粮的多样性，保证营养成分齐全。妊娠奶牛在饲养管理中，监控饲料采食量、围产牛膘情。保证妊娠奶牛每天有充足的运动时间。接助产人员要按规范要求来进行操作，适时接产，严格消毒。奶牛产后按要求坚持进行产后监控。

（四）管理

兽医应对所有围产牛只进行检查，对有问题的牛只及时进行处理。对早产或死胎的母牛必须做好产后护理。接产员每小时至少巡舍 2 次，发现异常牛只及时通知保健部。

对产后 7～15 天的牛只进行酮病检测，每周三抽检 10 头，使用尿酮或血酮检测，酮病标记为 KET，并对其进行治疗。

196 Nainiu Yangzhi Jiankang

第六节　干奶牛营养与健康管理

一、定义及目标

干奶牛指奶牛在分娩前 55～65 天停止产奶的一个过程，此阶段对于保证胎儿正常的生长发育、更新萎缩的乳腺组织、贮存营养恢复体质、恢复瘤胃机能及治愈亚临床型乳房炎具有重要意义。

（一）胚胎发育的需要

处于妊娠后期的母牛，其体内胎儿增重加大，需要较多营养供胎儿发育，奶牛在产前有一段休息时间，以保证胎儿正常的生长发育

（二）乳腺组织休整与更新的需要

泌乳期乳腺组织处于非常活跃的功能状态，一个泌乳期按牛奶干物质含量为 12.5％ 计算，单胎次产奶量为 10 吨的奶牛每年需产出 1 250 千克净营养干物质，乳腺组织高负荷工作需要通过干奶使萎缩的乳腺组织得到修复更新。没有经历干奶期的奶牛在下一个泌乳期的产奶量会下降 25％～40％，这充分证明持续挤奶而不干奶可减少产奶量。

（三）妊娠母牛增重的需要

妊娠母牛在妊娠后期的基础代谢比同体重的空怀母牛高，妊娠后期母牛代谢水平提高，适当营养对母体蓄积体力，包括蓄积矿物质元素均有好处。个别牛只如在泌乳期营养为负平衡，体重消耗过多，则所损体重可以在干奶期进行补偿，但要避免将干奶期母牛喂得过肥。同时还可以在干奶期贮存营养，有助于奶牛体质的恢复，从而减少一些产后代谢病的发生，为下一个泌乳期的稳产、高产奠定坚实的基础。

（四）利于治疗乳房炎

由于干奶期奶牛停止泌乳，这段时间我们可以有机会使用抗生素治愈一些持续性的亚临床感染乳房炎。奶牛感染金黄色葡萄球菌、链球菌等革兰阳性菌后可能不表现出明显临床症状，而是导致乳区慢性感染、体细胞升高，对于此类病症，干奶时期是非常好的治愈机会。

二、营养

（一）干奶牛饲养的推荐营养标准

干奶牛的营养标准见表 5-14。

表 5-14　干奶牛的营养标准

干奶牛	标准值
干物质采食量（千克）	11.5～13.0
泌乳净能（兆焦/千克）	5.10～5.73
粗蛋白（%）	12.0～13.0

（续）

干奶牛	标准值
钙（%）	0.50～0.70
磷（%）	0.35～0.45
中性洗涤纤维（%）	40～43
酸性洗涤纤维（%）	20～22

（二）营养不平衡导致的常见问题及其解决方式

干奶早期饲喂高能量日粮及饲槽管理差，导致奶牛体况过肥，会导致奶牛产后营养代谢性疾病发病率增加，胎儿体重增大，难产比例升高，造成分娩母牛过度疼痛和发生产后疾病。

通过饲喂低能量日粮、添加适口性好的粗饲料，将奶牛体况控制在3.00～3.50分。头胎牛胎儿体重控制在36～38千克，经产牛胎儿体重控制在38～40千克，减少难产比例。良好的饲槽管理，控制TMR颗粒度及水分控制，以保证干物质采食量，避免牛只挑食。

三、管理

（一）饲养管理

1. 饲养原则　使用低能配方，避免出现牛群体况普遍偏肥现象。干奶牛全混合日粮应控制颗粒度及水分，以保证奶牛干物质采食量。

2. 分群管理　将干奶至产前21天的牛分成一个群，集中饲养，制定和使用干奶牛配方，保证干奶牛有足够的运动空间。

3. **体况评分**   每月对干奶牛群进行体况评分，按养殖规模对60％～100％的牛只评分，标准值为 3.00～3.50 分，均值为 3.25分。控制牛群体况，减少产后疾病，减少抗生素使用。

4. **舒适度管理**   干奶牛使用运动场和卧床。

对于运动场，有条件的可以以干牛粪、沼渣、稻壳混合物为垫料，可保证冬季不结冰，渗水性好。运动场距离围栏 15 厘米以内，每日至少翻松 1 次，翻松深度在 15 厘米以上。通过犁进行深翻，再通过旋耕机翻松平整。冬季每天犁一次、旋一次，保证垫料的正常使用；夏季每三天犁一次，每天旋一次。牛舍设置导雨槽，及时将雨水导入排水沟，避免牛舍运动场内积水，影响奶牛的舒适度和肢蹄健康。

卧床要加宽，建议宽度达到 1.5 米/位，卧床垫料选择含水量在 30％以内的沙子。每天进行巡圈时对卧床垫料情况进行观察，保证垫料厚度不小于 15 厘米，

卧床每天至少翻松 2 次，翻耕深度在 15 厘米以上。

雨天禁止将牛只放入运动场。降雨停止、待设备能进入运动场后，每天至少 3 次翻松维护，确保垫料迅速干燥，保证及时使用。

（二）干奶操作

将怀孕 220 天的奶牛作为干奶目标群。干奶前进行 CMT（加州乳房炎试验）检测，CMT 检测结果为"＋＋"以上牛只，进行乳房炎分级并给予积极治疗，治疗痊愈后选用广谱、长效、高渗透性干奶药干奶。

干奶操作步骤：正常挤奶结束后，手工将残留牛奶挤干净，用酒精棉片对乳头消毒，选用短针头的干奶药进行干奶，药物注入后，沿乳头向上挤压，使干奶药充分进入，之后应用药浴液（原液）进行乳头药浴。

干奶后 3 天内每天下午用乳头药浴液对所有干奶牛进行乳头药

浴，同时，观察干奶牛的食欲及乳房外观变化。对漏奶乳区按照干奶流程进行二次干奶。

（三）肢蹄保健

干奶时进行保健性修蹄。在干奶牛舍放置蹄浴槽，每周用蹄浴液进行一次蹄浴，防止蹄疣、蹄叶炎、腐蹄病等。

（四）防疫措施

干奶时使用乙酰氨基阿维菌素、伊维菌素注射液、浇泼剂等驱虫药物进行预防性驱虫。采集血清开展副结核病检疫，处理阳性牛。在干奶期开展梭菌疫苗、牛病毒性腹泻疫苗等的免疫。

第七节　饲料无抗检测和加工贮存管理

一、饲料无抗检测

无抗饲料是指在配合饲料生产、存储和运输过程中不添加抗生素、不受抗生素污染，符合国家法律法规要求、经国家或国际标准规定的检测方法不应检出任何抗生素的配合饲料。

农业农村部发布第 194 号公告，要求自 2020 年 7 月 1 日起，退出除中药外的所有促生长类药物饲料添加剂品种，以解决饲料中抗生素滥用问题。

以下介绍几种抗生素的检测方法。

1. 微生物法　微生物法是多肽类抗生素残留检测中应用最广

的一种检测方法，是根据抗生素对微生物生理机能和代谢的抑制作用来对样品中的药物残留进行定性或定量分析。微生物法成本低，操作简便，具有一定的灵敏度，在同时分析大批样品时具有一定优势。微生物法的优点是简单直观，通过抑菌圈的大小就可大致判断多肽类抗生素的抑菌能力。缺点是在实际操作过程中对人员操作技能要求较高，菌悬液不易保存，需定期传代，单次试验耗时较长。

2. 酶联免疫吸附试验　酶联免疫吸附试验（ELISA）采用抗原与抗体的特异性反应将待测物与酶连接，然后通过酶与底物产生颜色反应，进行定量检测。可实现大量样品的集中检测。ELISA法具有选择性好、特异性强、检测时间短、测定方便等优点；缺点是影响因素多，易出现假阳性结果。

3. 高效液相色谱法　高效液相色谱法（HPLC）是在经典液相色谱法的基础上发展起来的，利用了气相色谱法理论，将流动相改为高压输送，比经典液相色谱法的柱效高，分离时间也大大缩短。HPLC方法的优点是选择性好、灵敏度高、重复性好、操作简单，而且可与不同灵敏度、选择性和线性范围的检测器连接，灵活度高，应用性强，分离和净化效果好；缺点是受基质影响大，对前处理要求比较严格。

4. 荧光免疫法　荧光免疫检测方法主要是通过在原有抗原和抗体结合的基础上，将荧光物标记到抗体上，抗原与荧光标记的抗体结合，通过荧光检测仪观察抗原抗体复合物的特异性荧光，最后根据荧光强度对样品物质进行定量测定。该种技术主要可以用于对含量较低的生物活性化合物进行测量。

5. 液相色谱-串联质谱法　由于液相色谱-串联质谱法既具备了液相色谱的分离功能，又包含了质谱的准确定性定量功能，提高了检测的选择性和灵敏度，同时避免了假阳性、假阴性结果的出现。液质联用的方法灵敏度高，检出限低，在定性方面表现良好，不仅适合大分子物质的检测，也适合痕量和超痕量物质的检测，而且对测试组分的热稳定性没有特殊要求，能够满足快速、高效的检测需求；缺点是易受到样品基质的干扰，对前处理要求高，而且此类设备一般比较昂贵，检测成本相对较高，目前国内正在逐步普及此法，相应的标准方法也在进一步完善。

6. 毛细管电色谱-激发诱导荧光法　　毛细管电色谱兼具高效液相色谱和毛细管电泳的双重分离机制，对中性物质和带电物质均可分离，尤其是结合灵敏度与选择性极强的激光诱导荧光（LIF）检测技术，检出限极低，对于样品中痕量甚至是超痕量残留药物的分析具有很好的应用前景。

7. 薄层色谱法　　薄层色谱法是基于某种特定的吸附剂对被溶剂溶解的待检测物各个组分的吸附能力的不同，使在溶剂（流动相）与吸附剂（固定相）混合的过程中，连续地进行"吸附、解吸附"过程，从而达到使各个组分相互分离的目的。薄层色谱法的优点是可在短时间内检测大量样品，且溶剂的使用量小，但这种方法操作比较繁琐，不能准确进行定量，检测灵敏度低，仅可作为定性筛选方法。

二、加工贮存管理

（一）饲料原料卫生安全要求

饲料原料的使用应符合《饲料原料目录》及修订列表要求。不得使用变质、霉败、生虫或被污染的饲料原料和餐饮业的废弃物及同源性饲料原料。饲料原料不能及时使用的需放置于专用的饲料原料库房存放。饲料原料来源应可追溯。饲料添加剂的使用应符合《饲料添加剂品种目录（2013）》及修订列表、《饲料添加剂安全使用规范》的要求。牛场应获取饲料供方配合饲料及补充料的组成成分和营养水平信息。若自行配制饲料应符合关于养殖者自行配制饲料的有关规定。不得使用变质、霉变、生虫或被污染的饲料。禁止使用泔水和未经无害化处理的其他畜禽副产品。不宜使用由动物血液制品、肉骨粉为原料制成的饲料。应采取措施防止外来动物污染饲料。饲料入库后，要实行先进先出原则出库。

（二）饲料加工管理

在饲料原料加工过程中，饲料中的小型杂质易被生产者忽视，由于这些小型杂质含有复杂的成分，会成为有害微生物滋生的场所，并且原料可作为其培养基，使有害微生物快速生长产生大量的有害物质，恶化饲料品质，这也是饲料生产中存在的问题。饲料生产中，小型杂质的清除有利于饲料的安全。

在饲料加工工艺上许多因素可造成有毒物质在饲料中的残留，其中最主要的是饲料生产工艺设计、饲料机械制造和工作精度造成的。在生产中，如果能在设备选择和工艺设计上采取相应的措施，那么可以使有害物质残留减少。如螺旋输送机和刮板输送机等，这些设备由于结构的原因会造成物料残留，所以在设计这些设备时，应该符合能使物料容易进入和易于清理的设计要求。有一些饲料的生产要求具备吸风除尘系统，并设置独立风网，例如添加药物的复合预混料的生产就要经过这样的处理，使饲料不被二次污染。

（三）饲料贮存管理

1. 控制入库原料水分含量　水分是饲料原料安全储存的重要指标，饲料水分含量较高时容易引起霉菌和昆虫的污染，产生大量的霉菌毒素，恶化饲料品质，从而引起奶牛疾病的发生。正常情况下，饲料水分含量在低于13％时，可抑制大部分微生物和昆虫的产生。当然，许多原料在进行处理时由于经济的原因，不能使其达到足够干燥的程度，所以入库原料必须要严格控制水分含量，若入库原料水分含量过高会使原料在储存过程很容易受到霉菌污染，采用防霉剂来控制霉菌滋生亦是有效的措施，控制霉菌生长就可以减少霉菌毒素产生。然而，防霉剂不能去除原料中已有的霉菌毒素，因此必须在霉菌污染发生前尽可能早地制定霉菌控制措施。

2. 饲料原料库应保持通风、干燥和避光　饲料原料库湿度应控制在低于65％为宜。避光是为了保证饲料营养成分不被破坏。有研究表明，光照对饲料品质变化具有催化作用，光照会引起脂肪氧化，破坏脂溶性维生素，蛋白质也会因光照而发生变化，因此饲料原料要避光保存。在仓库中为了减少水分含量，可以采取一些有效的措施来改变，如选择合适的储存方式、改善仓库设计等。

3. 消毒和灭虫　储存在仓库中的原料易受到昆中的污染，昆虫除了咬食污染饲料外，还会引起仓库温度和湿度的提高。昆虫对温度的变化非常敏感，最适宜昆虫繁殖的温度约为29℃，昆虫的生活周期约30天，繁殖得非常快；当温度低于15.5℃时，繁殖很慢，甚至停止；当温度高达41℃或更高时，很难生长繁殖，几乎不会存在，因此要定期灭虫，保证饲料储存期。微生物也是饲料原料污染的一种途径，像有些饲料原料很容易被微生物污染，如蚕蛹、肉骨粉、鱼粉和骨粉等动物蛋白质类饲料，对这些易被微生物污染和侵害的原料可定期用甲醇溶液加高锰酸钾密闭重蒸，这样可以达到预防和杀灭效果，这类蛋白质饲料一般用量不大，也可以采用塑料袋贮存，为防止受潮发热，用塑料袋装好后封严，放置在干燥且通风的地方，保存期间要经常检查温度，如有发热现象要及时处理。

4. 油脂要密闭保存或加抗氧化剂　油脂作为能量类饲料原料，含有较高不饱和脂肪酸，容易发生氧化，为了使其在储存过程中，不被氧化及发生酸败，首先要找出引起其氧化酸败的主因，研究表明，油脂之所以容易被氧化发生酸败是因为环境条件的改变，如光照、温度和湿度改变，都会引起其氧化酸败。油脂类饲料原料的蛋白、维生素和脂肪含量较高，其表面无保护层，当有很强的光照时，其在高温高湿环境下就会快速氧化酸败，所以避光、低温和低湿也是防止油脂类饲料原料变质的主要措施之一。另外，在一些油脂饲料原料中还可以加入抗氧化剂，阻止其氧化的发生，这也是一种行之有效的方法

5. 保持饲料原料粒度完整性　一些颗粒性的饲料，在储存时为了避免饲料营养成分损失，要保持其粒度完整性，不要经过粉碎、过筛，因为粉碎程度越高，则营养成分损失越严重。保持其本身的性状，使自身营养成分，如蛋白、维生素和脂肪等含量不发生变化，从而也更好地保证了饲料生产的安全性，为奶牛健康生长提供了保障。

6. 建立投入品质量控制体系　原料投入有严格的质量管控制度，不采用任何动物源性饲料原料，以防止沙门氏菌污染。所有饲料原料进厂都必须经过检测，对于霉菌毒素的检测尤其严格，要求饲料中不添加任何抗生素，并根据季节和饲养阶段有针对性地使用复合微生态制剂和中草药来预防疾病发生。

⬢ 参考文献

李胜利，刘长春，2011. 奶牛标准化养殖技术图册 ［M］. 北京：中国农业科学技术出版社.
王加启，2006. 现代奶牛养殖科学 ［M］. 北京：中国农业出版社.
赵国琦，2015. 草食动物营养学 ［M］. 北京：中国农业出版社.

第六章
奶牛疾病防控

第一节　奶牛繁殖疾病防控措施

　　繁殖疾病是在规模化奶牛养殖过程中导致奶牛繁殖力降低或不孕的一类疾病。奶牛的繁殖疾病主要分为两大类，即子宫类疾病和卵巢类疾病，分别约占奶牛繁殖疾病的 80% 和 20%（叶果，2019）。奶牛子宫疾病、卵巢功能异常会严重影响个体奶牛的繁殖性能和生产性能，导致奶牛产奶量低下，饲养成本和治疗费用增加，甚至会增大奶牛淘汰率，很大程度上制约了奶牛养殖业的经济效益。基于养殖过程中"防重于治"的观点，本节将从奶牛的几种常见繁殖疾病着手，分析指导防控奶牛繁殖疾病的措施，以期降低此类疾病带来的损失，提高奶牛养殖的经济效益。

一、子宫疾病

　　子宫疾病对奶牛的繁殖能力影响较大，同时也是奶牛养殖场中较为常见的一类繁殖疾病，主要包括子宫内膜炎、子宫肌炎、子宫积液（脓）等。导致奶牛子宫疾病的主要原因为奶牛分娩助产过程中的操作方式不当，或消毒措施不严格，导致阴道或子宫颈黏膜受损，使奶牛子宫受到大肠杆菌、葡萄球菌、化脓杆菌、酵母菌或支原体等微生物的感染，引起子宫炎症。

奶牛子宫炎症一般指奶牛子宫内膜、肌层的炎症，常继发于奶牛流产、死胎、难产、胎衣不下等情况，或在进行输精、输药、助产时的不当操作引起的子宫炎性感染，可导致奶牛发情周期紊乱、发情异常、屡配不孕，甚至提前淘汰（杨宏伟，赵倩，2017）。除此之外，缺乏微量元素或者矿物质失调也是导致奶牛患子宫内膜炎的直接因素。

（一）子宫内膜炎

奶牛子宫内膜炎多发于分娩前后，奶牛由产道排出透明清亮的黏液或脓性分泌物，直肠检查子宫角变粗变硬，子宫壁增厚，弹性变弱，手感不光滑。临床上一般将子宫内膜炎分为急性子宫内膜炎和慢性子宫内膜炎。急性子宫内膜炎除了子宫炎症外常伴有其他症状，慢性子宫内膜炎则是以子宫的病变为主。

1. 急性子宫内膜炎　发病奶牛表现拱背、努责，并且从产道排出黏性或脓性分泌物，呈污红或棕色，反刍减少或停止，有时伴有瘤胃鼓气。

2. 慢性子宫内膜炎　因感染程度不同而在临床较多见，临床表现精神萎靡、食欲减退，发情周期正常或紊乱，从产道排出浑浊的脓液，卧下腹压增大时排出较多（邵谱，2018）。

（二）子宫肌炎

多由子宫内膜炎发展而来，子宫明显增大变粗、变硬，子宫壁明显增厚，直肠检查子宫异常敏感收缩，短时间内不会舒缓，手感不光滑。分泌物多为清稀水样，有时伴有脓性分泌物。

子宫疾病的预防：胎衣不下是引起子宫炎症的重要因素，预防和治疗胎衣不下可以有效预防子宫炎症。同时加强围产期营养和饲养管理，分娩时避免产道受伤，对产后感染进行有效预防。

（三）子宫积液（脓）

多由子宫内膜炎发展而来，
子宫体积增大，直肠检查手感不光滑，敏感度不高，可感知子宫内
有稀薄或浓稠的内容物波动，排出的分泌物为水样、脓样，有时不
见分泌物排出（杨宏伟，赵倩，2017）。

二、卵巢疾病

卵巢疾病是奶牛养殖生产中的常见疾病，也是引起母牛不孕症
的重要原因之一。在临床上，卵巢疾病的类型很多，常见的有卵巢
囊肿（分为卵泡囊肿和黄体囊肿两种类型）、持久黄体和卵巢静止
等（翟长友，侯丽丽，2020）。

（一）卵泡囊肿

卵泡囊肿是卵泡发育成熟后不排卵而长期存在，卵泡不断分泌
雌激素，有些患牛表现为持续发情，称为"慕雄狂"（高树，
2015）。

1. 诊断　直肠触诊一侧或两侧卵巢上有一个或数个卵泡，若
卵泡液体感强烈，直径在 2.5 厘米以上，可持续 10 天以上。由于
病牛发情时间延长，往往会导致坐骨韧带弛缓，坐骨结节和尾根
之间出现明显凹陷，阴唇肥大且松弛，食欲不振，体况消瘦。患
牛发情无规律，表现为持续性发情，即可临床确诊为卵泡囊肿。

2. 治疗　激素疗法是常用治疗方法，简单有效。

（1）促性腺激素释放激素（GnRH）　1 次肌内注射 1 000 国
际单位。

（2）LRH（黄体生成素释放激素）A3（LRH-A3）　1 次肌内

注射 50～100 微克，连用 1～4 天，配合肌内注射 100 毫克黄体酮。

（3）孕酮　1 次肌内注射 50～100 毫克，连续 14 天，总量为 750～1 000 毫克。

（4）前列腺素（PGF2α）　1 次肌内注射 5～10 毫克。

（5）人绒毛膜促性腺激素（HCG）＋地塞米松　1 次静脉或肌内注射 10 毫克，隔日 1 次，连用 2～3 次（应用其他激素无效的奶牛可以试用）。注射完成后，需要密切关注奶牛的卵巢是否出现变化，直至痊愈为止。

（二）黄体囊肿

黄体囊肿的产生原因为未排卵状态下，卵泡壁上皮黄体化导致孕酮增多，以长期不发情为主要表现。

1. 诊断　通过直肠检查发现卵巢明显增大，比较坚实，并伴有轻微的波动和疼痛，且长时间存在，较难消失。超声诊断时，在黄体囊肿边缘处能够产生回声，内部为黑色无回声区域。直径＞25 毫米，膜厚＞3 毫米。

2. 治疗　选用前列腺素及其类似物溶解黄体。

（1）PGF2α 及其类似物　1 次肌内注射 5～10 毫克，必要时 7～10 天后再注射 1 次。

（2）催产素　1 次肌内注射 100 国际单位，每日 2 次，总量不超过 400 国际单位（赵福琴，2019）。

（三）持久黄体

正常情况下，奶牛在发情或者生产后，在子宫黏膜分泌的前列腺素作用下使黄体发生溶解，导致黄体期中断，孕酮浓度下降，从而刺激垂体促性腺激素的释放，进而出现发情。但在某些原因（如饲养、疾病等）导致奶牛卵巢机能减退时，就会影响前列腺素的生成和释放，从而引起持久黄体。

一般来说，奶牛排卵时受到应激刺激（如驱赶、惊吓及相互打斗等），缺乏运动，摄取蛋白质、维生素或者矿物质不足；泌乳负担过重；患有某些子宫疾病；下丘脑或者脑垂体无法分泌足够的黄体生成素（LH）、黄体生成素释放激素（LRH）或者促卵泡激素，都能够引起发病（王海龙，2019）。由于病牛卵巢上存在黄体，持续分泌孕酮，临床上导致发情周期停止，不出现发情。通过直肠检查发现卵巢表面突出有大小不一的黄体，其表面光滑，触摸无波动，质地坚硬，不产生疼痛，子宫没有任何变化，触诊不会出现收缩。

（四）卵巢静止

主要表现为长期不发情，通过直肠检查能够发现卵巢大小与质地正常，表面未发现卵泡与黄体，并且在 7～10 天后进行检查仍然处于上述状态。

该病的治疗方法，可以采用 6 000 国际单位的人绒毛膜促性腺激素进行治疗。在发情后应注射黄体酮 20～50 毫克，同时在饲养管理上应改善营养状况，并且适当增加运动（朱庆荣，2020）。

三、胎衣不下

奶牛产犊后 12 小时应排出胎衣，未排出者称为胎衣不下，可分为全部胎衣不下和部分胎衣不下。胎衣完全停留在奶牛的子宫和阴道内，就是全部胎衣不下；部分胎衣不下则是一部分带有脐带血管断端和子叶的胎衣垂挂于阴门外，这部分胎衣表现为肉眼可见的土红色。如果无法顺利排出胎衣，奶牛的食欲及体温都会发生较大的变化，泌乳量也会有所下降。临床通常表现为精神沉郁，体温39.5℃，母牛产后弓背努责，排污红色腐臭恶露。无论是日粮缺乏应有的矿物质和维生素，还是饲养管理不善都是导致奶牛出现胎衣不下的直接因素。

（一）治疗

治疗方法包括子宫内治疗和全身治疗。

1. 子宫内治疗

（1）10％高渗盐水1 000～1 500毫升注入子宫使绒毛膜脱水、脱落，胎衣在产后3～5天排出。

（2）土霉素3克或金霉素1克溶于250毫升灭菌水中，1次灌入子宫，隔日1次，一般5～7天胎衣可自行脱落。

（3）胎衣排出后立即注入抗生素1～2次，14～20天子宫干净。

2. 全身防治

（1）1次静脉滴注20％葡萄糖酸钙与25％葡萄糖液各500毫升。

（2）产后12小时内1次性注射垂体后叶素100国际单位或麦角新碱20毫升。

（3）全身应用抗生素，防止子宫局部感染或全身感染。

（二）预防

保证干奶期矿物质、维生素（A、D、E等）供应充足。

一般钙的摄取量应控制在75g/（头·天），钙磷比保持在1.5∶1。对650千克体重并且40千克及以上产奶量的奶牛，铜和锌的推荐量分别是15.7毫克/千克日粮干物质和63毫克/千克日粮干物质。

加强运动。

产前7天增加维生素A、维生素D、亚硒酸钠和维生素E的供应量。

产后 2 小时应用 10％葡萄糖酸钙或 3％氯化钙滴注。

产后 6～12 小时注射催产素 100 国际单位。

四、预防奶牛繁殖疾病的综合措施

奶牛发生繁殖疾病会受到周围环境的影响，因此养殖户要为奶牛营造一个良好的生长环境，将其饲养在通风条件好、干燥且光照条件好的牛舍中，夏季做好防暑降温措施如增加风扇与喷淋，冬季做好防寒保温措施如增加厚门帘，防止冷、热应激对奶牛的生长发育造成不良影响。

加强饲养管理，保证其营养全面且均衡。根据奶牛的生长阶段以及生理特点并参考国家饲料标准以及饲料营养成分来配制饲草料，有设施设备的最好使用全混合日粮，保证粗料、精料及青绿饲料合理搭配。

做好清理工作，定期对养殖场的内外环境进行清扫、消毒，产生的垃圾污物要及时运输到固定场所，并做无害化处理，不然会影响奶牛的健康。

要禁止采取掠夺式生产，防止在泌乳期间出现严重的营养负平衡。例如不能为追求高产奶量，短期内饲喂奶牛大量高精料。

以防为先，防重于治。对奶牛分娩前后加强监护工作能够促进其早日康复，使奶牛始终维持高产状态，生产能力也会更加优良。在奶牛自然分娩的过程中有可能会遇到需要助产的情况，这时候需要助产人员对奶牛后躯、手臂、助产器具等进行彻底地清洗和消毒，具体操作过程中要注意动作轻柔，不能损伤产道。

在直检、产检、输精、输药时做好消毒工作，确保熟练而规范的操作，避免对子宫造成不必要的损伤；定期进行奶牛产后检查，采取激素、子宫投药、中药灌服、加强消毒等措施，及时治疗奶牛卵巢囊肿、子宫迟缓、损伤粘连等产后疾病。

子宫炎症治疗药物的剂量要适当控制，抗菌药物的选用要交替、联合使用，防止产生耐药性。为防止子宫炎症扩散，一般不建议做子宫冲洗。子宫灌注时药物剂量宜小不宜大。

子宫积液积脓严重确需冲洗时，也要控制用药剂量，采取少量多次的办法，同时可配合使用前列烯醇、雌激素、缩宫素，加强子宫收缩。

第二节　奶牛呼吸系统疾病防控

牛呼吸系统由鼻腔、咽喉、气管、支气管等一系列腔体和通道组成，这些器官在牛体内部，直接与外部相连。因此，当环境温差大，湿度不适宜，或外部微生物杂多时，牛呼吸系统疾病容易多发。牛呼吸系统疾病的高发病率和负面的长期影响是造成饲养小母牛困难的主要问题（Stanton，2010）。刚出生 3 个月就接受治疗的小母牛 3 个月后的死亡率是未接受治疗动物的 2.5 倍（Waltner-Toews，1986）。与没有发生呼吸系统疾病的小母牛相比，在 60 天时经历了此病的小母牛怀孕概率降低（Teixeira，2017）。

牛呼吸系统疾病是由病毒或细菌单独或混合感染引起的牛肺炎、支气管炎等疾病的通称。除了寒冷刺激会引起牛感冒外，溶血性巴氏杆菌、多杀性巴氏杆菌和支原体等细菌，以及牛传染性鼻气管炎病毒（IBRV）和牛病毒性腹泻病毒（BVDV）都会诱发牛呼吸系统疾病。下面分别介绍几种呼吸系统疾病的流行特点、症状、诊断及防治措施。

一、牛感冒

（一）病因

寒冷刺激是本病主要发病原因，有如牛舍条件差、空气潮湿，易使奶牛受凉感冒，有时长途运输未注意保暖，导致本身营养不良的奶牛更容易患病。

（二）流行特点

不同日龄阶段均易感，而幼牛多发。四季流行，在早晚温差大的早春和晚秋流行性高。

（三）临床症状

患病后突然发病，呼吸、脉搏数均增加，肺泡呼吸音增强，多为单发性咳嗽，打喷嚏，鼻黏膜充血、肿胀。病初流清鼻涕，病后期鼻涕浓稠。食欲废绝，常有便秘，产奶量下降。严重时畏寒，表现为弓腰战栗，甚至躺卧不起。

（四）诊断要点

本病的特征是突然发病、体温升高、咳嗽、流鼻涕、皮温不整等上呼吸道炎症症状。治疗后病程一般为 3～5 天，全身症状好转。如果治疗不及时，幼畜易继发为支气管肺炎或其他疾病。不具传染性，根据解热镇痛剂迅速治愈可做出诊断。

（五）防治措施

以解热解毒、祛风散寒为主，同时防止继发感染、对症治疗。

1. 解热解毒　30％安乃近注射液，每头肌内注射 20～40 毫升，1～2 次/天。复方氨基比林注射液每头肌内注射 20～50 毫升，1～2 次/天。柴胡注射液每头肌内注射 20～40 毫升，1～2 次/天。连用 3～4 天。

2. 预防继发病　抗生素或磺胺类药物预防继发感染：10％磺胺嘧啶钠，兑 10％～20％葡萄糖溶液，混合待溶，每头肌内注射 100～500 毫升，1～2 次/天（马宏斌，2021）。连用 3～4 天。青霉素 1 万～2 万单位/千克，肌内注射 2～3 次/天。连用 3～4 天。

二、细菌性牛呼吸系统疾病

（一）病原

1. 溶血性巴氏杆菌　溶血性巴氏杆菌是革兰氏阴性菌，瑞士染色呈两极着色的球状杆菌。1 型菌是引起牛肺炎，也称"船运热"的主要病原（Woolums，2013）。

2. 多杀性巴氏杆菌　多杀性巴氏杆菌是一种两端钝圆中间微凹的球状杆菌。该菌是牛上呼吸道的常在菌（张晓宇，2018）。以其荚膜抗原和菌体抗原区分血清型，A 型多杀性巴氏杆菌是引起牛呼吸系统疾病的主要原因（Conlon and Shewen，1993）。

3. 支原体　支原体是一种无细胞壁的细菌，是能在无细胞的人工培养基中生长繁殖的最小微生物，基因组极小，含有 DNA 与 RNA，以二分裂或芽生方式繁殖（陆承平，2001）。

（二）流行特点

此病常见于幼龄牛和老龄牛。根据病程长短，有急性和慢性之分（苗朋，李淼，2014）。

（三）临床症状及病理变化

1. 溶血性巴氏杆菌病　一般在 1~2 周后出现肺炎的典型表现：发热，体温升高达 42℃以上，精神沉郁，厌食，产奶量下降，流涎，痛性咳嗽，呼吸加快。

听诊时胸部双侧可听到干性或湿性啰音，甚至可听到胸壁摩擦音，气管内可听到呼噜音和水泡音。严重时病牛可出现呼吸困难，腹部和胸部听诊没有任何声响，说明肺已处于实变状态，有时可出现皮下气肿和肺气肿。

剖检可见牛病肺坚实、呈肉样、质脆、颜色改变，全血白细胞减少，尤其是中性粒细胞减少，核左移。

2. 多杀性巴氏杆菌病　发热，体温升高至 39.7~40.8℃，湿性咳嗽，呼吸加快，深度增加。

患有慢性肺炎的牛，肺前腹侧听不到任何呼吸音，表明病变部位已实变。此外，病牛还出现呼吸困难。

3. 支原体肺炎　单纯支原体引起的炎症较轻，仅在运输应激或运动后可引起咳嗽，呼吸加快，低热 39.7~40.6℃，多数病牛继续吃食，一般早晨流出少量黏液、脓性鼻分泌物。当病牛活动、吃食时，舔鼻分泌物。患单纯支原体病的牛临床上几乎不表现症状。剖检制备肺切片观察，支气管周围出现淋巴细胞增生，并随时间而扩大。

4. 传染性胸膜肺炎（牛肺疫）　由丝状支原体引起的一种传染性肺炎。急性病例呈急性胸膜肺炎症状，呼吸困难，体温升高，严重时鼻孔开张，常发出声音。病牛咳嗽频繁，常呈带痛性的短咳，有时流出浆性或脓性鼻液，胸前部和肉垂可出现水肿，食欲丧失，泌乳停止。慢性病例仅消瘦，痛性短咳，日益衰竭，以致死亡。

听诊可听到支气管呼吸音、啰音及胸膜摩擦音。如果肺部渗出液增加，叩诊时可在肺部形成水平浊音界。死后剖检发现肺小叶淋巴管浆性炎症，小叶间、肺实质纤维蛋白浸润、坏死，腹腔积液，纤维素性炎症，腹膜增厚，呈白色、粗糙或发生粘连。肺炎多为一侧性，最常发生于膈叶。少数牛肺与胸膜出现粘连，肺坏死、液化、钙化，甚至机化。

（四）诊断要点

1. 溶血性巴氏杆菌病和多杀性巴氏杆菌病　根据临床症状及病变可做出初步诊断，确诊需进行细菌的分离鉴定。取分离纯菌落接种血平板，37℃培养 24 小时，出现灰白、透明、光滑的中等大小菌落，对光照有蓝色荧光。革兰氏染色为阴性短杆菌或球杆菌，散在或成双；瑞氏染色两极着色，两端钝圆。

2. 支原体肺炎　血清学诊断方法有沉淀反应、酶联免疫吸附试验（ELISA）、荧光抗体试验等，其中间接 ELISA 在临床中应用比较广泛，是现在最有效的检测方法。

病原分离培养：用 SP-4 培养基 37℃，5% CO_2 培养 3 天左右，形成肉眼可见的水滴样菌落，显微镜下观察有明显的"煎荷包蛋状"菌落，挑取单个菌落，用 Dienes 染色法染色，呈淡紫色，即可判定为牛支原体（张晓宇，2018）。

3. 传染性胸膜肺炎　根据临床症状及病变可做出初步诊断，确诊需进行细菌的分离鉴定。在培养皿中加入牛血清以满足该菌所需要的营养物质，将病料接种于分离培养基上，培养至出现单菌落进行鉴定。

（五）防治措施

1. 溶血性巴氏杆菌病　因为溶血性巴氏杆菌已经对氨基糖苷类、四环素类、磺胺类等药物产生一定程度的耐药，所以人们逐渐倾向使用溶血性巴氏杆菌疫苗来预防该病。

2. 多杀性巴氏杆菌病　可选用的药物主要有复方庆大霉素和乳酸环丙沙星粉剂，配合使用。多杀性巴氏杆菌的疫苗主要有强毒灭活苗、弱毒活菌苗和亚单位疫苗。一般灭活苗的免疫力具有血清型特异性。

3. 支原体肺炎　可选药物主要有泰乐菌素、替米考星、氟苯尼考、恩诺沙星等。也可采取加强饲养管理，改善饲养条件，注重饮食卫生和休息，疫区每年给牛注射疫苗 1～2 次等综合防治措施。

4. 牛肺疫　1949 年以后，我国在全国范围内启动了牛肺疫消灭工作，成功研制出多种牛肺疫弱毒疫苗，结合严格的免疫、隔离、扑杀等综合性防治措施，有效控制了牛肺疫疫情，并于 1996 年宣布在全国范围内消灭该病。2011 年我国被 OIE 认证为无牛肺疫国家。

三、病毒性牛呼吸系统疾病

（一）病原

1. 牛传染性鼻气管炎病毒（IBRV）　又称牛疱疹病毒，为 DNA 病毒，病毒粒子有囊膜，呈球形，直径为 140～230 纳米（姚新勇，2020），能在牛肾细胞中生长良好，1～2 天可产生明显的细胞病变，特征性病变是有嗜酸性核内包涵体（宋文超，2012）。

2. 牛病毒性腹泻病毒（BVDV）　又称黏膜病毒（MDV），是黄病毒科、瘟病毒属成员，为有囊膜的单股 RNA 病毒，直径为 40～60 nm，可以在牛肾细胞中良好生长（马学恩，2007）。该病毒是导致牛呼吸道疾病综合征（BRDC）的重要病原之一。

（二）流行特点

1. **牛传染性鼻气管炎** 一般牛传染性鼻气管炎的潜伏期为 1～6 天，也有部分病牛可潜伏 20 天以上，发病率可高达 75%，死亡率较高。本病的发生通常不具有明显的季节性，但是在天气寒冷的季节，如冬季和初春的时节，疾病的发生率有所上升。本病的传染源为发病牛和隐性带毒牛，这些牛可以通过眼睛和鼻腔的分泌物将病原排出体外。本病的传播途径为空气传播、飞沫传播和性接触传播，发病母牛可以通过胎盘进行垂直传播，将病原传播给胎儿（赵洪江，赵永学，2021）。该病具有发急、传播速度快的特点，牛群中一旦引入该病，将会在较短时间内波及整个牛群。

2. **牛病毒性腹泻** 在自然条件下，该病主要发生于牛，犊牛更易感染，主要侵害 6～18 月龄的幼牛。患病牛和带毒牛是主要的传染源，常可从病牛的排泄物和分泌物中分离出病毒。本病的流行特点是：新疫区急性病例多，发病率低，若发病，则死亡率高；老疫区则急性病例很少，发病率和死亡率低，但隐性感染率在 50% 以上（王炜，2014）。

（三）临床症状

1. **牛传染性鼻气管炎** 根据临床症状的不同可分为呼吸道型、结膜炎型、脑膜脑炎型、生殖道型和流产型等 5 种病型。

（1）**呼吸道型** 病牛发病初期会出现高热、精神不振、厌食和黏膜充血等症状，而且有多量黏液脓性鼻漏。有浅溃疡发生，鼻窦及鼻镜组织发炎而发红，所以该病俗称"红鼻子"。

（2）**结膜炎型** 随着发病时间的推移还会发生结膜炎，常因炎性渗出物阻塞而发生呼吸困难及张口呼吸，并呈现呼气中常有臭味、呼吸加快、咳嗽和流泪等现象（李佐波和曹兴春，2006）。

（3）**脑膜脑炎型** 奶牛感染后还会表现出脑膜炎症状，全身肌肉震颤，共济失调，最终倒地惊厥，角弓反张，全身肌肉抽搐，交替出现兴奋和抑郁，接着发生死亡。病牛的眼睑水肿，眼结膜充血，并有黏液性脓性分泌物流出。

（4）生殖道型　母牛患病时，表现为精神不振，食欲丧失，发热，产乳下降；举尾，尿频，有痛感，有线条状黏脓性分泌物从阴道流出，阴道和外阴黏膜潮红、充血，可见小的白色病灶，有时可形成脓疱，从而产生大量的灰色坏死伪膜，脱落后可见黏膜溃疡，通常病程持续 14 天左右能够康复。

（5）流产型　妊娠母牛感染后会在妊娠中后期发生流产，往往突然出现流产，在无任何征兆下产出死胎，之后持续有脓性分泌物从阴道流出。病母牛产出的活犊牛，不仅会有呼吸道症状，还会发生严重腹泻，可排出粥样粪便，有时其中混有血液（李丽莎，2020）。

2. 牛病毒性腹泻

（1）急性过程　患牛表现为发病急，体温突然升高至 40～42℃，食欲废绝，消化道黏膜损伤严重，最初常表现为水样腹泻，后期便中带血和黏膜，病牛多于发病后 1～2 周死亡。

（2）慢性过程　牛很少有明显的发热，但体温有高于正常体温的波动，最明显的症状是鼻镜上有糜烂病灶，大多数患牛死于 2～6 个月内。怀孕母牛感染后，出现流产、早产或产死胎（马学恩，2007）。

（四）诊断要点

根据病牛的临床症状可进行初步诊断，但是较为可靠的诊断方法是实验室诊断，包括病原鉴定和血清学检测等。

1. 病原鉴定　用无菌棉签采集病牛病变部位样本，接种牛胎肾单层细胞（MDBK）培养物进行病毒分离，发现细胞病变即可初步判定为牛传染性鼻气管炎病毒或牛病毒性腹泻病毒感染。感染细胞出现细胞变圆，胞浆出现空泡，细胞单层拉网，最后导致细胞死亡而从瓶壁上脱落下来。进一步确诊还需要进行血清学检测。此外，还需要对分离毒株的细胞培养物采用免疫荧光方法或 RT-PCR 进行进一步的鉴定。

2. 血清学检测　在病原鉴定的同时，可以结合血清学检测来诊断。血清学方法主要包括血清中和试验（SN）、酶联免疫吸附试验（ELISA）、间接血凝试验、核酸探针检测技术、琼脂扩散试验及变态反应检查等（Sprygin 等，2019）。

（五）防治措施

1. 疫苗免疫　可用疫苗有牛传染性鼻气管炎弱毒苗、牛病毒性腹泻灭活苗等。

2. 药物治疗　病牛初期要增加饮水，尽量多休息，供给富含营养且易于消化的饲料，配合使用中药方剂进行治疗。需要注意的是，对于临床症状不同的病牛要适当加减药物（李丽莎，2020）。

3. 饲养管理　牛场最好坚持"自繁自育、全进全出"的饲养方式，必需引种或者引入冻精时，应进行仔细的产地调查和产地检疫，且牛到场后要经过严格的隔离观察以及病原学诊断，确认健康无病后才允许混群饲养。牛圈舍、环境以及饲养工具要定期进行严格消毒，避免发生应激因素，提供营养全面的饲料，提高奶牛的抗病力。

第三节　奶牛消化系统疾病防控

在奶牛养殖过程中，消化系统疾病属于常见疾病，应该做好预防工作，可减少经济损失。奶牛场常见消化系统疾病有前胃弛缓、瘤胃积食、瘤胃膨胀、皱胃变位、牛病毒性腹泻-黏膜病综合征等。下面对这些常见的消化系统疾病展开介绍。

一、奶牛前胃弛缓

奶牛前胃弛缓是指各种原因引起的前胃（瘤胃、网胃和瓣胃）神经兴奋性降低、胃壁收缩力减弱，胃内容物在胃内不能正常消化和后送，导致异常发酵，菌群失调产生有毒物质，引起消化道障碍和全身机能紊乱的一种疾病。圈舍饲养牛、老龄牛发病率较高。

（一）病因

奶牛前胃弛缓发病原因比较复杂，一般分为原发性前胃弛缓和继发性前胃弛缓两种情形。

1. 原发性前胃弛缓　也叫单纯性消化不良，与饲养管理和自然气候的变化有关。

（1）饲养质量问题　长期饲喂粗纤维多、营养成分少的秸秆、谷壳、红薯秧、花生秧、花生皮等饲料，奶牛消化机能陷入单调和贫乏，一旦变换饲料，即可引起前胃弛缓；草料质量低劣：如饲料饲草发霉、变质、冰冻，矿物质和维生素缺乏等；长期饲喂过细粉状草料，瘤胃经常处于半休眠状态，兴奋性降低而导致前胃弛缓。

（2）饲养管理不当，喂养习惯不当　不按时饲喂，饥饱无常；精料过多而饲草不足，影响消化功能。突然变换饲料或优良青贮饲料任其采食，都会扰乱正常的消化程序，从而导致病的发生。

（3）环境不良　如牛舍阴暗潮湿，过于拥挤，通风不良，运动不足，缺乏光照，瘤胃神经反应性降低，均可导致本病的发生。

（4）应激反应　长途运输、严寒、酷暑、饥饿、疲劳、断乳、离群恐惧、感染、中毒等因素以及创伤、手术、剧烈疼痛的影响，均可引起前胃弛缓疾病。

2. 继发性前胃弛缓　在其他疾病的诱导下继发产生的前胃弛缓疾病称为继发性前胃弛缓。下列疾病均可引起继发性前胃弛缓。

（1）创伤性网胃腹膜炎，神经胸支和腹支受到损害，腹腔脏器粘连，瘤胃积食、瓣胃阻塞以及皱胃溃疡、阻塞、异位等，都会伴发消化障碍，导致继发前胃弛缓。

（2）在口炎、舌炎、齿病过程中，咀嚼障碍，影响消化功能，或因肠道疾病、腹膜炎、产科疾病反射性抑制，也可引发继发性前胃弛缓。

（3）一些营养性代谢疾病，如酮病、牛骨软病，都会由于消化功能紊乱而伴发前胃弛缓。

（4）牛肺疫、牛流行热等急性疾病，结核病、前后盘吸虫病、细颈囊尾蚴病等慢性体质消耗性疾病，以及血孢子虫病和锥虫病等常会引发前胃弛缓。

（5）用药不当，长期大量使用抗生素，致使瘤胃内菌群失调，也可导致前胃弛缓。

（二）防治措施

1. 预防　加强饲养管理；供应平衡日粮，注意营养搭配，重视粗饲料、精饲料、矿物质、维生素的合理配制；加强运动，防潮防湿、防污染；避免不利因素的刺激和干扰。

2. 治疗　治疗奶牛前胃弛缓，应着重改善饲养管理，排除病因，采取综合性措施进行治疗。

（1）除病因，强护理　原发性前胃弛缓，病初要禁食1～2天，然后饲喂适量富有营养、容易消化的优质甘草或放牧，并进行适当的牵遛运动，以增进消化机能。继发性的前胃弛缓应积极治疗原发病。

（2）兴奋瘤胃　用氨甲酰胆碱 1～2 毫克皮下注射。注意：对病情危急、心脏衰竭、妊娠母牛，禁止应用。新斯的明注射液 20～60 毫克皮下注射，隔 3～4 小时重复一次。10%～20%氯化钠溶液（按每千克体重 0.1 克）加入 10%安钠咖 20～30 毫升，静脉注射，每天 1 次，连用 2～3 天。

（3）清理胃物　用硫酸镁 50 克加温水 1 000 毫升，将 25 克鱼石脂溶于 25%的酒精 100 毫升中，混合或灌服。用大蒜 25 克、食盐 100 克捣成蒜泥，加温水 1000 毫升，灌服。

（4）补液，保肝，防酸中毒　用 5%葡萄糖生理盐水 2 000 毫升，5%碳酸氢钠溶液 500 毫升，10%氨溴合剂 30 毫升，复合维生素 B 注射液 30 毫升，维生素 C 注射液 30 毫升，静脉注射，每天 1 次，连用 3～5 天。

（5）促进反刍　经上述治疗后，仍有食欲不振、反刍不足现象时，静脉注射"促反刍液"（10%氯化钠注射液 250 毫升，10%安钠咖 20 毫升，10%氯化钙注射液 50～100 毫升）及 5%葡萄糖生理盐水 2 000～2 500 毫升，10%葡萄糖注射液 500 毫升，每天 1 次，连用 3 天。

（6）恢复瘤胃微生物活性　可用内服碳酸氢钠 50 克，或用醋 200～1 000 毫升内服进行调节（罗荣花，刘复生，2016）。

二、瘤胃积食

奶牛瘤胃积食又称宿草不转、胃食滞，是奶牛采食了过多的食物，导致瘤胃异常膨胀、内容物停滞和阻塞、瘤胃蠕动减弱或消失，消化机能严重障碍，并伴有运动机能障碍的一种疾病。其特征为消化不良、瘤胃运动停滞、脱水、酸中毒、毒血症、运动失调、衰竭，不及时治疗往往导致死亡。

（一）病因

本病发生的主要原因是奶牛贪食或因饥饿而吞食大量谷物类饲料、饲草后又大量饮水，饲料膨胀，胃壁过度扩张而导致的本病发生。前胃弛缓、创伤性网胃膜炎、瓣胃秘结及皱胃阻塞等，也常常会继发本病。

（二）防治措施

本病病情的发展，与病牛吞食饲料饲草的性质有着直接的关系。病情轻的 1～2 天即可康复。普通病例，如治疗及时，3～5 天即可治愈。慢性病例，病情反复，有的暂时好转后又会加重，特别是继发于创伤性网胃腹膜炎的病例，病程会持续 7 天以上，多因瘤胃高度弛缓、内容物胀满，引起呼吸困难，血液循环障碍，呈现窒息和心衰状态，治愈效果不良。

1. 治疗　主要在于恢复瘤胃运动机能，促进瘤胃内容物运转，消化积食，防止积食腐败致机体中毒和解除机体脱水。

（1）禁食，限水，按摩　发现奶牛积食后，首先禁食，18～24 小时内限量饮水。同时进行瘤胃按摩。

（2）灌服酵母粉　用酵母粉 500～1 000 克每日分两次用温水灌服，连用 3～5 天。

（3）清理肠胃　用硫酸镁 300～500 克，液体石蜡 2 000～3 000 毫升，鱼石脂 15～20 克，混合后一次灌服。同时用毛果芸香碱 0.1～0.2 克，或者新斯的明 0.01～0.03 克皮下注射。

（4）促进食欲和反刍　用 10% 氯化钠溶液静脉注射。或者用 1% 盐水连续洗胃 3～5 次，再注射"促反刍液"。

（5）补液，保肝，防酸中毒　同瘤胃弛缓。

（6）手术治疗　以上保守治疗措施无效时，应尽快手术治疗，切开瘤胃，取出内容物，用1‰温食盐水清洗。术后按常规抗菌消炎护理。

2. 预防　主要在于加强日常饲喂管理，每日要定时定量，不要忽饥忽饱，防止突然变换饲料或过食，要按照饲料日粮标准饲养，加喂精料时要适应奶牛的消化机能。避免外界各种不良因素的刺激和影响，保持奶牛的健康生活状态。

三、瘤胃膨胀

奶牛瘤胃臌胀又称胃臌气、气胀，是奶牛采食易发酵产气的饲料饲草后，食物在瘤胃内异常发酵产生气体而引起瘤胃过度扩张的一种疾病。

（一）防治措施

1. 预防　应着重加强饲养管理，注意饲料霉变腐败，防止饲喂时饥饱无常，不可突然变换饲料，舍饲牛群开春后改喂青草饲料时要逐渐进行，放牧时要适量投服一些消沫药物，也可适当应用一些植物油，以提高瘤胃内容物的表面活性，增强其抗泡沫作用。舍饲牛在开始放牧前的1～2天内先用聚氧化乙烯20克溶于水中饮水，然后再放牧。

2. 治疗　以及时排除瘤胃内气体、制止其发酵、消除泡沫和恢复瘤胃运动功能为治疗原则。

（1）排气减压　使病牛头颈抬高或置于前高后低的土坡上，适度按摩牛腹部进行排气。也可将胃管插入瘤胃内进行排气或用套管针穿刺瘤胃进行放气。

（2）手术治疗　排气方法未能减轻症状且病牛生命受到危险时，应作紧急瘤胃切开手术，术后按常规进行抗菌消炎护理。

（3）防止胃内容物发酵

①用鱼石脂 30 克，75％酒精 100 毫升，来苏儿 30 毫升制成溶液灌服。

②生石灰水 2 000～3 000 毫升灌服。

③0.25％普鲁卡因溶液 50～100 毫升，青霉素 100 万单位，混合溶解后注入瘤胃。

④泡沫性膨胀时，用二甲硅油 2～3 克，或消胀片 15 片溶解于 500 毫升温水中灌服，也可用植物油 500～1 000 毫升灌服，可有效消除泡沫，使气体排出。

（4）兴奋瘤胃机能　静脉注射"促反刍液"，同时灌服马钱子酊。

四、奶牛皱胃变位

皱胃变位即皱胃的正常解剖学位置改变（许忠柏，2007）。此病是奶牛常发的消化系统疾病之一。皱胃变位按其变位的方向分为左方变位和右方变位 2 种类型。左方变位，又称皱胃变位，是皱胃通过瘤胃下方移到左侧腹腔，置于瘤胃与左腹壁之间；右方变位，即皱胃扭转，指皱胃顺时针扭转到瓣胃的后上方位置，置于肝脏与腹壁之间。临床上绝大多数病例是左方变位，且成年高产奶牛的发病率高，发病高峰在分娩后 6 周内。犊牛与公牛较少发病。

（一）治疗

1. 保守疗法　滚转复位法：饥饿 1～2 天并限制饮水，使瘤胃容积缩小；使牛右侧横卧 1 分钟，将四蹄缚住，然后转成仰卧 1 分钟，随后以背部为轴心，先向左滚转 45°，回到正中，再向右滚转 45°，再回到正中（左右摆幅 90°）。如此来回地向左右两侧摆动若干次，每次回到正中位置时静止 2～3 分钟；将牛转为左侧横卧，使瘤胃与腹壁接触，转成俯卧后使牛站立。也可以采取左右来回摆动 3～5 分钟后，突然停止；在右侧横卧状态下，用叩诊和听诊结合的方法判断皱胃是否已经复位。

2. 手术疗法　对于皱胃左方变位的奶牛，在左腹部腰椎横突下方 25～35 厘米，距第 13 肋骨 6～8 厘米处，开一长 15～20 厘米的垂直切口；打开腹腔，暴露皱胃，导出皱胃内的气体和液体；牵拉皱胃寻找大网膜，将大网膜引至切口处。用 10 号双股缝合线，在皱胃大弯的大网膜附着部位作 2～3 个纽扣缝合，术者掌心握缝线一端，紧贴左腹壁内侧伸向右腹底部皱胃正常位置，助手根据术者指示的相应体表位置，局部常规处理后，做 1 个皮肤小切口，然后用止血钳刺入腹腔，钳夹术者掌心的缝线，将其引出腹壁外。同法引出另外的纽扣缝合线。然后术者用拳头抵住皱胃，沿左腹壁推送到瘤胃下方右侧腹底，进行整复。纠正皱胃位置后，由助手拉紧纽扣缝合线，取灭菌小纱布卷，放于皮肤小切口内，将缝线打结于纱布卷上，缝合皮肤小切口。对于皱胃右方变位的奶牛，用保守疗法往往没有效果，通常采用手术疗法。具体方法为：在右腹部第 3 腰椎横突下方 10～15 厘米处，做垂直切口，导出皱胃内的气体和液体；纠正皱胃位置，并使十二指肠和幽门通畅；然后将皱胃在正常位置加以缝合固定，防止复发。治疗中应根据病牛脱水程度，进行补液和强心。同时治疗低钙血症、酮病等并发症。

（二）预防

关键是加强饲养管理。应合理配制日粮，特别是对高产牛按产奶量增加精料时，绝对不能不喂优质干草。干奶期要适当运动，避免过于肥胖（邓建明，2006）。对于奶牛的皱胃变位应当早发现、早诊断、早治疗，尤其是皱胃右方变位若不及时抢救则很快引起死亡。对于皱胃左方变位，虽然可以采取保守疗法治疗，但是保守疗法效果不确实，容易复发。因此，手术治疗是根治方法（鞠月欣，2011）。

五、牛病毒性腹泻-黏膜病综合征

引起牛病毒性腹泻-黏膜病综合征的病原是牛病毒性腹泻病毒（BVDV）。本病临床上以发热，黏膜糜烂，溃疡，白细胞减少，腹泻，怀孕母牛流产或产畸形胎儿为主要特征。

（一）免疫预防

猪瘟兔化弱毒苗对预防该病有一定的作用，免疫接种的年龄应在9~12月龄。注意妊娠母牛不能使用，因为可能引起流产或难产；低于6月龄的犊牛也不能使用。对妊娠期的母牛可以接种灭活苗，以增强其自身抵抗力，减少将病毒传给犊牛的概率。BVDV减毒活疫苗实验条件下对淋巴细胞和中性粒细胞有损害作用，会产生免疫抑制作用，故应激牛应避免使用减毒活疫苗进行免疫接种。另外，2004年张光辉研制了牛病毒性腹泻囊素油乳剂灭活苗，免疫效果和保护率优于常规灭活苗和弱毒苗。

（二）药物防治

本病目前尚无有效疗法，主要以抗病毒、调节胃肠功能和酸碱平衡、清热、解毒、强心、补液、消炎、止血等对症治疗和综合疗法为主，并配合中药进行补气、止泻和调理，增强机体内免疫系统活性，提高免疫能力，控制继发感染。

对病牛加强饲养管理，对症治疗，以减少损失。可选用次酸铋片30克、磺胺二甲嘧啶片40克灌服，磺胺二甲嘧啶片首次量加倍，2次/天，连用3~5天。也可用活性炭与痢菌净等口服。配合强心、补液，以及维生素 C 等肌内注射或静脉注射。另外，可用中药方剂：乌梅、柿蒂、黄连、诃子各 20 克，山楂炭 30 克，姜黄、茵陈各 15 克，煎汤去渣，分 2 次灌服（张宁，2011）。

第四节　奶牛营养代谢病预防

奶牛场常见营养代谢病有奶牛酮病、脂肪肝等。

一、奶牛酮病

（一）概念与分类

酮病是由于围产期奶牛体内碳水化合物代谢紊乱所引起的一种全身性功能失调的能量代谢障碍疾病，以能量负平衡为病理学基础，以高酮血症、高酮乳症、高酮尿症、低血糖为临床病理学特征，并伴有消化机能紊乱、体重减轻、产奶量下降，间或有神经临床症状。

1. 根据发病原因　奶牛酮病可分为原发性酮病和继发性酮病。任何由于干物质摄入不足或营养负平衡，导致生糖前体物丙酸缺乏或吸收减少以及糖异生障碍的因素，都可引起原发性酮病，75％的原发性酮病主要发生在奶牛产后 1 周内。继发性酮病主要由能引起食欲下降的疾病所导致，如子宫内膜炎、乳房炎、创伤性网胃炎、真胃变位、胎衣不下和生产瘫痪等都可引起食欲下降、血糖降低。继发性酮病约占酮病总数的 20％。

2. 根据有无临床症状　奶牛酮病分为临床酮病和亚临床酮病。

健康奶牛血清中的酮体 β-羟丁酸（BHBA）含量一般处于 0.6 毫摩尔/升以下；亚临床酮病奶牛血清中的 BHBA 为 1.2~3.0 毫摩尔/升；临床酮病奶牛血清 BHBA 含量大于 3.0 毫摩尔/升。酮病奶牛体重显著降低、产奶量降低，并且有明显的酮体的气味（烂苹果味）。

3. 根据奶牛血液代谢特征　奶牛酮病分为Ⅰ型酮病、Ⅱ型酮病和Ⅲ型酮病。Ⅰ型酮病是由于自发性摄食不足导致，除了具有高血酮外，还具有低血糖和低胰岛素的特征；Ⅱ型酮病由于奶牛过于肥胖和脂肪肝导致，表现为高酮、高血糖和胰岛素降低等特征；Ⅲ型酮病主要由青贮料过度发酵，丁酸含量过高导致。

（二）病因

酮病发生主要与以下因素有关。

1. 大量泌乳　产后奶牛食欲减退，干物质摄入降低，泌乳高峰早于采食高峰，此时奶牛能量供给不能满足泌乳需求，使奶牛处于能量负平衡状态，进而导致脂肪动员，产生大量酮体，引发酮病。越是高产奶牛，发生酮病的风险越高。

2. 饲料变化和品质　奶牛分娩后精饲料添加过多，致使瘤胃功能减弱，粗饲料产生的挥发性脂肪酸减少，生糖物质不足，进而引发继发性食欲减退，造成奶牛能量负平衡，引发酮病。此外，饲料供应过少、品质低劣、营养不均衡，均可以导致机体生糖物质缺乏，引起能量负平衡，产生大量酮体而致病。

3. 产前过度肥胖　干奶期奶牛能量供应过高或者母牛产前过度肥胖，会进一步影响产后采食量的恢复，引起能量负平衡和大量酮体的产生，引发酮病。

（三）临床症状及病理变化

酮病奶牛的临床症状为食欲减退、便秘、粪便上覆有黏液、精神沉郁、迅速消瘦、乳汁和尿液易形成泡沫。严重酮病牛的乳、呼出气体和尿液中有酮体气味（烂苹果味）。病牛呈拱背姿势，轻度腹痛。多数病牛嗜睡，少数牛表现出神经症状，如狂躁、转圈、摇摆、无目的吼叫和冲撞等。酮病奶牛不仅产奶量急剧下降，且常伴发乳房炎、子宫内膜炎、休情期延长和人工授精率下降等繁殖障碍。亚临床酮病仅表现出产奶量降低等。

酮病的临床病理学特征为三高一低，表现为高酮血症、高酮尿症、高酮乳症和低血糖症。酮病奶牛血糖浓度从正常时的3.5毫摩尔/升降至2.5毫摩尔/升。酮病奶牛血液中的血酮浓度从正常时的小于0.6毫摩尔/升升高到1.2毫摩尔/升以上。另外，血钙水平稍降低，并且肝功指标谷草转氨酶、谷丙转氨酶和碱性磷酸酶活性显著增加。酮病奶牛表现出明显的肝损伤。白细胞分类计数，嗜酸性粒细胞和淋巴细胞增多。

（四）诊断

酮病发生在产犊后几天至几周内，血清酮体含量达1.2毫摩尔/升以上，血糖降低，并伴有消化机能紊乱、体重减轻、产奶量下降，间或有神经症状。酮体的检测，常用快速简易定性法检测血清或血浆、尿液和乳汁中酮体水平。所用的试剂为酮粉（亚硝基氰化钠、硫酸铵和无水碳酸钠粉末按照1∶20∶20混合研细）。具体方法为取酮粉0.2克置于载玻片上，加待检样品2～3滴，立即呈现紫红色，即为酮病。也可采用血酮血糖仪检测酮体含量，亚临床酮病由于临床症状不明显，必须根据实验室血酮水平进行诊断，血酮主要成分β-羟丁酸浓度处于1.2～3.0毫摩尔/升之间为亚临床酮病，大于3毫摩尔/升时为临床酮病。继发性酮病的诊断主要可以通过采取针对原发性酮病的治疗方法（例如葡萄糖和激素治疗）无效来判断。

（五）治疗

酮病的治疗原则是补糖抗酮，促进糖原异生作用，增加血糖含量，减少体脂动员，提高饲料中丙酸等生糖前体物的利用。大多数病例可以通过合理的治疗得以痊愈，部分严重病例治愈后可能复发。治疗方法包括替代疗法、激素疗法和其他疗法。另外，继发性酮病需要着重治疗原发病。

1. 替代疗法　主要以补糖为目的，包括补充葡萄糖、果糖或者生糖先质（如丙二醇、甘油和丙酸钠）。静脉注射50％葡萄糖溶液2 000毫升，连续数日，同时肌内注射100～200国际单位的胰岛素，能进一步促进葡萄糖的利用，缓解能量负平衡，对大多数病牛有明显治疗效果。需要重复注射，否则有可能复发。有时也可以采用腹腔注射20％葡萄糖溶液来治疗。此外，重复对病牛灌服或饲喂丙二醇或甘油（每天2次，每次500克，2天后转为每天250克，持续2～10天）效果很好。每天口服丙酸钠120～240克，也具有良好的效果，但作用较慢。

2. 激素疗法　促肾上腺皮质激素（ACTH）可以促进糖皮质激素的分泌，糖皮质激素具有促进蛋白质的糖异生和维持血糖浓度的作用，因此对体质较好的病牛采用肌内注射ACTH 200～600国际单位具有较好疗效，有助于酮病的迅速恢复。

3. 其他疗法　对于表现出神经症状的酮病奶牛可以应用水合氯醛，降低大脑兴奋，提高葡萄糖的产生和吸收，增强瘤胃发酵，缓解神经症状，治疗剂量为首次30克水合氯醛胶囊投服，继之再给予7克水中灌服，连续几天给药。另外，补充钴及5％碳酸氢钠溶液500～1 000毫升静脉注射有助于治疗酮病。此外，还可采用微生态制剂，改善瘤胃发酵作用。

（六）预防

奶牛酮病的防治重点在于预防。对高度集约化养殖的牛群，尤其是高产奶牛，全泌乳期要科学地控制奶牛的营养投入，严禁产前奶牛过度肥胖。避免劣质饲料，在奶牛干奶期，应给予优质的纤维饲料，促进瘤胃的消化能力。奶牛分娩后的日粮中蛋白质水平应不超过 16％。在奶牛达到泌乳高峰时，尽量避免外界各种应激干扰其采食量，同时应适当增加运动。在泌乳高峰期后，饲料中碳水化合物的供给可用大麦等替代玉米。干草或青贮饲料应保证质量，质量差的青贮饲料因丁酸含量高，不仅缺少生糖先质，而且可能直接导致酮体生成，应予以避免。在酮病高发的围产期，奶牛喂服丙酸钠，有较好的预防酮病发生的功效。建立酮病监测和预警机制，奶牛在进入围产期后，应定时监测血糖和血酮含量，起到预警牛群酮病发生的作用。

二、脂肪肝

（一）概念与分类

脂肪肝是主要发生在高产肥胖奶牛的一种能量代谢障碍性疾病，由于肝脏脂肪代谢紊乱，导致脂肪在肝脏中重新酯化成甘油三酯，在肝脏过度蓄积，称为脂肪肝。根据肝脏中甘油三酯含量占肝脏湿重的比例，脂肪肝分为轻度脂肪肝（1％～5％）、中度脂肪肝（6％～10％）和重度脂肪肝（超过 10％）。轻度或者中度脂肪肝奶牛无明显临床症状，重度脂肪肝奶牛表现食欲废绝、严重的酮血症、高病死率等（重度脂肪肝又称牛妊娠毒血症）。

（二）病因

奶牛产前过度肥胖，产后干物质摄入减少是奶牛脂肪肝发生的主要原因。不合理的饲养管理，在泌乳后期或干奶期饲喂高能量饲料，如饲喂谷物或青贮玉米太多、干奶期拖得过长，妊娠后期饲喂泌乳期饲料，使奶牛产前能量摄入过多，导致妊娠后期奶牛过度肥胖。产后神经内分泌激素变化剧烈，受其影响，产后干物质摄入显著减少，并与产前肥胖程度呈正相关，在采食量锐减等应激条件下引发能量负平衡，启动脂肪动员，进而大量脂肪酸在肝脏内重新酯化成甘油三酯。产奶量高的肥胖奶牛、双胎母牛或胎儿过大，或日粮中某些蛋白质的缺乏，导致极低密度脂蛋白（VLDL）合成不足，均会加剧脂肪肝的发生和发展。该病的发生还受到遗传因素的影响，如娟姗牛发病率达40％～56％，荷斯坦奶牛发病率为30％～45％。此外，间接导致食欲下降的疾病可继发脂肪肝，如真胃左方移位、前胃弛缓、创伤性网胃炎、生产瘫痪、大量内寄生虫感染及某些慢性传染病。

（三）临床症状及病理变化

1. 临床症状　脂肪肝奶牛临床症状表现为精神沉郁、食欲减退或废绝、产奶量下降、瘤胃蠕动迟缓。呼气、尿及粪便有丙酮气味，尿酮体呈阳性反应，但用酮病治疗方法很难见效。轻度和中度脂肪肝，病牛经1个多月即可自愈，但产奶量无法完全恢复到正常水平，且繁殖力和免疫力都受到一定影响。重度脂肪肝时，如果没有及时正确治疗，病牛会因严重衰弱和内中毒而死亡（表6-1）。

表6-1　不同程度脂肪肝临床表现比较

轻度或者中度脂肪肝	重度脂肪肝
常见，发病率为30％～45％	较少见，发病率在5％以下
妊娠后期体膘高于3分的牛	妊娠后期体膘高于4分的牛
迅速掉膘	迅速掉膘
患牛临床上症状不明显	患牛临床症状明显
产后食欲增加	食欲减退
不需治疗，患牛自愈	对患牛必须精心治疗
患牛不会死亡	患牛病死率高

2. 病理变化　病死牛心、肾、盆腔周围和网膜内有大量脂肪沉积。剖检可见肝脏肿大、边缘钝圆、切面外翻、质地变脆，呈黄白色（图6-1）。肝、肾、肾上腺和心肌细胞内可见甘油三酯沉积。血液中酮体、游离脂肪酸、胆红素含量显著增加，肝功指标谷丙转氨酶、谷草转氨酶、碱性磷酸酶和乳酸脱氢酶活性显著上升，葡萄糖、胆固醇、白蛋白、胰岛素和白细胞总数下降。

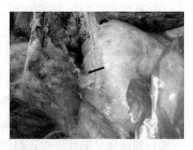

图6-1　重度脂肪肝奶牛的肝脏肿大、边缘钝圆，网膜内有大量脂肪沉积

（四）诊断

奶牛脂肪肝的诊断金标准是检测肝组织中甘油三酯占肝脏湿重的比例，主要采用肝组织活检。结合奶牛的临床表现、血液生化指标、病史，参考母牛产犊时间、饲料组成、营养水平、泌乳量及产前产后的体况变化进行综合诊断。

肝组织活检：通过肝脏外科手术采取肝组织，测定单位湿重肝组织中甘油三酯的含量，根据甘油三酯占肝脏湿重的比例做出诊断：1%～5%为轻度脂肪肝，6%～10%为中度脂肪肝，高于10%为重度脂肪肝。但因该方法具有侵入性且操作繁琐，不便应用于兽医临床。

血液生化检测：通过检测病牛血糖、游离脂肪酸、BHBA浓度及肝酶活性等指标变化来评估脂肪肝的发生。病牛游离脂肪酸、胆红素、酮体和甘油三酯含量显著升高，血液中糖、镁、锰含量显著降低，天冬氨酸氨基转移酶、γ-谷氨酰转移酶、胆碱酯酶和谷草转氨酶活性显著上升。

（五）治疗

治疗原则：补糖保肝、解毒和避免继发感染。

对于轻度和中度脂肪肝奶牛，可口服葡萄糖前体物质（包括丙酸钠、丙酸镁、乳酸钙、甘油、丙二醇等）；静脉注射葡萄糖，50％的葡萄糖溶液 1000 毫升静脉注射，需反复注射，配合注射钙制剂；肌内注射或皮下注射糖皮质激素和胰高血糖素，其中，糖皮质激素包括地塞米松、氢化可的松，配合注射葡萄糖、维生素 B_{12}、氯化胆碱、钴盐、硒和维生素 E 等制剂。另外，静脉注射适量的抗生素，如链霉素、青霉素等。对重度脂肪肝或者妊娠毒血症奶牛，目前没有特别有效的治疗办法，一般采用补糖保肝和解毒的策略，即使治疗也很难使病牛完全恢复健康和生产性能，因此建议立即淘汰重度脂肪肝奶牛。

（六）预防

本病以预防为主，注意加强饲养管理，原则是保持妊娠期良好体况，防止过度肥胖。

合理饲喂，及时处理围产期奶牛的代谢失调。根据围产期奶牛体况，饲喂营养全面、均衡的日粮，增加干物质采食量，适当减少精料的饲喂量，防止奶牛产前过于肥胖，同时要保证奶牛摄入全面、均衡的微量元素。奶牛分娩后，要注意加强护理，增加运动，逐渐过渡到适口性较好的饲料，防止产后由于大量泌乳而引起能量负平衡，可通过补充丙酸钠和丙二醇等生糖前体物，促进糖异生作用。

胰高血糖素和糖皮质激素可增强奶牛肝细胞的糖异生作用。皮下注射胰高血糖素、肌内注射糖皮质激素和口服丙二醇，可以有效增加血糖含量，减少奶牛体脂动员，从而降低血浆中游离脂肪酸的水平，调节肝脏脂质代谢，降低肝脏脂肪含量，进而达到预防脂肪肝的目的。

采用饲料添加剂来预防脂肪肝，日粮中按每头添加烟酸 6 克/天和纤维素酶 60 克/天，前者具有抗脂解作用，以降低血浆脂肪酸浓度，后者具有增加血糖的作用，防止能量负平衡，两者合并使用可预防围产期奶牛脂肪肝。另外，还可在饲料中添加胆碱 60 克/天，促进肝细胞极低密度脂蛋白的生成，增加肝细胞甘油三酯的输出，改善肝脂蓄积。

第五节　奶牛寄生虫病预防

随着牧场规模化程度越来越高，奶牛可能罹患的寄生虫种类大幅减少，但是仍然有几种内外寄生虫病严重困扰着奶牛养殖者，给奶牛场带来巨大损失。奶牛场常见寄生虫病主要有球虫病、胃肠道线虫病、隐孢子虫病、体表寄生虫病等。（王春璈，2006；崔中林，2007）。

一、球虫病

（一）流行病学

球虫病在我国分布广泛，规模化牧场和放牧牛群中均有发生，主要侵害 3 周龄至 6 月龄的犊牛，部分牛场的成年奶牛粪便中也能检测到球虫卵囊（张宽宽，2018）。球虫病是由艾美耳属球虫引起的寄生虫病,目前发现可以在犊牛体内寄生的艾美耳球虫约 12 种,其中 2 种致病性最强,即牛艾美耳球虫和邱氏艾美耳球虫。

球虫病的主要传播方式为粪-口传播,球虫的生活史分为体内和体外两部分。犊牛经口感染艾美耳球虫后,球虫会在犊牛肠道细胞内寄生,经过一个或多个无性生殖阶段后,进入有性生殖阶段,最终产生未孢子化的卵囊并随粪便排出体外,未孢子化的卵囊进入到环境中经过孢子化过程,从而获得感染其他犊牛的能力。当犊牛舔舐了被污染的物品或摄入被污染的饲料或水时,卵囊就会被摄入到犊牛体内,重新开始新一轮生活史。

(二)临床症状

大多数犊牛感染球虫后并不表现临床症状,仅表现出被毛凌乱、饲料转化率下降、日增重减少等亚临床症状,直到犊牛经历断奶、转群、气候变化等应激条件后,犊牛免疫力下降时,才会表现出临床症状,如腹泻、消瘦和精神沉郁等,严重病例会出现便血和死亡。因此,减少应激因素、增强犊牛免疫力并有计划地进行球虫病预防,对防治球虫病至关重要。

(三)诊断

采集新鲜犊牛粪便用饱和盐水漂浮,并在显微镜下镜检,发现球虫卵囊既可确诊。为了能够得到准确的检测结果,牧场应注意采样时间和采样方式,要采集断奶/混群后 1~6 月龄的犊牛新鲜粪便,直接通过直肠采集。牧场在制订球虫病的治疗方案之前,应对牧场球虫病流行情况进行检测和调查,并结合既往病史,制订合理的预防用药方案。

(四)防治措施

目前农业农村部批准用于牛球虫病的药物只有地克珠利(如蒂

刻球®）和托曲珠利（如百球清®5％）两种，地克珠利的给药剂量
为每100千克体重40毫升，托曲珠利的给药剂量为每100千克体
重30毫升，最佳给药方式为混群后7～14天全群口服给药一次，
考虑到牧场实际生产需要，可以酌情考虑调整给药时间为混群当
天。但是给药时间的改变，会影响犊牛对球虫免疫力的形成。有效
的药物预防方案是在用药物保护犊牛肠道不受到损伤的情况下，让
犊牛能够接触到低水平的卵囊，从而产生对球虫的免疫力。

如果牧场没有制订计划预防球虫病，球虫病一旦暴发，应马上
隔离出现临床症状的犊牛，紧急使用地克珠利或托曲珠利进行治
疗，并给予广谱抗生素治疗，预防可能继发的细菌感染。药物治疗
的同时，必须对症治疗，给予口服补液或者静脉输液补液，防止因
为脱水导致奶牛死亡。给予口服电解盐或静脉输液的同时，注意不
要断奶，防止犊牛因能量不足而发生死亡。牧场一旦暴发球虫病，
应对同一圈舍的全部犊牛同时进行治疗，不要仅单独治疗出现临床
症状的犊牛。

除了有计划地进行药物预防外，牧场还应考虑管理方面的因
素，如料槽和水槽要显著高于地面，防止粪便污染，对于不慎被粪
便污染的料槽和水槽，应及时清理；断奶混群犊牛最好考虑全进全
出，按照犊牛日龄进行分群和混群，最好同一群中犊牛日龄相差不
超过2周；球虫卵囊对常见消毒剂均具有抵抗力，只对温度和干燥
敏感，因此每次犊牛转出后应对圈舍进行彻底清洗，干燥晾晒数日
后再转入新的犊牛。

二、胃肠道线虫病

（一）流行病学

牛胃肠道线虫是一系列寄生线虫的统称，包括主要寄生在皱胃

的血矛线虫、奥斯特线虫；主要寄生在小肠的毛圆线虫、古柏线虫、细颈线虫、仰口线虫和犊牛弓首蛔虫等；主要寄生在大肠的食道口线虫等。但是由于规模化养殖模式的普及，放牧牛群大量减少，目前奶牛胃肠道线虫病并不多发。胃肠道线虫的主要传播方式为粪-口传播。卵囊对常见消毒剂抵抗力较弱，对温度敏感。

（二）临床症状

轻微的线虫感染只会引起犊牛日增重降低，中度感染的犊牛会出现被毛杂乱、腹泻、体重下降、贫血和低蛋白血症等，重度感染的犊牛会出现急性症状如严重的血便和死亡。

（三）诊断

目前对于胃肠道线虫的诊断还是依靠粪便漂浮法，具体检测方法和样品采集的要求同球虫。需要注意的是，线虫卵囊对温度敏感，建议在环境温度大于13℃的季节进行检测，冬季环境温度过低，会影响线虫检出率。在显微镜下应注意区分球虫卵囊和线虫卵囊，球虫卵囊一般大小为20～50微米，线虫卵囊一般大于100微米。

（四）防治措施

1. 药物治疗　目前国内批准用于奶牛胃肠道线虫病的药物包括伊维菌素注射液和芬苯达唑粉剂。

（1）伊维菌素注射液　使用方式：按伊维菌素计，皮下注射，一次量，每千克体重200微克。泌乳期禁用。休药期：牛35天。

（2）芬苯达唑粉（5%）　对牛的血矛线虫、奥斯特线虫、毛圆线虫、仰口线虫、细颈线虫、古柏线虫、食道口线虫、胎生网尾线虫成虫及幼虫均有高效。此外，还能抑制多数胃肠线虫产卵。内服，每100千克体重10～15克。泌乳期禁用。休药期：牛14天。

弃奶期：5天。

2. 预防　牧场可以选择在断奶混群阶段使用药物驱虫，或在干奶初期驱虫。除了用药物驱虫，还应注重牧场卫生的管理，犊牛转群应全进全出，圈舍进行彻底清理、消毒和晾晒。

三、隐孢子虫病

（一）流行病学

隐孢子虫病在国内很多牧场都存在（高海慧，2020），主要侵害5～30日龄的犊牛，其主要病原为微小隐孢子虫。隐孢子虫通常与其他肠道病原微生物并发，如轮状病毒、冠状病毒、大肠杆菌等，造成犊牛肠道损伤和严重腹泻。

隐孢子虫的主要传播方式是粪-口传播。卵囊经口被犊牛摄入体内后，会在肠道内破囊释放传染性子孢子，在肠细胞内经过无性和有性繁殖阶段后，分别形成裂殖体的合子，并在宿主细胞内形成孢子体。孢子具有传染性，随粪便排出体外后继续感染其他犊牛。

（二）临床症状

犊牛感染隐孢子虫病后，通常会出现轻度到中度的水样腹泻，粪便呈黄色或灰白色，有黏液。腹泻一般持续5～7天，如继发其他肠道病原菌，腹泻程度会有所加强，腹泻周期也可能延长。

（三）诊断

隐孢子虫的诊断，传统的实验室检测方法是齐-尼二氏染色法，但是操作比较复杂，牧场很难进行。推荐牧场使用市售的隐孢子虫检测试剂盒，操作简单，结果易读。结合发病日龄和临床症状，可以对疑似犊牛使用试剂盒检测，一旦确诊应立即隔离。

（四）防治措施

隐孢子虫病属于自限性疾病。大多数临床病例中，犊牛腹泻数日后会具有自限性。国内牧场发生隐孢子虫病时，主要进行对症支持治疗。根据脱水程度，选择口服补液或者静脉输液补液，防止因为脱水导致奶牛死亡。给予口服电解盐或静脉输液的同时，注意不要断奶，防止犊牛因能量不足而发生死亡。

因为隐孢子虫病主要经粪-口传播，且无法对因治疗，所以对隐孢子虫病的预防尤为重要。洁净的产房环境、犊牛岛、饲料盆和水盆等有助于预防隐孢子虫病。应保证犊牛在出生后及时摄入优质、足量初乳，同时至少在出生后 2 周内单独饲养，防止新生犊牛之间接触。已经出现临床症状或检测确诊的犊牛应立即隔离，及时清理患牛排出的粪便，并对圈舍环境、饲养人员和兽医人员的手套、靴子等进行消毒，防止疾病的进一步传播。隐孢子虫卵囊对常见消毒剂具有较强的抵抗力，但干燥和紫外线对杀灭卵囊有一定效果，因此犊牛转群后，应对犊牛岛进行彻底清洗、消毒和晾晒。

四、体表寄生虫病

奶牛场常见引起体表寄生虫病的寄生虫有蜱、螨、虱、蝇等。

（一）蜱

在放牧牛中常见，在规模化养殖模式下不常见。蜱分为硬蜱和软蜱，其中硬蜱对奶牛的危害较大，主要表现为咬伤和疼痛，还可能继发和传播其他疾病。蜱的繁殖和发育过程中需要叮咬动物摄取血液，这种叮咬会使奶牛感觉到疼痛不适，表现不安、趴卧和采食时间减少，产奶量和体重降低。

蜱的诊断较简单，重点检查牛的头颈部、腹股沟、肛门和外阴附近，如找到处于不同发育阶段的蜱虫均可确诊。

（二）螨

螨虫病在奶牛场较为常见，奶牛场常见的螨包括疥螨和痒螨。疥螨寄生于皮肤浅层，依靠进食体液和皮屑生存。整个生活史都在牛体上完成，离开牛体后仅能存活几天时间，对干燥敏感。

痒螨寄生于皮肤表面，依靠进食血清和淋巴液生存，整个生活史都在牛体上完成，离开牛体后还能够存活1个月以上的时间，对干燥敏感。

疥螨和痒螨都会导致严重的瘙痒，被感染的部位会出现脱毛、皮肤破损、丘疹、结痂和皮肤增厚等。疥螨导致的病灶主要出现在尾、颈、胸、肩、臀部和腹股沟内侧。痒螨导致的病灶主要出现在肩峰、尾根、背部和体侧。奶牛会表现出焦躁不安，不停舔舐瘙痒部位，并会在颈枷和墙壁等粗糙表面擦痒，导致牛采食量和产奶量下降，甚至影响发情。长期未处理的牛可能出现体重下降、虚弱，容易继发其他疾病，严重病例可能发生死亡。

疥螨和痒螨都可通过接触传播。奶牛在蹭痒过程中，螨虫能够停留在颈枷和墙壁等表明，其他牛只接触即可被传染，在牛群中传播迅速。奶牛场可以通过临床症状和刮取患部皮肤镜检进行确诊。

（三）虱

1. 流行病学　奶牛场常见的虱包括牛血虱（刺吸式虱）和牛毛虱（咀嚼式虱）等。虱的宿主特异性强，整个生活史都在牛体上完成。刺吸式虱喜欢停留在头、颈、肩、腋窝、背部，咀嚼式虱喜欢停留在背部和胁肋部（赵德明，沈建忠，2009）。虱在冬春季节多发，冬春季节奶牛的被毛较长，皮肤表面温度较低，舍饲牛群中比较容易传播虱。

2. 临床症状　虱对于奶牛的影响主要表现为瘙痒，在虱的侵扰下，奶牛表现不安、趴卧时间减少、不停舔舐瘙痒部位，或是在颈枷蹭痒，导致脱毛。被虱侵扰的犊牛和母牛，因为瘙痒而用舌头舔后留下的皮肤痕迹很典型，像是用湿画笔刷过一样（赵德明，沈建忠，2009）。

3. 诊断　虱的诊断是通过临床症状和物理检查进行。虱眼观为棕色小点，可以在牛舔舐的部位或者沿着脊柱周围被毛的毛根处进行物理检查。

4. 防治措施　牧场通常很少进行蜱、螨、虱寄生的单头病牛的治疗，一旦发现牛群中有确诊的牛，应对该牛群进行整群治疗。目前，农业农村部批准用于治疗牛蜱、螨、虱的药物是双甲脒溶液和溴氰菊酯等。

双甲脒属于广谱杀寄生虫药，主要作用于蜱、螨和虱的神经系统，提高神经系统的兴奋性，导致其运动增加，将口器从寄生部位移开，最后从奶牛身上掉落。双甲脒药效时间长，能够有效地防治体外寄生虫。对不同发育阶段的蜱和螨有效。牛用药时可选择喷洒给药：以双甲脒计，0.025%，喷洒至全身皮肤完全浸透；整群治疗，虱、螨严重感染病例，应在7～10天后进行二次喷洒。

溴氰菊酯溶液：以溴氰菊酯计，药浴：每升水中，5～15毫克（预防），30～50毫克（治疗）。根据牧场奶牛体外寄生虫的严重程度评估，5～7天后重复用药。

（四）蝇

蝇的问题目前越来越受到牧场经营者的重视，尤其是在夏季。牧场中大量的蝇会不停地叮咬和骚扰奶牛，造成奶牛不愿趴卧、站立时间延长、不停摇头和甩尾驱赶蝇，造成奶牛舒适度和产奶量的下降。因为蝇的叮咬，奶牛还会甩饲料到牛背上驱赶蚊蝇，造成饲料浪费，提高饲养成本。同时蝇还会传播多种疾病，如蝇的叮咬能够传播传染性角膜炎，蝇的叮咬还会导致奶牛乳头损伤，引起乳房炎发病率升高。

奶牛场中的蝇主要包括厩蝇和家蝇等。厩蝇除了骚扰奶牛外，还会吸血。两种蝇的生活史比较相似，其繁殖都需要比较合适的环境温度和湿度。蝇卵在气温低于13℃时不发育，低于8℃或高于42℃时会死亡。在自然界中，每只雌蝇终生产卵量可达400～600粒。因此，牧场在蝇的管理措施中，应把蝇卵的管理列为重要部分。在牧场的粪堆、粪沟、污水沟、犊牛垫料区等都很容易滋生蝇卵。

清除牧场中蝇的方法主要有2种，物理方法和化学方法。物理方法是指及时清理垃圾堆和污水沟中的污物，尽可能减少卫生死角。对于牛粪和沾染了粪便的垫料，应该及时拉走或进行堆积发酵处理。化学方法是使用一些菊酯类杀虫剂如溴氰菊酯等，对圈舍、奶厅、垃圾堆、犊牛岛等重点区域进行喷洒。喷洒时应注意：①牧场应在最低气温大于13℃的季节就展开灭蝇工作；②应尽量选择在晴朗、无风或微风天气喷洒灭蝇药物；③雨后应增加灭蝇用药频次，防止蝇卵滋生。

第六节　奶牛人畜共患病防控

人畜共患病主要指能在人和脊椎动物中互相传播的疾病或感染（陈溥言，2015），传统意义上主要指人类与人类饲养的畜禽之间。据有关数据显示，约75％的动物感染性疾病为人畜共患病。其中，奶牛人畜共患病主要包括布鲁氏菌病和结核病等细菌病，牛轮状病毒病等病毒病，以及棘球蚴病、日本血吸虫病等寄生虫病。

人畜共患病的防控事关畜牧业的持续健康发展，事关人民群众身体健康和公共卫生安全，因此必须深入了解、严格防控，切实加强奶牛人畜共患病的防控，不仅是各级动物防疫主管部门和动物疫控机构的重中之重，也是奶牛养殖相关人员的重中之重。

一、布鲁氏菌病

布鲁氏菌病（Brucellosis）是由布鲁氏菌引起的一种人畜共患慢性病，又称布氏杆菌病，简称布病。在牛、羊、猪中最常发生，且可传染给人和其他家畜，其特征是生殖器官和胎膜发炎，引起流产、不育和各种组织的局部病灶，对奶牛生产性能及养殖业健康发展造成了巨大威胁，同时能够严重影响居民健康，引起严重的公共卫生问题，是世界动物卫生组织规定的必须通报的动物疫病（程汝佳，2021）。

（一）病原学

布鲁氏菌属于布鲁氏菌属，布鲁氏菌属有 9 个种，其中对人和动物有致病性的共 6 种，分别是羊布鲁氏菌、牛布鲁氏菌、猪布鲁氏菌、沙林鼠布鲁氏菌、犬布鲁氏菌和绵羊布鲁氏菌。其中在奶牛以牛布鲁氏菌感染为主，又称流产布鲁氏菌。各型布鲁氏菌在形态和染色上无明显区别，均为细小、两端钝圆的球杆菌或短杆菌，大小为（0.5～0.7）微米×（0.6～1.5）微米。无鞭毛，不运动，不形成芽孢，在条件不利时有形成荚膜的能力。革兰染色呈阴性，吉姆萨染色呈紫色。布鲁氏菌为需氧菌，对营养要求较高，在固体培养基上可形成光滑型（S）和粗糙型（R）菌落。光滑型菌落为无色半透明、圆形、表面光滑湿润、稍隆起、均质样。粗糙型菌落为粗糙、灰白色或褐色、黏稠、干燥、不透明。牛布鲁氏菌的菌落为光滑型。布鲁氏菌不产生外毒素，但产生毒性较强的内毒素，不同菌株之间毒力差异较大，一般羊布鲁氏菌毒力最强，猪布鲁氏菌次之，牛布鲁氏菌较弱。本菌对外界环境抵抗力较强，但对热敏感。

（二）流行病学

本病的易感动物范围很广，自然病例主要见于羊、牛和猪。各种布鲁氏菌主要引起该种动物的布鲁氏菌病，也可发生交叉感染，牛布鲁氏菌主要感染牛，也可感染羊、猪、犬等。羊布鲁氏菌、猪布鲁氏菌等也可感染牛。病牛及带菌牛是牛布鲁氏菌病的主要传染源，对人类及其他家畜的健康危害极大。最危险的传染源是感染的妊娠动物，其流产时随着流产胎儿、胎衣、胎水和阴道分泌物排出大量细菌。患病动物也可通过乳汁、精液、粪便、尿液排出病原。

一般母牛更易感，犊牛有一定的抵抗力，随着年龄的增长易感性增高，性成熟后的奶牛对本病非常易感。首次妊娠的母牛容易感染发病。饲养管理不良、拥挤、寒冷潮湿、饲料不足及营养不良均会促进本病的发生和流行。

（三）临床症状及病理变化

布鲁氏菌病的潜伏期为2周至6个月。妊娠母牛常发生在妊娠期第6～8个月。感染后的病牛主要表现为流产、关节炎、乳房炎及睾丸炎。同时，母牛在流产前还会出现精神不振、食欲降低、情绪烦躁及阴唇肿胀等症状，观察其阴门可以发现有黄红色或者灰褐色的黏液流出，乳房明显出现肿胀。一般流产的胎儿是死胎或者弱胎。由于母牛子宫内膜发炎，还会造成胎衣不下。部分病牛即使被治愈，也极易发生不孕（郑金成，赵国江，2014）。对病死牛进行剖检可见其胎盘绒毛膜下组织呈糜烂状态，伴有出血现象，胎衣明显增厚。流产胎儿的皮下和肌肉呈出血浸润现象，胃内残留大量黏液絮状物质，颜色为淡黄色，肝脏肿大，脾脏肿大。成年公牛可见坏死性睾丸炎及附睾炎，前期睾丸出现肿大，后期睾丸缩小。

（四）诊断

结合布鲁氏菌病的临床症状、流行特点及剖检变化，如发生流产，且多发于第一胎妊娠母牛，多数只流产一次，流产后常伴发胎衣不下、子宫炎、屡配不孕，公牛表现睾丸炎症状等，即可做出初步诊断。如需确诊，应进行实验室诊断。目前在布鲁氏菌病实验室诊断中，血清学方法的应用较为广泛，如血清集聚试验、补体结合试验等（郑金成，赵国江，2014）。也可以取胎衣、绒毛膜渗出物、胎儿胃内容物、水肿液、胸腔积液、腹水等制成涂片进行染色镜检，即细菌学检查；或者采集脾脏、淋巴结等病料进行分子生物学检查，如 PCR 快速检测布鲁氏菌。

（五）防治措施

应当着重体现"预防为主"的原则，采取检疫、免疫、淘汰病牛等综合性措施进行防控（王福宏，2020）。

1. 加强对牛场布鲁氏菌病的监测和净化　在养殖过程中，为降低布鲁氏菌病发病率，应高度重视对布鲁氏菌病的监测及净化工作。应每季度监测 1 次，掌握牛群的健康状况并做好记录，针对监测中所发现的阳性牛只，要及时淘汰处理，针对受威胁的牛群，及时隔离监测，将带菌牛筛选出来并淘汰，实现对牛群的净化。健康牛群每间隔半年检测 1 次。

2. 加强对养殖人员疫情防控教育　重视对广大养殖场的疫情防控教育工作，加大布鲁氏菌病宣传力度，使养殖人员积极配合并自觉参与牛群布鲁氏菌病防控工作，减少防控工作阻力，提高工作效率。强化对养殖场病牛处置方法的宣传与讲解工作，使养殖人员能及时发现患病牛只并隔离，及时扑杀无治疗意义的牛只。此外，要加强法制教育工作，促使养殖人员认识到私自处置病牛的严重后果。实现对奶牛布鲁氏菌病的科学化、规范化防控。

3. 坚持自繁自养　引种是导致布鲁氏菌病传入和大规模传播的重要因素，因此在养殖过程中，应遵循自繁自养的相关规定，防止疫病的发生。如要引种，首先，在引种前要对引种牛进行健康检查，及时了解疫苗接种情况；其次，在引种前需要做好圈舍清洁，对圈舍及其周围区域物品进行全面消毒并闲置1周；最后，对于引种牛，应在隔离区饲养1月左右，在这期间注意牛是否发生疫病并进行检疫，确定无异常后方可合群饲养。

4. 规范疫苗接种工作　疫苗接种是预防牛群布鲁氏菌病的有效措施，养殖户要明确免疫接种工作的重要性及必要性，充分结合养殖场及周围区域内牛羊布鲁氏菌病流行情况对接种方案进行不断完善与健全，必须落实对免疫程序的强化，并确定合理的疫苗接种量，最终确保奶牛达到良好的免疫水平。

5. 严格消毒管理制度，规范饲养管理　建立健全完善的饲养管理制度及消毒制度，实现有效防控。饲喂优质饲料，禁止喂食腐烂变质的饲料，提高牛群抵抗力，降低发病率。保证圈舍通风良好且光照充足，保障饮水清洁、卫生，做好保温措施，减少应激。合理布局生产区、生活区，及时将养殖场内的蚊虫及鼠消灭。

6. 病牛无害化处理　养殖人员一旦发现阳性病例，首先自身要做好防护工作，然后将病牛隔离，上报疫情，封锁疫区，禁止开展牛群调运活动。对于无治疗意义的牛只、病死牛只及其污染物，应进行无害化处理；对于被污染的场地、槽具等，应全面消毒。通常对于患有布鲁氏菌病的牛只不予治疗，发生布鲁氏菌病时应及时诊断、隔离、扑杀患病奶牛并做无害化处理。

7. 养殖人员的防护　养殖人员应避免发生职业性感染，在与患病牛或阳性牛接触时应注意自身防护，避免直接接触流产胎儿、羊水、胎衣、阴道分泌物等，注意消毒工作。相关人员应定

期体检，疑似发生布鲁氏菌病时要及时诊断、及时治疗，避免转
为慢性。

二、结核病

牛结核病是由牛型结核分枝杆菌引起的人和动物共患的一种慢
性消耗性传染病，其特点是在多种组织器官形成结核结节和干酪样
坏死或钙化结节。在我国，牛结核病属于二类动物疫病。结核病作
为全球性的健康问题，其发病率和死亡率呈逐年上升趋势。牛结核
病的传染流行不仅阻碍着奶牛业的发展，而且还关乎人类生命健康
（李少晗，2020）。

（一）病原学

分枝杆菌属包括结核分枝杆菌、牛分枝杆菌和禽分枝杆菌等
30 余种，奶牛结核病的病原菌为牛分枝杆菌。除上述三种的其他
种对人和动物的致病力较弱或无致病力。本菌的形态因种别不同稍
有差异。牛分枝杆菌呈稍粗短的杆状，单独或平行相聚排列，且着
色不均匀。本菌不产生芽孢和荚膜，也不能运动。革兰染色呈阳
性，一般染色法较难着色，必须用特殊的抗酸性染色法，如 Ziehl-
Neelsen 抗酸染色法，菌体被染成红色。牛分枝杆菌为严格的需氧
菌，在培养基上生长缓慢，在甘油肉汤培养基中形成菲薄柔软、网
状、不扩展的菌膜。在自然环境中生存力较强，尤其对干燥、湿冷
的抵抗力很强。牛分枝杆菌既不产生内毒素，也不产生外毒素，其
物质主要是脂质，脂质的含量越高毒力越强。

（二）流行病学

奶牛对牛分枝杆菌最易感，山羊、绵羊、猪、人和灵长类动物

都对其易感。犬可以作为牛分枝杆菌的中间宿主（李少晗，2020）。奶牛结核病主要由牛分枝杆菌，也可以由结核分枝杆菌引起。病牛是本病的主要传染源，其痰液、粪尿、乳汁和生殖道分泌物中都可带菌，污染的饲料、饮水、空气和环境可散播传染。奶牛主要经呼吸道、消化道感染，人主要是通过消化道感染。饲养管理不当与本病的传播密切相关，圈舍通风不良、拥挤、潮湿、阳光不足及奶牛缺乏运动，都会导致奶牛容易患病。

（三）临床症状及病理变化

由牛分枝杆菌引起的奶牛结核病潜伏期长短不一，短者十几天，长者数月甚至数年。通常取慢性经过，病初临床症状不明显，当病程逐渐延长，病症才逐渐显露。奶牛结核病常见表现为肺结核、乳房结核、淋巴结核，有时可见肠结核、生殖器官结核、脑结核、浆膜结核及全身结核。①肺结核：病牛消瘦、呼吸次数增多并伴有气喘，主要以清晨顽固性干咳最为明显，最后变为湿咳。肺部听诊有啰音或摩擦音。叩诊实音区域，病牛有闪躲动作，有疼痛感。②乳房结核：乳房表面多呈现大小不一、凹凸不平的硬肿块；乳量减少直至停乳且乳汁稀薄如水，有时混有脓块。③淋巴结核：淋巴结肿大、水肿。常见于纵隔淋巴结、咽喉淋巴结和腹股沟淋巴结等。④肠结核：多见犊牛便秘与下痢症状交替出现，发展严重时出现顽固性下痢、血便。⑤脑结核：脑和脑膜等可发生粟粒状或干酪样结核导致中枢神经系统受到侵害，引起病牛癫痫样发作和运动障碍。

结核分枝杆菌和禽分枝杆菌感染奶牛多引起局限性病灶且缺乏肉眼可见变化。

牛结核病的病理损害以肉芽肿（结核性）的形成为特征，其中细菌细胞多见于淋巴结和肺脏，但可发生在其他器官。肉芽肿通常出现在小结节或结节上，表现为黄色/灰白色粟粒大，多为散在。

因胸膜和腹膜的结节半透明状、密集状似珍珠，俗称"珍珠病"。病期较久的结节中心干酪样坏死或钙化，或形成脓腔和空洞。病理组织学检查在结节病灶内可见大量的结核分枝杆菌（富景宁，2019）。

（四）诊断

在牛群中有进行性消瘦、咳嗽、慢性乳房炎、顽固性腹泻、体表淋巴结慢性肿胀等临床症状时，可作为初步诊断依据。但在不同情况下，需结合流行病学、临床症状、病理变化、结核菌素试验、细菌学试验和分子生物学试验等综合诊断。可采取患病奶牛的病灶组织、痰、粪、乳汁及其他分泌物做抹片检查、分离培养和动物接种试验，从而进行细菌学检查。当前应用比较广泛的是结核菌素试验，是检测牛结核病的标准方法，但试验时间长、操作复杂，易受物理性、生物性等因素的影响，检测结果的准确性难以保证。PCR、核酸探针、基因芯片、DNA 序列测定等分子生物学方法具有快速、简便、特异性高的特点。

（五）防治措施

牛结核病的防治主要采取严格饲养管理，定期检疫，防止疫病传入，净化污染群，培育健康群等综合性防疫措施。对于感染了结核病的病牛一般不予治疗。

1. 加强牛场结核病监测，防止疫病传入　无病牛群定期 1 个月检疫 1 次。引进新牛要进行一次变态反应检疫（结核菌素试验），确认阴性结果后才能引进。新引进的牛先隔离观察饲养一段时间后才能合群。患有结核病的人不能接触饲喂牛群。

2. 净化污染牛群　对阳性牛，立即扑杀并进行无害化处理。对疑似的病牛，隔离饲养观察的同时通过牛结核病的标准检测方法复检确诊。

3. 加强健康犊牛护理工作　分娩前母牛乳房、后躯以及分娩室都要严格消毒，犊牛出生后立即与母牛分开，并用 2%～5% 来苏儿溶液进行全身擦拭，随后送到无污染区并饲喂健康牛乳或者是经消过毒的乳。犊牛应定期检疫，1 月龄时首次检疫，3 月龄时二次检疫，最后一次于 6 月龄检疫，若是无任何临床症状的阴性牛，则放入健康牛群混养。

4. 严格消毒管理制度　牛舍、运动场、分娩室、饲养用具以及进出车辆与人员都要消毒，粪便要发酵处理，并严格消毒。常用消毒药（70% 酒精、10% 漂白粉、氯胺、石炭酸、3% 甲醛）均可杀灭牛分枝杆菌，消毒效果显著。

5. 养殖人员的防护　人结核病主要由结核分枝杆菌引起，牛和禽分枝杆菌也可以引起感染。主要表现为身体不适，长期低热，呈不规则性，倦怠，易烦躁，心悸，食欲不振，消瘦，体重减轻等。肺结核病人见咳嗽和咳痰。主要防控措施：早期发现，严格隔离，彻底治疗，在与患病动物和病人接触时应注意个人防护。

三、其他奶牛人畜共患病

（一）牛轮状病毒病

1. 流行病学　牛轮状病毒（BRV）是引起犊牛急性腹泻的主要病原之一，主要感染 1～7 日龄的犊牛，具有流行广、发病率高、危害大等特点。BRV 感染奶牛后极易继发细菌感染，造成犊牛死亡率升高和生产性能下降。随着我国奶牛养殖集约化、规模化程度的提高，犊牛腹泻常年散发甚至暴发，发病率为 16.5%～91.7%，死亡率为 20%～50%，造成了巨大的经济损失，严重影响了我国奶牛养殖业的健康持续发展。

2. 临床症状　以呕吐、腹泻和脱水为主要特征。突出病变是胃内充满凝乳块和乳汁,小肠壁菲薄、半透明,内容物呈液状、灰黄或灰黑色,肠系膜淋巴结肿大,小肠绒毛萎缩变短。

3. 诊断 诊断方法主要包括病原学检测、免疫学检测和基因检测。采集急性感染病例粪便进行病毒分离鉴定即可诊断。粪便样本应在奶牛发病和腹泻 24 小时内收集,立即送往有条件的实验室进行病毒粒子的电镜观察或者采用乳胶凝集试验或酶联免疫吸附试验确定病毒抗原。荧光抗体染色也可用于死亡病例的组织检查。

4. 防治措施 口服补液和静脉补液。多数病牛经口服补液后,肠道可恢复正常功能。对于严重脱水、休克、丧失吸吮反应以及躺卧不动的患牛必须采用静脉补液疗法,静脉补液应以酸碱平衡和电解质平衡为标准。

预防本病的关键措施是疫苗接种,灭活苗应在母牛产犊前 6 周和 3 周(或按使用说明)分别免疫 1 次,随后在每年产犊前 4 周加强免疫 1 次。减少新生犊牛与病毒接触机会。平时应加强饲养管理,做好保温防寒工作,增强奶牛抵抗力。新生犊牛尽早进食初乳,以获得母源抗体保护。

(二) 人畜共患寄生虫病

能够在牛与人之间互相传播的寄生虫病主要包括棘球蚴病、日本血吸虫病和肝片吸虫病。但这些寄生虫病大多与放牧、水源有关,因此在养殖场奶牛中较少见。

1. 棘球蚴病 棘球蚴又称包虫,是棘球绦虫的中绦期,寄生于牛、羊、猪、人及其他动物的肝、肺及其他器官中。棘球绦虫的成虫寄生于犬属肉食动物小肠内,幼虫寄生于羊、牛、猪、马以及人等中间宿主的各种器官组织中。幼虫对牛体的危害因寄生部位、棘球蚴的体积和数量而不同,棘球蚴体积大,生长力强,并可寄生于人畜体内任何部位,不仅压迫周围组织使之萎缩和功能障碍,还易造成继发感染(孔繁瑶,2010)。如果蚴囊破裂,可引起过敏反应，甚至死亡。牛棘球蚴病在我国主要分布于北方牧区。

在我国，棘球蚴分细粒棘球蚴和多房棘球蚴两种，且以细粒棘球蚴多见。细粒棘球蚴呈包囊状，内含液体，其形状常因寄生部位不同而有变化，一般近似球形，直径为5～10厘米。切开囊壁，囊内常可见大小不等的不育囊。细粒棘球蚴感染源在牧区主要是犬，特别是野犬和牧羊犬。

生前诊断较困难，往往在剖检时才能发现。可采用皮内变态反应检查法进行诊断，间接血凝试验（IHA）和酶联免疫吸附试验（ELISA）有较高的检出率。

可使用丙硫咪唑、吡喹酮进行治疗。对于确诊的病牛，必要时可进行手术治疗取出包囊。预防措施主要是：保持牛的饲料、饮水及牛舍清洁卫生，防止被犬粪污染。对犬进行定期驱虫，每季度一次，用氯硝柳胺、氯溴酸槟榔碱或吡喹酮等驱绦虫药均可消灭虫体（朱建录，刘先珍，2002）。

2. 日本血吸虫病　日本血吸虫病是由日本血吸虫寄生在人和多种哺乳动物体内引起的一种慢性消耗性寄生虫病，有时呈急性感染，其传播具有地方性和人畜共患两大特征（胡贵华，2010）。奶牛感染日本血吸虫，出现消瘦、腹泻下痢、发育障碍、屡配不孕、流产等症状。气候温和，湖泊、河流、水田星罗棋布的养殖区环境会使该病常发多发，奶牛治愈后还会重复感染，不仅严重危害人的健康，还危害多种家畜和野生动物。

日本血吸虫生活史分成虫、虫卵、毛蚴、母胞蚴、子胞蚴、尾蚴、童虫7个阶段。成虫寄生于终宿主奶牛肝门静脉和肠系膜静脉管腔中，交配，到静脉末梢产卵。虫卵大部分随血液流入肝脏，另一部分虫卵损害肠壁进入肠腔随粪便排出体外。在适宜条件下，虫卵孵化成毛蚴，借水做直线运动，遇到钉螺，便钻入螺体内，发育成母胞蚴、子胞蚴，成为尾蚴，尾蚴脱离钉螺到水面，一旦遇到奶牛、人、野生动物等终宿主，迅速穿透终宿主皮肤，钻入其体内，变成童虫，童虫进入小血管或淋巴管至静脉血管，随血流到肠系膜静脉，22天后发育成成虫。成虫寿命一般3～4年，最长超过30年。日本血吸虫的唯一中间宿主是钉螺。虫卵椭圆形，淡黄色，卵壳较薄，无盖，在其侧方有一小棘。

日本血吸虫病传染源：一是带虫的人，以及奶牛、其他家畜、野生动物；二是带虫的中间宿主钉螺；三是含尾蚴的疫水。传播途径为接触传播，奶牛接触含血吸虫尾蚴的疫水，或饮疫水，或采食含疫水和带尾蚴钉螺的牧草，尾蚴穿透奶牛皮肤进入体内造成感染（李天平等，2015）。

根据奶牛临床症状，结合当地血吸虫病流行情况可做出初步诊断，并可通过粪便毛蚴孵化法、间接血凝试验确诊。

可用吡喹酮进行驱虫，采取综合性措施进行预防，要人畜同步防治，积极查治感染源，加强粪便和用水管理，安全放牧，消除中间宿主钉螺。

参考文献

柴建敏，2011. 奶牛轮状病毒病的病因、诊治及预防［J］. 养殖技术顾问
　　（9）：78-79.

陈溥言，2015. 兽医传染病学［M］. 北京：中国农业出版社.

崔中林，2007. 奶牛疾病学［M］. 北京：农业出版社.

邓建明，耿青水，徐秋东，2006. 10例奶牛皱胃变位的诊治［J］. 畜牧与
　　兽医（12）：47-48.

富景宁，2019. 牛结核病的临床特征及防控措施［J］. 今日畜牧兽医，35
　　（12）：87.

高海慧，康晓冬，黎玉琼，等，2020. 我国牛隐孢子虫感染情况及危险因
　　素研究进展［J］. 中国兽医学报，40（5）：1059-1062，1068.

高树，马广英，徐天海，等，2015. 奶牛卵巢性疾病的发病机理与诊治 [J]. 中国奶牛（Z1）：20-25.

郭定宗，李家奎，等，2016. 兽医内科学 [M]. 3 版. 北京：高等教育出版社.

郭志军，2020. 浅析牛传染性鼻气管炎病的诊断与防治 [J]. 吉林畜牧兽医，41（9）：80，82.

胡贵华，李兴荣，杜宗文，等，2010. 一例犊牛日本血吸虫—沙门氏菌综合症的诊治报告 [J]. 中国畜禽种业，6（1）：94.

鞠月欣，刘维华，张传涛，2011. 奶牛皱胃变位的诊治 [J]. 现代农业科技（15）：345-346.

孔繁瑶，2010. 家畜寄生虫学 [M]. 2 版. 北京：中国农业大学出版社.

李金海，李兴玉，刘艳，2012. 奶牛主要人兽共患病的流行现状与防治对策 [J]. 畜禽业（10）：72-75.

李丽莎，2020. 肉牛传染性鼻气管炎的流行病学、临床症状、实验室诊断及防治 [J]. 现代畜牧科技（12）：117-118.

李少晗，崔尚金，秦彤，2020. 牛结核病流行现状与诊断技术研究 [J]. 中国奶牛（10）：38-41.

李天平，吴梦霞，杨国荣，等，2015. 奶牛日本血吸虫病防治 [J]. 养殖与饲料（12）：58-60.

李卓，2021. 奶牛的繁殖障碍疾病治疗措施 [J]. 今日畜牧兽医，37（4）：96.

李佐波，曹兴春，2006. 牛传染性鼻气管炎的临床诊断及预防 [J]. 畜牧兽医科技信息（6）：47-48.

林彦栋，2017. 肉牛传染性鼻气管炎的临床特点、实验室诊断与防治 [J]. 现代畜牧科技（3）：123.

刘复生，罗荣花，2017. 荷斯坦奶牛在饲养中易发生的消化系统疾病及防治（二）[J]. 农民致富之友（2）：259，267.

陆承平，2001. 兽医微生物学 [M]. 北京：中国农业出版社.

罗荣花，刘复生，2016. 荷斯坦奶牛在饲养中易发生的消化系统疾病及防治（一）[J]. 农民致富之友（24）：138，239.

马宏斌，2021. 牛常见呼吸系统疾病的诊疗 [J]. 兽医导刊（5）：60.

马学恩，2007. 家畜病理学 [M]. 4 版. 北京：中国农业出版社.

苗朋，李淼，2014. 引发牛咳嗽的呼吸道疾病与寄生虫病的诊断 [J]. 养殖技术顾问（10）：187.

邵谱，张云，田继业，等，2018. 奶牛子宫内膜炎概述 [J]. 北方牧业

（6）：27.

宋文超，金业，吴文浩，等，2012. 传染性牛鼻气管炎病毒分离鉴定及特性分析 [J]. 畜牧与兽医，44（6）：31-34.

王春璇，2006. 奶牛临床疾病学 [M]. 北京：中国农业科学技术出版社.

王福宏，2020. 牛羊布病诊断技术要点及防控 [J]. 畜牧兽医科学（24）：44-45.

王海龙，2019. 奶牛卵巢疾病的发生原因、临床症状、治疗方法和预防措施 [J]. 现代畜牧科技（12）：56-57.

王炜，2014. 牛主要呼吸道病毒病血清学调查、牛病毒性腹泻病毒分离株鉴定及疫苗研究 [D]. 北京：中国农业科学院.

许忠柏，2007. 奶牛皱胃变位的发病机理及治疗 [J]. 吉林畜牧兽医（2）：33-34，38.

杨宏伟，赵倩，2017. 奶牛子宫炎症的诊断与治疗 [J]. 兽医导刊（23）：60.

姚新勇，2020. 牛传染性鼻气管炎综合防治 [J]. 中国畜禽种业，16（8）：147.

叶果，2019. 规模化奶牛养殖常见疫病及其防治 [J]. 湖北畜牧兽医，40（3）：17-18.

张俊文，金淑霞，2018. 牛羊消化道线虫病的防治 [J]. 中兽医学杂志，（6）：19.

张宽宽，李治国，张齐元，等，2018. 新疆规模化奶牛场球虫病流行情况调查 [J]. 畜牧与兽医，50（9）：87-90.

张磊岩，张磊艳，2020. 羊布病流行、致病机理及防治措施 [J]. 畜牧兽医科学（20）：67-68.

张宁，赵博伟，董玉玲，等，2011. 牛病毒性腹泻-黏膜病最新研究进展 [J]. 上海畜牧兽医通讯（6）：10-13.

张晓宇，2018. 奶牛犊牛主要呼吸道疾病流行病学调查及牛支原体肺炎防治的研究 [D]. 呼和浩特：内蒙古农业大学.

赵德明，沈建忠，2009. 奶牛疾病学 [M]. 2 版. 北京：中国农业大学出版社.

赵福琴，2019. 奶牛常见繁殖疾病分类、诊断及防治 [J]. 今日畜牧兽医，35（2）：90.

赵洪江，赵永学，2021. 牛传染性鼻气管炎的防治 [J]. 养殖与饲料，20（5）：93-94.

郑金成，赵国江，2014. 奶牛布鲁菌病的诊断与防治要点 [J]. 畜牧与饲

奶牛养殖减抗 Nainiu Yangzhi Jiankang
技术指南 Jishu Zhinan

料科学，35（2）：126-127.

郑兴福，申春玉，2017. 牛传染性鼻气管炎的诊断和防治方案［J］. 现代畜牧科技（8）：84.

朱建录，刘先珍，2002. 棘球蚴寄生奶牛肝脏的诊疗报告［J］. 河南农业科学（8）：45-46.

朱庆荣，2020. 奶牛繁殖疾病的诊疗［J］. 养殖与饲料（2）：82-83.

朱新荣，李文豪，刘学成，等，2017. 奶牛场常见疾病调查［J］. 中国奶牛（4）：37-40.

Conlon JA，PE Shewen，1993. Clinical and serological evaluation of a *Pasteurella haemolytica* A1 capsular polysaccharide vaccine［J］. Vaccine，11（7）：767-772.

Li Xinwei，et al，2020. Increased autophagy mediates the adaptive mechanism of the mammary gland in dairy cows with hyperketonemia［J］. Journal of Dairy Science，103：2545-2555.

Morton RJ，KR Simons，AW Confer，1996. Major outer membrane proteins of *Pasteurella haemolytica* serovars 1-15：comparison of separation techniques and surface-exposed proteins on selected serovars［J］. Vet Microbiol，51（3-4）：319-330.

Sprygin A，Y Pestova，DB Wallace，E Tuppurainen，AV Kononov，2019. Transmission of lumpy skin disease virus：A short review［J］. Virus Res，269：197637.

Stanton AL，DF Kelton，SJ Leblanc，ST Millman，J Wormuth，RT Dingwell，KE Leslie，2010. The effect of treatment with long-acting antibiotic at postweaning movement on respiratory disease and on growth in commercial dairy calves［J］. J Dairy Sci，93（2）：574-581.

Teixeira AGV，JAA McArt，RC Bicalho，2017. Thoracic ultrasound assessment of lung consolidation at weaning in Holstein dairy heifers：Reproductive performance and survival［J］. J Dairy Sci，100（4）：2985-2991.

Waltner-Toews D，SW Martin，AH Meek，1986. The effect of early calfhood health status on survivorship and age at first calving［J］. Can J Vet Res，50（3）：314-317.

Woolums AR，RD Berghaus，LJ Berghaus，RW Ellis，ME Pence，JT Saliki，KA Hurley，KL Galland，WW Burdett，ST Nordstrom，DJ Hurley，2013. Effect of calf age and administration route of initial multivalent modified-live virus vaccine on humoral and cell-mediated immune responses following subsequent administration of a booster vaccination at weaning in beef calves [J]. Am J Vet Res，74（2）：343-354.

Zhu Yiwei，et al，2019. Expression patterns of hepatic genes involved in lipid metabolism in cows with subclinical or clinical ketosis [J]. Journal of Dairy Science，102：1725-1735.

奶牛疾病辅助诊断

第七章
奶牛疾病治疗与精准用药

奶牛养殖行业是我国畜牧业的关键组成部分，随着现代化高标准牧场的不断增加，奶牛疾病防治工作在牧场中的重要性愈加凸显。由细菌引起的乳房炎、子宫内膜炎、呼吸道感染，以及寄生虫引起的感染是奶牛养殖过程中常见的疾病。抗菌药物在奶牛细菌性疾病尤其是奶牛乳房炎的防控中具有重要作用，但是不当的预防和治疗措施或者盲目用药，势必会对奶牛的生产性能造成负面影响，因此基于奶牛疾病诊断基础的科学、合理、规范用药既能防治奶牛的疾病、降低死亡率，又能提高经济价值，是奶牛养殖业及乳制品行业健康发展的重要保障。本章将结合上下文内容，基于我国和其他国家批准用于（奶）牛细菌性疾病治疗的抗菌药物以及寄生虫病治疗药物，重点考虑如何针对不同疾病合理选择抗菌药物（抗寄生虫药）以及制订治疗方案（所用药物、给药剂量、给药途径、给药频次、给药间隔以及药物在牛肉和牛奶中的休药期）和使用规范，以期能够促进奶牛养殖业的健康发展，为市场提供更加优质的奶产品。

第一节　β-内酰胺类药物使用规范

β-内酰胺类抗生素是指化学结构中具有 β-内酰胺环的一大类抗生素，包括青霉素类、头孢菌素类，以及头霉素类、硫霉素类、单环 β-内酰胺类等其他非典型 β-内酰胺类抗生素。该类抗生素主要通过抑制细菌细胞壁的合成而起到杀菌作用，属于繁殖期杀菌剂。β-

内酰胺类抗生素由于其药物副作用小和杀菌性强，成为治疗革兰阴性菌感染的主要抗菌药物。目前，我国批准用于奶牛的β-内酰胺类抗生素主要有青霉素 G、普鲁卡因青霉素、阿莫西林、氨苄西林、氯唑西林、苯唑西林、头孢喹肟、头孢噻呋，主要用于治疗由敏感革兰阴性菌引起的奶牛乳房炎、阴道炎等。

青霉素 G

【药理作用】药效学　天然青霉素 G 对大多数的螺旋菌、革兰阳性、阴性需氧球菌以及炭疽芽孢杆菌、梭状芽孢杆菌、梭菌和放线菌均有作用，但是对产生青霉素酶的细菌无效，所有立克次氏体、分枝杆菌、真菌类、支原体和病毒对天然青霉素均不敏感。细菌产生的 β-内酰胺酶可以灭活青霉素 G。

药动学　青霉素在体内分布广泛。在肾脏、肝脏、心脏、皮肤、肺、肠、胆汁、骨、前列腺、腹膜、胸膜和分泌液中均能达到治疗浓度。发生炎症时青霉素可进入脑脊液和眼，但是不能达到治疗浓度。青霉素与各种血清蛋白的结合率不同，可以透过胎盘屏障。青霉素主要通过肾脏肾小球滤过和肾小管分泌作用以原型从尿排出。青霉素亦可在乳中排泄，应严格遵守休药期规定。

【适应证】主要用于革兰阳性菌等敏感性病原体所致的疾病，如牛放线杆菌病、破伤风、炭疽、气肿疽、乳腺炎、子宫内膜炎、关节炎、钩端螺旋体感染等。

【用法与用量】以青霉素钠计。肌内注射：一次量，成年牛 5 万～10 万单位/千克，犊牛 10 万～15 万单位/千克，每日 2～3 次，连用 2～3 日。奶牛乳区灌注，每个乳区 80 万单位，每日 1～2 次。

【不良反应与注意事项】主要是过敏反应。局部反应表现为注射部位水肿、疼痛，全身反应为荨麻疹、皮疹，严重时可引起休克或死亡。

注意事项：①与氨基糖苷类抗生素呈现协同作用；②不宜与大环内酯类、四环素类和酰胺醇类抗生素联用；③禁止与重金属离子（Cu^{2+}、Zn^{2+}、Hg^{2+}）、醇类、酸、碘、氧化剂、还原剂、羟基化合物、呈酸性的葡萄糖注射液和盐酸四环素注射液等配伍；④胺类易延缓青霉素的吸收；⑤不宜与盐酸氯丙嗪、盐酸林可霉素、酒石酸去肾上腺素、盐酸土霉素、B族维生素等混合。

【休药期】奶牛 0 日；弃奶期 72 小时。

【制剂】注射用青霉素钠。

普鲁卡因青霉素

【药理作用】药效学　普鲁卡因青霉素为青霉素的普鲁卡因盐，其抗菌活性成分为青霉素。普鲁卡因青霉素对溶血性链球菌等链球菌属、肺炎链球菌和不产青霉素酶的葡萄球菌具有良好抗菌活性，对炭疽芽孢杆菌、牛放线菌、念珠状链杆菌、李氏杆菌、钩端螺旋体等也敏感，对梭状芽孢杆菌、消化链球菌和产黑色素拟杆菌等厌氧菌具良好抗菌作用，对脆弱拟杆菌抗菌作用差。

药动学　普鲁卡因青霉素肌内注射后，在局部水解释放出青霉素后被缓慢吸收。达峰时间较长，血中浓度低，但作用较青霉素持久。限用于对青霉素高度敏感的病原菌，不宜用于治疗严重的感染。普鲁卡因青霉素与青霉素钠（钾）混合配置成注射剂后，能在较短时间内升高血药浓度，以兼顾长效和速效。普鲁卡因青霉素大量注射可引起普鲁卡因中毒。

【适应证】同注射用青霉素钠。

【用法与用量】以有效成分计。肌内注射：一次量，成年牛1万～2万单位/千克，犊牛2万～3万/千克，每日1次，连用2～3日。

【不良反应与注意事项】同注射用青霉素钠。

【休药期】奶牛 4 日；弃奶期 72 小时。

【制剂】注射用普鲁卡因青霉素。

氨苄西林

【药理作用】药效学　氨苄西林属于广谱青霉素类抗生素。对多数革兰阳性菌活性不如青霉素 G，对革兰阴性菌如大肠杆菌、变形杆菌、沙门氏菌、嗜血杆菌、布鲁菌和巴氏杆菌等均有较强抗菌活性，对铜绿假单胞菌、黏质沙雷菌、吲哚阳性变形杆菌（奇异变形杆菌敏感）、肠杆菌、枸橼酸菌属、不动杆菌、立克次氏体、分枝杆菌、真菌、支原体无效。氨苄西林对产 β-内酰胺酶的细菌（如金黄色葡萄球菌）无效。

药动学　当注射（肌内注射或皮下注射）给药时，三水合盐所达到的血药浓度约为剂量相当的钠盐的 1/2。吸收后，氨苄西林的分布容积为 0.16～0.5 升/千克。本品广泛分布于肝脏、肺脏、肌肉、胆汁、腹水、胸膜液和关节液等。氨苄西林可透过胎盘，但妊娠期使用相对安全，氨苄西林在乳中浓度低。泌乳奶牛的乳/血浆浓度比约为 0.3∶1。氨苄西林主要经肾清除，部分水解代谢为青霉噻唑酸（无活性），然后经尿液排泄。

【适应证】用于奶牛肺炎、犊牛白痢、奶牛乳腺炎、奶牛的尿路感染以及沙门氏菌、大肠杆菌、变形杆菌、巴氏杆菌等感染。

【用法与用量】以氨苄西林钠计。肌内、静脉注射：一次量 10～20 毫克/千克，每日 2～3 次，连用 2～3 日。乳区灌注，每个乳区 50 毫克。

【不良反应与注意事项】过敏反应，表现为皮疹、发热、嗜酸性粒细胞增多、白细胞和血小板减少、贫血等。

注意事项：对青霉素酶敏感，不宜用于耐青霉素的金黄色葡萄球菌感染。

【休药期】奶牛 6 日；弃奶期 48 小时。

【制剂】注射用氨苄西林钠。

阿莫西林

【药理作用】药效学　阿莫西林对胃酸不敏感，对肠球菌属和沙门氏菌的作用较氨苄西林强 2 倍。

药动学　阿莫西林对胃酸相对稳定。一般，阿莫西林血药浓度是等剂量口服氨苄西林的 1.5～3 倍。本药广泛分布于肝、肺、肌肉、胆汁、腹水、胸腔积液和关节液等。阿莫西林可透过胎盘，但妊娠期使用相对安全。阿莫西林在乳中浓度较低。主要经肾消除，部分水解代谢为青霉噻唑酸（无活性），然后排泄入尿。

【适应证】可用于治疗对阿莫西林敏感的革兰阳性菌和革兰阴性菌感染。

【用法与用量】以阿莫西林计。皮下或肌内注射：一次量 5～10 毫克/千克，每日 2 次，连用 3～5 日。

【不良反应与注意事项】偶见过敏反应，注射部位有刺激性。

注意事项：大环内酯类、磺胺类和四环素类抗生素抑制细菌蛋白质合成，与该类抗生素同时使用可降低阿莫西林的杀菌作用。

【休药期】奶牛 16 日。

【制剂】注射用阿莫西林钠。

苯唑西林钠

【药理作用】药效学　苯唑西林钠比天然青霉素的抗菌谱窄，对产青霉素酶的革兰阳性球菌有效，但对青霉素敏感菌株的杀菌活性不如青霉素 G。

药动学　肌内注射给药后，苯唑西林钠可被快速吸收，并且可在 30 分钟内逐渐达到峰值。药物可以分布到肺、肾、骨、胆汁、胸膜液、滑液和腹水。苯唑西林钠可代谢为有活性和无活性的两种代谢产物。代谢产物和原型化合物均通过肾小球滤过和肾小管分泌机制随尿液排泄，少量药物通过胆汁随粪排出体外。肾功能正常的奶牛，血液半衰期为 18～48 分钟。

【适应证】主要用于对青霉素耐药的金黄色葡萄球菌引起的感染，如败血症、肺炎、乳腺炎、烧伤创面感染等。

【用法与用量】以苯唑西林计。肌内注射：一次量 10～15 毫克/千克，每日 2～3 次，连用 2～3 日。

【不良反应与注意事项】存在过敏反应。局部反应表现为注射部位水肿、疼痛，全身反应为荨麻疹、皮疹，严重时可引起休克或死亡。

注意事项：①临用前现配现用，如要保存，需存放在 2～8 ℃冰箱中，可以存放 7 日，室温仅能存放 24 小时；②大剂量注射可能出现高钠血症，对肾功能减退或心功能不全的奶牛可能会产生不良后果。

【休药期】奶牛 14 日；弃奶期 72 小时。

【制剂】注射用苯唑西林钠。

氯唑西林

【药理作用】药效学　氯唑西林属半合成的耐酸和耐酶青霉素，不易被青霉素酶水解，对耐青霉素的产酶金黄色葡萄球菌有效。对不产酶菌株和其他对青霉素敏感的革兰阳性菌的杀菌作用不如青霉素。

药动学　氯唑西林仅有口服和乳房给药型。氯唑西林钠在消化道内耐酸，但仅部分被吸收。可分布到肝、肾、骨骼、胆汁、胸腔积液、滑膜液和腹水。与其他青霉素类一样，只有少量分布到脑脊液中。

【适应证】主要用于治疗耐青霉素葡萄球菌感染引起的乳腺炎等。

【用法与用量】以氯唑西林计。乳区灌注，每个乳区 200 毫克。

【不良反应与注意事项】存在过敏反应。局部反应表现为注射部位水肿、疼痛，全身反应为荨麻疹、皮疹，严重时可引起休克或死亡。

注意事项：①对青霉素过敏动物禁用；②大环内酯类、四环素类和酰胺醇类等速效抑菌剂对其杀菌活性有干扰作用，不宜合用；③重金属离子（Cu^{2+}、Zn^{2+}、Hg^{2+}）、醇类、酸、碘、氧化剂、还原剂、羟基化合物、呈酸性的葡萄糖注射液或盐酸四环素注射液等可破坏青霉素的活性，属配伍禁忌。

【休药期】奶牛 10 日；弃奶期 48 小时。

【制剂】注入用氯唑西林钠。

头孢喹肟

【药理作用】药效学　头孢喹肟是目前唯一动物专用的第四代头孢类抗生素，具有广谱抗菌活性。对 β-内酰胺酶稳定。体外抑菌试验表明，常见的革兰阳性菌和革兰阴性菌对头孢喹肟敏感。包括大肠杆菌、枸橼酸杆菌、克雷伯氏菌、巴氏杆菌、变形杆菌、沙门氏菌、黏质沙雷菌、牛嗜血杆菌、化脓放线菌、芽孢杆菌属的细菌、棒状杆菌、金黄色葡萄球菌、链球菌、类杆菌、梭状芽孢杆菌、梭杆菌属的细菌、普雷沃菌、放线杆菌等。

药动学　健康牛单剂量肌内注射硫酸头孢喹肟后，消除半衰期为 6.98 小时。牛肌内注射硫酸头孢喹肟后 24 小时内平均最低血药浓度为 0.151 微克/毫升。

【适应证】主要治疗由敏感菌如多杀性巴氏杆菌、胸膜肺炎放线杆菌引起的奶牛呼吸系统感染及变形杆菌、金黄色葡萄球菌、链球菌等引起的乳腺炎。

【用法与用量】以头孢喹肟计。肌内注射：一次量 2 毫克/千克，每日 1 次，连用 3 日。乳区灌注，每个乳区 75 毫克，每日 2 次，连用 3 日。

【不良反应与注意事项】按规定的用法用量使用尚未见不良

反应。

注意事项：①对 β-内酰胺类抗生素过敏的动物禁用；②对青霉素和头孢类抗生素过敏者勿接触本品。

【休药期】奶牛 5 日；弃奶期 24 小时。

【制剂】硫酸头孢喹肟注射液。

头孢噻呋

【药理作用】药效学　头孢噻呋为动物专用的第三代头孢类抗生素，可快速分解为糠酸和脱呋喃甲酰基头孢噻呋，后者性质活泼，能抑制敏感的增殖期细菌（第三阶段）的细胞壁合成，其抗菌谱与头孢噻肟相似。头孢噻呋在体外抗菌范围很广，对许多病原体有效，包括巴氏杆菌、链球菌、葡萄球菌、沙门氏菌、大肠杆菌等。

药动学　因为脱呋喃甲酰基头孢噻呋是活性代谢产物，所以以下的药动学参数均以其为参照。分布容积约为 0.3 升/千克。肌内注射后 30～45 分钟达到峰浓度，峰浓度为 7 微克/毫升，对于奶牛，肌内注射或皮下注射头孢噻呋钠的药代动力学参数很相似。

【适应证】主要用于治疗奶牛产后子宫炎。也用于治疗由坏死性梭菌和产黑色素拟杆菌感染引起的奶牛腐蹄病。

【用法与用量】以头孢噻呋计。肌内注射或皮下注射：一次量 1.1～2.2 毫克/千克，每日 1 次，连用 3～5 日。

【不良反应与注意事项】少数病畜可出现过敏反应，有一定的肾脏毒性，可能引起胃肠道菌群紊乱或二重感染。

注意事项：①仅在兽医指导下使用本药；②使用前需充分混匀；③不宜冷冻；④发生过敏反应的病畜，可及时注射肾上腺素解救；⑤对于肾功能不全的病畜需要酌情降低给药剂量；⑥有青霉素和头孢菌素类抗生素过敏史的工作人员禁止接触本品；⑦每个注射位点注射剂量不超过 15 毫升。

【休药期】奶牛 4 日；弃奶期 12 小时。

【制剂】盐酸头孢噻呋注射液。

第二节　氨基糖苷类药物使用规范

本类抗生素的化学结构含有氨基糖分子和非糖部分的糖原结合而成的苷，故称为氨基糖苷类抗生素（Aminoglycosides），是由链霉菌或小单孢菌产生或经过半合成制得的一类碱性抗生素。氨基糖苷类的作用机制是抑制细菌蛋白质的合成过程，还可增强细菌胞膜的通透性，使胞内物质外渗导致细菌死亡。本类药物属于浓度依赖性的静止期杀菌药。该类药物口服吸收不佳，肌内注射吸收良好。药物吸收后主要分布在细胞外液，碱性条件下抗菌活性会增强。氨基糖苷类药物的毒性严重制约了其在治疗严重感染时的应用，因其在肾组织中残留时间长，故禁止标签外用于食品动物。

目前，我国批准用于奶牛的氨基糖苷类抗生素主要有链霉素、双氢链霉素、卡那霉素、庆大霉素、大观霉素，主要用于治疗敏感革兰阴性菌引起的消化道、泌尿系统等感染。

硫酸链霉素

【药理作用】药效学　硫酸链霉素对结核杆菌、钩端螺旋体和多种革兰阴性杆菌，如大肠杆菌、沙门氏菌、布鲁氏菌、巴氏杆菌、志贺氏痢疾杆菌、鼻疽杆菌等有抗菌作用。对金黄色葡萄球菌等多数革兰阳性球菌的作用差。链球菌、铜绿假单胞菌和厌氧菌对本品固有耐药。与青霉素类或头孢菌素类合用对铜绿假单胞菌和肠球菌有协同作用，对其他细菌可能有相加作用。

药动学 肌内注射吸收良好，0.5～2 小时达血药峰浓度，在常用量下，血中有效浓度可维持 6～12 小时。主要分布于细胞外液，可到达胆汁、胸腔积液、腹水及结核性脓腔和干酪样组织中，也能透过胎盘屏障。以肾中浓度最高，肺及肌肉含量较少，脑组织中几乎测不出。蛋白结合率为 20%～30%。本品主要以原形经肾小球滤过排出，尿中浓度高，少量从胆汁排出。

【适应证】主要用于治疗结核杆菌感染和其他敏感革兰阴性菌引起的感染。欧盟批准该药用于李氏放线杆菌引起的木舌病和波莫纳钩端螺旋体引起的钩端螺旋体病。

【用法与用量】肌内注射：一次量 10～15 毫克/千克，每日 2 次，连用 3 日。

【不良反应与注意事项】最常引起耳毒性和神经肌肉接头的阻断作用；长期应用可引起肾脏损害。

注意事项：①链霉素与其他氨基糖苷类有交叉过敏现象，对氨基糖苷类过敏的患牛禁用；②奶牛出现脱水（可致血药浓度增高）或肾功能损害时慎用；③ Ca^{2+}、Mg^{2+}、Na^+、NH_4^+ 和 K^+ 等阳离子可抑制本类药物的抗菌活性；④与头孢菌素、右旋糖苷、强效利尿药（如呋塞米等）、红霉素、两性霉素等合用，可增强本类药物的肾毒性和耳毒性；⑤骨骼肌松弛药（如氯化琥珀胆碱等）或具有此种作用的药物可加强本类药物的神经肌肉阻滞作用。

【休药期】奶牛 18 日；弃奶期 72 小时。

【制剂】注射用硫酸链霉素和硫酸链霉素注射液

双氢链霉素

【药理作用】药效学 同硫酸链霉素。

药动学 肌内注射吸收良好，0.5～2 小时血药峰浓度达高峰，在治疗剂量下，血中有效浓度一般可维持 6～12 小时。主要分布于细胞外液，存在于体内各个脏器，以肾中浓度最高，肌肉含量较少，脑组织中几乎测不出，可到达胆汁、胸腔积液、腹水及结核性脓腔和干酪样组织中，也能透过胎盘屏障。蛋白结合率为 20%～30%。本品在体内绝大部分以原形经肾小球滤过排出，尿中浓度高，少量从胆汁排出。

【适应证】主要用于治疗结核杆菌感染和其他敏感革兰阴性菌引起的感染。欧盟批准该药用于李氏放线杆菌引起的木舌病和波莫纳钩端螺旋体引起的钩端螺旋体病。

【用法与用量】肌内注射：一次量 10～15 毫克/千克，每日 2 次，连用 3 日。

【不良反应与注意事项】同硫酸链霉素。

【休药期】同硫酸链霉素。

【制剂】注射用双氢链霉素和双氢链霉素注射液。

普鲁卡因青霉素-萘夫西林钠-硫酸双氢链霉素乳房注入剂

【药理作用】对普通乳房炎病原体具有广谱抗菌作用，如金黄色葡萄球菌、耐青霉素金黄色葡萄球菌、停乳链球菌、无乳链球菌、凝固酶阴性葡萄球菌、乳房链球菌、微球菌、大肠杆菌、克雷伯氏菌属、化脓隐秘杆菌和蜡状芽孢杆菌。

【适应证】本品为进口兽药，主要用于治疗干奶期奶牛由葡萄球菌、链球菌或革兰阴性菌引起的亚临床型乳房炎。

【用法与用量】以本品计。乳房灌注：干奶期奶牛每个乳区 1 支。

【不良反应与注意事项】注入、吸入或者皮肤接触可能产生过敏反应。

注意事项：①仅用于干奶期奶牛，泌乳期禁用，产犊前 42 日内禁用；②对 β-内酰胺类抗生素或双氢链霉素过敏的奶牛禁用；③注射之前，完全挤出乳汁，乳头和乳头孔用干净毛巾彻底清理干净；使用一次性注射器给药后，轻轻按摩乳房和乳头，促使药物扩散；④操作员注意过敏反应。

【休药期】奶牛 14 日；弃奶期 1.5 日。

【制剂】3 克：普鲁卡因青霉素 300 毫克＋萘夫西林钠 100 毫克＋硫酸双氢链霉素 100 毫克。

硫酸庆大霉素

【药理作用】药效学　庆大霉素对多种革兰阴性菌（如大肠杆菌、克雷伯氏菌、变形杆菌、铜绿假单胞菌、巴氏杆菌、沙门氏菌等）和金黄色葡萄球菌（包括产 β-内酰胺酶菌株）均有抗菌作用。多数球菌（化脓链球菌、肺炎球菌、粪链球菌等）、厌氧菌（类杆菌属或梭状芽孢杆菌属）、结核杆菌、立克次氏体和真菌对本品耐药。与青霉素联合，对链球菌具有协同作用。

药动学　肌内注射后吸收迅速而完全，0.5～1 小时内达血药峰浓度。皮下或肌内注射的生物利用度超过 90%。主要通过肾小球滤过排泄，排泄量占给药量 40%～80%。肌内注射后的消除半衰期，犊牛 2.2～2.7 小时，母牛 1 小时。

【适应证】用于敏感革兰阴性和金黄色葡萄球菌引起的感染。美国批准用于牛莫拉氏菌引起的牛传染性角膜结膜炎（"红眼病"）。

【用法与用量】以庆大霉素计，肌内注射：一次量 2～4 毫克/千克，每日 2 次，连用 2～3 日。对于牛传染性角膜结膜炎和牛莫拉氏菌引起的"红眼病"，眼部喷雾 75 毫克，最多 3 日。

【不良反应与注意事项】耳毒性和神经肌肉阻断；偶见过敏；可逆性肾毒性。

注意事项：①庆大霉素可与 β-内酰胺类抗生素联合治疗严重感染，但在体外混合存在配伍禁忌；②有呼吸抑制作用，不宜静脉推注；③与四环素、红霉素等合用可能出现拮抗作用；④与头孢菌素合用可能使肾毒性增强；⑤与头孢菌素、右旋糖苷、强效利尿药

（如呋塞米等）、红霉素等合用，可增强本品的耳毒性；⑥骨骼肌松弛药（如氯化琥珀胆碱等）或具有此种作用的药物可加强本品的神经肌肉阻滞作用。

【休药期】牛 40 日。

【制剂】硫酸庆大霉素注射液。

硫酸卡那霉素

【药理作用】药效学　抗菌谱与链霉素相似，但作用稍强。对大多数革兰阴性杆菌如大肠杆菌、变形杆菌、沙门氏菌和多杀性巴氏杆菌等有强大抗菌作用，对金黄色葡萄球菌和结核杆菌也较敏感。铜绿假单胞菌、革兰阳性菌（金黄色葡萄球菌除外）、立克次氏体、厌氧菌和真菌等对本品耐药。与链霉素相似，敏感菌对卡那霉素易产生耐药。与新霉素存在交叉耐药性，与链霉素存在单向交叉耐药性。大肠杆菌及其他革兰阴性杆菌常出现获得性耐药。与青霉素类或头孢菌素类合用有协同作用。在碱性环境中抗菌作用增强，治疗泌尿道感染时，同时内服碳酸氢钠可增强药效。但当 pH 超过8.4 时，抗菌作用反而减弱。

药动学　肌内注射吸收迅速，0.5～1.5 小时达血药峰浓度，广泛分布于胸腔积液、腹水和实质器官中，但很少渗入唾液、支气管分泌物和正常脑脊液中。脑膜炎时脑脊液中的药物浓度可提高1 倍左右。在胆汁和粪便中浓度很低。主要通过肾小球滤过排泄，注射剂量的 40%～80% 以原形从尿中排出，乳汁中可排出少量。肌内注射本品后，在黄牛体内的消除半衰期为 2.1～2.8 小时。

【适应证】用于治疗败血症及泌尿道、呼吸道感染。

【用法与用量】肌内注射：一次量 10～15 毫克/千克，每日2 次，连用 3～5 日。

【不良反应与注意事项】具有比链霉素、庆大霉素更强的耳毒性和肾毒性，剂量过大导致神经肌肉阻断作用。注意事项同硫酸链霉素。

【休药期】奶牛 28 日；弃奶期 7 日。

【制剂】硫酸卡那霉素注射液和注射用硫酸卡那霉素。

头孢氨苄单硫酸卡那霉素乳房注入剂

【药理作用】头孢氨苄主要抗革兰阳性菌，卡那霉素主要抗革兰阴性菌，两者以 1.5：1 组方后能扩大抗菌谱并起协同作用。两者混合注入后的主要效果呈时间依赖性。

【适应证】本品为进口兽药，用于治疗敏感菌如金黄色葡萄球菌、无乳链球菌、停乳链球菌、乳房链球菌、大肠杆菌和凝固酶阴性葡萄球菌等引起的泌乳奶牛（包括怀孕奶牛）的乳房炎。

【用法与用量】乳房注入：泌乳期奶牛，每个乳室 10 克，隔 24 小时再注入 1 次。

【不良反应与注意事项】无已知不良反应。禁用于非泌乳期奶牛；禁用于对头孢氨苄和卡那霉素过敏的泌乳期奶牛。注入前应将乳房中奶完全挤出，乳头彻底清洁消毒，小心操作避免灌输器管嘴污染。每注射器只能用于一个乳区。

【休药期】奶牛 10 日；弃奶期 5 日。

【制剂】10 克：头孢氨苄 0.2 克＋卡那霉素 0.1 克（10 万单位）。

第三节　四环素类药物使用规范

四环素类（Tetracyclines）抗生素为一类具有共同多环并四苯羧基酰胺母核的衍生物，仅在第 5、6、7 位取代基有所不同。该类抗菌药物属于广谱抗菌药，是兽医使用率最高的一类抗生素，对革兰阳性和阴性菌、螺旋体、立克次氏体、支原体、衣原体、原虫（球虫、阿米巴虫）等均有抑制作用。本类药物的作用机制是通过可逆性地与细菌核糖体 30S 亚基结合阻止肽链延长而抑制蛋白质合成，属快效抑菌剂。天然四环素类（四环素、土霉素、金霉素）之间存在交叉耐药性，但与半合成四环素类（多西环素）之间交叉耐药性不明显。临床上批准用于治疗奶牛疾病的有土霉素、金霉素、盐酸四环素、盐酸多西环素，主要用于治疗敏感细菌感染引起的奶牛肠炎、肺炎、急性子宫炎、组织/皮肤疾病以及由部分寄生虫引起的感染。

土霉素

【药理作用】药效学　土霉素对葡萄球菌、溶血性链球菌、炭疽杆菌、破伤风梭菌和梭状芽孢杆菌等革兰阳性菌作用较强，但不如 β-内酰胺类。对大肠杆菌、沙门氏菌、布鲁氏菌和巴氏杆菌等革兰阴性菌较敏感，但不如氨基糖苷类和酰胺醇类抗生素。土霉素对立克次氏体、衣原体、支原体、螺旋体、放线菌和某些原虫也有抑制作用。

药动学　土霉素内服吸收不规则且不完全，饥饿动物内服易吸收，生物利用度为 $60\% \sim 80\%$，主要在小肠上段被吸收。胃肠道内的镁、铝、铁、锌、锰等多价金属离子与本品形成难溶的螯合物而使药物吸收减少。内服后 $2 \sim 4$ 小时血药浓度达峰值。肌内注射吸收较好。吸收后在体内分布广泛，易渗入胸腔积液、腹水和乳汁，可通过胎盘屏障进入胎儿循环，但在脑脊液的浓度低。土霉素主要以原形由肾小球滤过排泄，少部分随胆汁排泄，形成肠肝循环。

【适应证】用于敏感菌引起的肠炎、肺炎、牛传染性角膜结膜炎、腐蹄病、钩端螺旋体病、急性子宫炎等，也是牛急性血孢子虫感染的首选药物。

【用法与用量】以土霉素计，内服：一次量，犊牛 10～25 毫

克/千克，每日2~3次，连用3~5日；静脉注射：一次量5~10
毫克/千克，每日2次，连用2~3日；子宫灌注：一次量，奶牛
50~100毫升，两日1次，连用3次。

【不良反应与注意事项】不良反应：①局部刺激性，特别是空腹
给药对消化道有一定刺激性；②肠道菌群紊乱，轻者出现维生素缺乏
症，重者造成二重感染，甚至出现致死性腹泻；③影响牙齿和骨骼发
育；④对肝脏和肾脏有一定损害作用，偶尔可见致死性的肾中毒。

注意事项：①肝、肾功能严重不良的患牛禁用本品。②成年牛
不宜内服，长期服用可诱发二重感染。③注意药物间相互作用：与
碳酸氢钠同服时胃内溶解度降低，吸收率下降，肾小管重吸收减
少，排泄加快；与利尿药合用可使血尿素氮升高；土霉素与二、三
价阳离子等形成复合物而减少其吸收，造成血药浓度降低；避免与
乳制品和含钙量较高的饲料同服。④泌乳牛禁用；⑤子宫注入剂使
用前加温至30℃。

【休药期】土霉素片剂：奶牛7日；弃奶期72小时。盐酸土霉
素注射液：奶牛8日；弃奶期48小时。子宫注入剂：弃奶期3日。

【制剂】土霉素片剂；盐酸土霉素注射液；土霉素子宫注入剂。

四环素

【药理作用】四环素对葡萄球菌、溶血性链球菌、炭疽杆菌、
破伤风梭菌和梭状芽孢杆菌等革兰阳性菌作用较强。对大肠杆菌、
沙门氏菌、布鲁氏菌和巴氏杆菌等革兰阴性菌较敏感。本品对立克
次氏体、衣原体、支原体、螺旋体、放线菌和某些原虫也有抑制作
用。组织渗透性较高，易透入胸腹腔、胎盘及乳汁中。

【适应证】主要用于革兰阳性菌、阴性菌和支原体感染。

【用法与用量】以四环素计，静脉注射：一次量5~10毫克/千
克，每日2次，连用2~3日。

【不良反应与注意事项】①易透过胎盘和进入乳汁，因此孕牛、

哺乳牛禁用，泌乳牛禁用；②肝、肾功能严重不良的牛忌用本品。

【休药期】奶牛 8 日；弃奶期 48 小时。

【制剂】盐酸四环素注射液。

盐酸多西环素

【药理作用】多西环素抗菌谱广，对革兰阳性菌和阴性菌均有抑制作用，抗菌作用比四环素约强 10 倍，对四环素耐药菌仍有效。与土霉素和金霉素存在交叉耐药性。

【适应证】盐酸多西环素片剂主要用于敏感菌引起的呼吸道感染、慢性支气管炎、肺炎和泌尿系统感染等；盐酸多西环素子宫注入剂用于治疗由敏感菌引起的急性、慢性和顽固性子宫蓄脓、子宫炎、宫颈炎等。

【用法与用量】多西环素片，以多西环素计，内服，一次量，犊牛 3～5 毫克/千克，每日 1 次，连用 3～5 日。

子宫注入剂，子宫腔灌注：①治疗急性子宫内膜炎、子宫蓄脓、子宫炎、宫颈炎，每 3 日给药一次，一次 1 支，连用 1～4 次；②治疗慢性子宫内膜炎，每 7～10 日或一个发情期给药一次，一次 1 支，连用 1～4 次；③治疗顽固性子宫内膜炎，先用露它净溶液（露它净 4 毫升加水 96 毫升）1 000～2 000 毫升冲洗，再注入本品，一次 1 支，连用 1～4 次。

【不良反应与注意事项】泌乳期禁用，孕牛慎用；肝、肾功能严重不良的牛禁用，成年牛不宜内服。

子宫注入剂使用注意事项：①剪掉注射器头部部分，回抽注射器，用食指按住注射器头部，充分振摇均匀；②用药前，将牛的外阴部和器械、工具进行常规消毒，将药物全部注入子宫内，注完药后，再注入温开水，以确保没有药物残留。

【休药期】奶牛 28 日；弃奶期 7 日。

【制剂】盐酸多西环素片；盐酸多西环素子宫注入剂。

第四节 大环内酯类药物的使用规范

大环内酯类抗生素（Macrolides）是一类菌具有 14～16 元大环内酯基本化学结构的抗生素。本类药物的作用机理是与核蛋白体 50S 亚基结合，通过对转肽作用和/或 mRNA 位移的阻断来抑制肽链的合成和延长，影响细菌蛋白质的合成，属于快速抑菌剂。细菌产生耐药性与质粒介导及染色体突变有关，常见的机制是 23S 核糖体 RNA 的腺嘌呤残基转录后甲基化。大环内酯类抗生素之间有不完全的交叉耐药性。该类药物中可用于奶牛疾病治疗的有注射用乳糖酸红霉素、泰拉菌素、加米霉素等。

红霉素

【药理作用】红霉素对革兰阳性菌的作用与青霉素相似，但其抗菌谱较青霉素广，敏感的革兰阳性菌有金黄色葡萄球菌（包括耐青霉素金黄色葡萄球菌）、肺炎球菌、链球菌、炭疽杆菌、李氏杆菌、腐败梭菌、气肿疽梭菌等。敏感的革兰阴性菌有流感嗜血杆菌、脑膜炎双球菌、布鲁氏菌、巴氏杆菌等。此外，红霉素对弯曲杆菌、支原体、衣原体、立克次氏体及钩端螺旋体也有良好作用。常作为青霉素过敏动物的替代药物。红霉素与其他大环内酯类及林可霉素的交叉耐药性较常见。

【适应证】主要用于治疗耐青霉素葡萄球菌引起的感染性疾病，也用于治疗其他革兰阳性菌及支原体感染。

【用法与用量】以红霉素计。静脉注射：一次量 3～5 毫克/千克，每日 2 次，连用 2～3 日。临用前，先用灭菌注射用水溶解（不可用氯化钠注射液），然后用5%葡萄糖注射液稀释，浓度不超过0.1%。

【不良反应与注意事项】①本品局部刺激性较强，不宜肌内注射。静脉注射的浓度过高或速度过快时，易发生局部疼痛和血栓性静脉炎，故静脉注射速度应缓慢。②在pH过低的溶液中很快失效，注射溶液的pH应维持在5.5以上。③注意药物间相互作用：红霉素与其他大环内酯类、林可胺类因作用靶点相同，不宜同时使用；与β-内酰胺类合用表现为拮抗作用；与青霉素合用对马红球菌有协同作用；红霉素有抑制细胞色素氧化酶系统的作用，与某些药物合用时可能抑制其代谢。

【休药期】奶牛14日；弃奶期72小时。

【制剂】肠溶片剂、胶囊：0.125克（12.5万单位）、0.25克（25万单位）；注射用无菌粉末：0.25克（2.5万单位）、0.3克（30万单位）；眼膏剂：0.5%；软膏剂：1%。

泰拉霉素

【药理作用】泰拉霉素是半合成的大环内酯类抗生素。泰拉霉素在体外可有效抑制牛溶血巴氏杆菌、多杀巴氏杆菌、睡眠嗜血杆菌和牛支原体。

奶牛一次皮下注射（每千克体重2.5毫克）的药动学研究表明，该药吸收迅速、完全，体内分布广泛。血浆中的最大浓度（C_{max}）约为0.5微克/毫升，给药后约30分钟（T_{max}）达最大浓度。在肺匀浆中的浓度比血浆高。泰拉霉素在中性粒细胞和肺泡巨噬细胞中有大量蓄积。因其结构中有3个氨基基团，故较其他大环内酯类抗生素消除缓慢，血浆中的表观消除半衰期（$t_{1/2}$）为90小时。血浆蛋白结合率较低，约为40%。牛皮下注射的生物利用度约为90%。作用保持时间较长。

【适应证】治疗和预防敏感的溶血曼氏杆菌、多杀巴氏杆菌、睡眠嗜血杆菌和牛支原体引起的牛呼吸道疾病；牛莫拉氏菌引起的牛传染性角膜结膜炎、坏死梭菌和李氏卟啉单胞菌引起的蹄叉坏死杆菌病。

【用法与用量】皮下注射：一次量 2.5 毫克/千克，给药1次。每个注射部位的给药剂量不超过 7.5 毫升。

【不良反应与注意事项】皮下注射本品时，常会引起注射部位出现短暂性的疼痛反应和局部肿胀，并可持续 30 日。

注意事项：①对大环内酯类抗生素过敏者不能使用。②本品不能与其他大环内酯类抗生素或林可霉素同时使用。③生产人用乳品的泌乳期奶牛禁用。④预计在 2 个月内分娩的可能生产人用乳品的怀孕母牛或小母牛禁用本品。⑤在首次开启或抽取药液后应在 28 天内用完。当多次取药时，建议使用专用吸取针头或多剂量注射器，以避免在瓶塞上扎孔过多。⑥建议在疾病的早期进行治疗，在给药后 48 小时内评价治疗效果。如果呼吸道疾病的症状仍然存在或增加，或出现复发，应改变治疗方案。⑦泰拉霉素对眼睛有刺激性，如果眼睛意外接触到本品，应立即用清水冲洗。⑧皮肤接触到泰拉霉素时，可引起过敏反应。如果皮肤意外接触到本品，应立即用肥皂和水冲洗。⑨应放在远离儿童的地方，用后请洗手。

【休药期】奶牛 49 日。

【制剂】泰拉霉素注射液。

加米霉素

【药理作用】药效学　加米霉素为 15 元环的半合成氮杂内酯类抑菌药。对牛溶血性曼氏杆菌、多杀性巴氏杆菌有抑菌作用，加米霉素内酯环的 7a 位为烷基化氮，在生理 pH 条件下能快速吸收，并在靶动物肺组织中维持长时间的作用。

药动学　牛颈部皮下以 6 毫克/千克单剂量注射后，在 30～60 分钟内达到最大血药浓度，生物利用度大于 98%，无性别差异。体外血浆蛋白结合研究表明游离药物浓度为 74%。表观分布容积为 25 升/千克。加米霉素在肺中不到 24 小时即可达到最大浓度，肺/血浆浓度比值＞264，表明加米霉素可快速吸收进入靶组织对抗呼吸道疾病病原体。血浆半衰期长（＞2 日）。药物主要以原形通过胆汁排泄。

【适应证】用于对加米霉素敏感的溶血性曼氏杆菌、多杀性巴氏杆菌和支原体等引起的牛呼吸道疾病的治疗。不用于泌乳期奶牛。

【用法与用量】按加米霉素计。皮下注射：一次量 6 毫克/千克（相当于每 25 千克体重注射 1 毫升），给药 1 次。每个注射部位的给药体积不超过 10 毫升。

【不良反应与注意事项】奶牛在用药期间无明显不良反应。皮下注射本品时，仅见注射部位可能会出现短暂的肿胀，并偶尔伴有轻微疼痛。

注意事项：①禁用于对大环内酯类抗生素过敏的牛。②禁与其他大环内酯类或林可胺类抗生素同时使用；③禁用于泌乳期奶牛，禁用于预产期在 2 个月内的怀孕母牛。④对眼睛和/或皮肤有刺激性，应避免接触皮肤和/或眼睛。如不慎接触，应立即用水清洗。⑤不慎注射入人体，需立即就医，并向医生提供本品标签或说明书。⑥用后需洗手，置于儿童不可触及处。⑦药瓶开启后 28 日内有效，过期未用完部分应废弃。

【休药期】奶牛 64 日。

【制剂】加米霉素注射液。

酒石酸泰乐菌素

【药理作用】泰乐菌素与红霉素抗菌谱相似，但对大多数细菌抗菌活性不如红霉素。对杀性巴氏杆菌、化脓放线菌、支原体、坏死杆菌有较高抗菌活性。

泰乐菌素药动学特点与大环内酯类抗生素大体一致。泰乐菌素为弱碱（pKa7.1），极易溶于水。消除半衰期为 1 小时，表观分布容积为 1.1 升/千克。

【适应证】用于多杀性巴氏杆菌、化脓放线菌、牛支原体引起的牛呼吸综合征、"运输热"、肺炎；用于坏死梭菌引起的牛坏死性蹄皮炎、腐蹄病；化脓放线菌引起的牛子宫炎；革兰阳性球菌引起的乳腺炎。

【用法与用量】肌内注射，一次量 4～10 毫克/千克，给药间隔24 小时，最多给药 5 日。

【不良反应与注意事项】与红霉素相似，肌内注射对局部组织有一定的刺激性。静脉注射会出现休克、呼吸困难，也可诱发兽医的接触性皮炎。

【休药期】奶牛 28 日；弃奶期 96 小时。

【制剂】注射用酒石酸泰乐菌素。

替米考星

【药理作用】替米考星的抗菌活性介于红霉素和泰乐菌素之间。能够抑制梭状芽孢杆菌属、葡萄球菌属和链球菌属等革兰阳性菌；能够抑制放线杆菌属、弯曲杆菌属、嗜组织菌属和巴氏杆菌属等革兰阴性菌。所有肠杆菌科细菌耐药，支原体的敏感性差异大。

替米考星药动学特点与大环内酯类抗生素大体一致。其特点是血药浓度低，但是表观分布容积大，同时会在组织（包括肺）中蓄积且残留严重，甚至可达血药浓度的 20 倍。牛皮下注射生物利用度可达 100%，半衰期为 21～35 小时。奶牛以 10 毫克/千克单剂量皮下注射替米考星后，牛奶中浓度可达 0.8 微克/毫升，维持 8～9 日。

【适应证】用于敏感的溶血性曼氏杆菌、多杀性巴氏杆菌和支原体等引起的牛呼吸道疾病的治疗。

【用法与用量】皮下注射，一次量 10 毫克/千克，给药 1 次。

【不良反应与注意事项】替米考星可引起钙离子的快速降低而

对心血管系统具有潜在毒性。

注意事项：①产乳供人食用的奶牛，泌乳期禁用；②皮下注射可出现局部反应（水肿等），避免与眼接触；③注射使用时应密切监测奶牛心血管状态。

【休药期】奶牛 35 日。

【制剂】替米考星注射液。

泰地罗星

【药理作用】泰地罗星为泰乐菌素的半合成 16 元大环内酯类抗生素。对溶血性曼氏杆菌、多杀性巴氏杆菌、胸膜肺炎放线杆菌、支气管败血波氏杆菌、睡眠嗜血杆菌敏感。

注射后吸收迅速，组织中分布广泛，缓慢消除；在支气管和肺组织浓度高且持久。皮下注射生物利用度约 80%，表观分布容积较大。

【适应证】可用于敏感的溶血性曼氏杆菌、多杀性巴氏杆菌和支原体等引起的牛呼吸道疾病的治疗。

【用法与用量】皮下注射，一次量 4 毫克/千克，给药 1 次。

【不良反应与注意事项】安全性较高，在奶牛未见明显不良反应，但会引起注射部位轻度至中度的肿胀和疼痛。

【休药期】尚无休药期研究。

【制剂】泰地罗星注射液。

第五节　酰胺醇类药物使用规范

酰胺醇类（Chloramphenicols）抗生素属广谱抗生素，其作用机理主要是与 70S 核蛋白体的 50S 亚基上的 A 位紧密结合，阻碍了肽酰基转移酶的转肽反应，使肽链不能延伸，而抑制细菌蛋白质的合成。奶牛疾病治疗中常用的有甲砜霉素和氟苯尼考。

甲砜霉素

【药理作用】药效学　甲砜霉素属酰胺醇类抗生素，具有广谱抗菌作用，但对革兰阴性菌的作用较革兰阳性菌强，对多数肠杆菌科细菌，包括伤寒沙门氏菌、副伤寒沙门氏菌、大肠杆菌、沙门氏菌高度敏感，对其敏感的革兰阴性菌还有巴氏杆菌、布鲁氏菌等。敏感的革兰阳性菌有炭疽杆菌、链球菌、棒状杆菌、肺炎球菌、葡萄球菌等。衣原体、钩端螺旋体、立克次氏体也对本品敏感。对厌氧菌如破伤风梭菌、放线菌等也有相当作用。但结核杆菌、铜绿假单胞菌、真菌对其不敏感。

药动学　本品内服吸收迅速而完全。吸收后在体内广泛分布于各种组织。主要以原形从尿中排泄。在奶牛的半衰期较氯霉素短。

【适应证】主要用于治疗敏感菌引起的肠道、呼吸道等感染。

【用法与用量】以甲砜霉素计。内服：一次量 5～10 毫克/千克，每日 2 次，连用 2～3 日。

【不良反应与注意事项】不良反应：①有血液系统毒性，虽然不会引起再生障碍性贫血，但其引起的可逆性红细胞生成抑制比氯霉素更常见；②有较强的免疫抑制作用，约比氯霉素强 6 倍；③长期内服可引起消化机能紊乱，出现维生素缺乏或二重感染症状；④有胚胎毒性；⑤对肝微粒体药物代谢酶有抑制作用，可影响其他药物的代谢，提高血药浓度，增强药效或毒性，例如可显著延长戊巴比妥钠的麻醉时间。

注意事项：①疫苗接种期或免疫功能严重缺损时禁用；②妊娠期及哺乳期慎用；③肾功能不全时要减量或延长给药间隔时间。

【休药期】奶牛 28 日；弃奶期 7 日。

【制剂】甲砜霉素粉。

氟苯尼考

【药理作用】氟苯尼考对多种革兰阳性菌、革兰阴性菌及支原体有较强的抗菌活性。对溶血性巴氏杆菌、多杀巴氏杆菌、睡眠嗜血杆菌高度敏感，对链球菌、耐甲砜霉素的痢疾志贺氏菌、伤寒沙门氏菌、克雷伯氏菌、大肠杆菌及耐氨苄西林流感嗜血杆菌均敏感。

【适应证】敏感细菌所致的牛子宫内膜炎；用于敏感溶血性曼氏杆菌、多杀性巴氏杆菌和睡眠嗜组织菌所致的牛呼吸道疾病，坏死杆菌和产黑素拟杆菌所致的牛趾间蜂窝织炎、腐蹄病、急性牛趾坏死、传染性蹄皮炎。

【用法与用量】肌内注射，一次量20毫克/千克，间隔48小时第2次给药；皮下注射，一次量40毫克/千克，给药1次；子宫内灌注：一次量25毫升。每3日1次，连用2～4次。

【不良反应与注意事项】过量使用可引起奶牛短暂的厌食、饮水减少和腹泻，停药后几日即可恢复；怀孕母牛禁用。

【休药期】奶牛28日；弃奶期7日。

【制剂】氟苯尼考子宫注入剂：25毫升∶2克。

第六节　林可胺类药物使用规范

林可胺类抗生素（Lincosamides）是从链霉素发酵液中提取的一类抗生素，与截短侧耳素类、链阳菌素类抗生素有许多共同的特性，都是高脂溶性的碱性化合物，肠道吸收较好，在奶牛体内分布广泛，对细胞屏障穿透力强，药动学特征相似。其作用机理与大环内酯类抗生素相似，主要作用于细菌核糖体50S亚基，通过抑制肽链的延长而抑制细菌蛋白质的合成。该类抗生素对革兰阳性菌、厌氧菌和支原体有较好抗菌活性，对多数革兰阴性菌无活性。细菌对该类药物以及大环内酯类、链阳菌素B之间存在交叉耐药。奶牛疾病治疗中常用的有盐酸吡利霉素乳房注入剂（泌乳期）、盐酸林可霉素乳房注入剂（泌乳期）。

盐酸吡利霉素

【药理作用】对引起泌乳期奶牛乳腺炎的葡萄球菌属（如金黄色葡萄球菌）和链球菌属（如无乳链球菌、停乳链球菌、乳房链球菌）有较高的抗菌活性。

【适应证】用于治疗葡萄球菌、链球菌引起的奶牛泌乳期临床型或亚临床型乳房炎。

【用法与用量】乳管注入：泌乳期奶牛，每个乳室10毫升。每日1次，连用2日。视病情需要，可适当增加给药剂量和延长用药时间。

【不良反应与注意事项】按规定的用法与用量使用尚未见不良反应。

注意事项：①仅用于乳房内注入，应注意无菌操作；②给药前，用含有适宜乳房消毒剂的温水充分洗净乳头，待完全干燥后将乳房内的奶全部挤出，再用酒精等适宜消毒剂对每个乳头擦拭灭菌后方可给药；③本品弃奶期系根据常规给药剂量和给药时间制订，如确因病情所需而增加给药剂量或延长用药时间，则应执行最长弃奶期；④尚缺乏本品在奶牛体内残留消除数据，给药期间和最长休药期之前动物产品不能食用。

【休药期】弃奶期72小时。

【制剂】盐酸吡利霉素乳房注入剂（泌乳期），按吡利霉素计，

10 毫升：50 毫克，40 毫升：0.2 克。

盐酸林可霉素

【药理作用】主要抗革兰阳性菌，对支原体及部分革兰阴性菌
也有作用，对葡萄球菌、溶血性链球菌和肺炎球菌作用较强，对厌
氧菌如破伤风杆菌、产气荚膜梭菌有抑制作用，需氧革兰氏阴性菌
常耐药。林可霉素为抑菌剂，高浓度时有杀菌作用。葡萄球菌可缓
慢产生耐药性，与克林霉素有完全交叉耐药性，与红霉素之间有部
分交叉耐药性。

【适应证】用于金黄色葡萄球菌、无乳链球菌、停乳链球菌等
敏感菌引起的奶牛临床型乳房炎和隐性乳房炎。

【用法与用量】乳管内灌注，挤奶后每个乳区 1 支。每日 2 次，
连用 2～3 次。

【不良反应与注意事项】按规定的用法与用量使用尚未见不良
反应。

注意事项：①用药时务必将奶挤干净，对于化脓性炎症可用乳
导管排出脓汁等炎症分泌物以保证药物疗效；②注药时务必将注射
器头部完全送入乳池。

【休药期】弃奶期 7 日。

【制剂】盐酸林可霉素乳房注入剂（泌乳期），按林可霉素计，
7.0g：0.35g。

第七节　多肽类药物使用规范

多肽类抗生素是一类具有多肽结构的化学物质。兽医临床和动

物生产中常用的药物包括黏菌素、杆菌肽、维吉尼霉素和恩拉霉素，其中杆菌肽、维吉尼霉素和恩拉霉素已被禁止作为动物饲料添加剂，但黏菌素仍可以作为治疗用药。

黏菌素

【药理作用】药效学　黏菌素属多肽类，是一种碱性阳离子表面活性剂，通过与细菌细胞膜内的磷脂相互作用，渗入细菌细胞膜内，破坏其结构，进而引起膜通透性发生变化，导致细菌死亡，产生杀菌作用。本品对需氧菌、大肠杆菌、嗜血杆菌、克雷伯氏菌、巴氏杆菌、铜绿假单胞菌、沙门氏菌、志贺氏菌等革兰阴性菌有较强的抗菌作用。革兰阳性菌通常不敏感。与多黏菌素 B 之间有完全交叉耐药性，但与其他抗菌药物之间无交叉耐药性。与杆菌肽锌1∶5 配合有协同作用；与螯合剂（EDTA）和阳离子清洁剂配合对铜绿假单胞菌有协同作用，常联合用于局部感染的治疗。

药动学　经口给药几乎不吸收，但非胃肠道给药吸收迅速。进入体内的药物可迅速分布进入心、肝、肾和骨骼肌，但不易进入脑脊髓、胸腔、关节腔和感染病灶。主要经肾排泄。

【适应证】多肽类抗生素。主要用于治疗敏感革兰阴性菌引起的肠道感染。

【用法与用量】以本品计。混饲：每 1 000 千克饲料 3.75～5 千克，连用3～5 日。

【不良反应与注意事项】黏菌素类在内服或局部给药时奶牛能很好耐受，全身应用可引起肾毒性、神经毒性和神经肌肉阻断效应。

注意事项：①超剂量使用可能引起肾功能损伤；②本品经口给药吸收极少，不宜用作全身感染性疾病的治疗。③注意药物间相互作用：与肌松药和氨基糖苷类等神经肌肉阻滞剂合用可能引起肌无力和呼吸暂停；与可能损伤肾功能的药物合用，可增强其肾毒性。

【休药期】奶牛 7 日。

【制剂】硫酸黏菌素可溶性粉：100g∶10g（3 亿单位）。

第八节　磺胺类药物使用规范

磺胺类药物为一类人工合成的抗菌药物，可通过与对氨基苯甲酸竞争二氢叶酸合成酶，从而阻碍敏感菌叶酸的合成而发挥抑菌作用，属于慢效抑菌剂。高等动物能直接利用外源性叶酸，故其代谢不受磺胺类药物干扰。该类抗菌药具有抗菌谱广、性质稳定、体内分布广、品种多、价格低、使用简便、供应充足等优点。因其普遍的获得性耐药及抗菌活性相对低于其他抗菌药物，故单独作为抗菌药物的价值不大，但其与抗菌增效剂联合应用可使其耐药性不易产生，抗菌作用增强。批准用于奶牛的磺胺类药物有磺胺嘧啶、磺胺二甲嘧啶、磺胺对甲氧嘧啶、磺胺间甲氧嘧啶、磺胺甲噁唑以及与甲氧苄啶（TMP）的复方制剂。

磺胺嘧啶

【药理作用】药效学　磺胺嘧啶属广谱抗菌药，对大多数革兰阳性菌和部分革兰阴性菌有效，对球虫、弓形虫等也有效，但对螺旋体、立克次氏体、结核杆菌等无作用。对磺胺嘧啶较敏感的病原菌有：链球菌、肺炎球菌、沙门氏菌、化脓棒状杆菌、大肠杆菌等；一般敏感的有：葡萄球菌、变形杆菌、巴氏杆菌、产气荚膜梭菌、肺炎杆菌、炭疽杆菌、铜绿假单胞菌等。因剂量和疗程不足等原因，细菌易对磺胺嘧啶产生耐药性，尤以葡萄球菌最易产生，大肠杆菌、链球菌等次之。磺胺嘧啶与 TMP 合用，可产生协同作用。

药动学　磺胺嘧啶内服易吸收，生物利用度因动物种类不同而有差异。磺胺嘧啶在血中的溶解度比其他体液高，血药浓度易达到有效浓度，且药物与血浆蛋白结合率低（奶牛 24％），易通过血脑屏障，进入脑脊液中，并能达到较高的药物浓度（可达血中浓度的 50％～80％）。磺胺嘧啶主要在肝脏进行代谢，最常见的代谢方式是对位氨基的乙酰化。磺胺嘧啶主要以原形、乙酰化物和葡萄糖苷酸结合物的形式经肾脏排泄，当肾功能损害时，其消除半衰期延长。

【适应证】用于敏感菌感染，也可用于弓形虫感染。

【用法与用量】磺胺嘧啶片，内服：一次量，每 100 千克体重，首次量 28～40 片，维持量 14～20 片。每日 2 次，连用 3～5 日。磺胺嘧啶钠注射液，静脉注射：一次量 0.5～1 毫升/千克。每日 1～2 次，连用 2～3 日。

【不良反应与注意事项】①急性中毒：多发生于静脉注射时，速度过快或剂量过大。主要表现为神经兴奋、共济失调、肌无力、呕吐、昏迷、厌食和腹泻等。奶牛还可见到视觉障碍、散瞳。②磺胺嘧啶或其代谢物可在尿液中产生沉淀，在高剂量给药或低剂量长期给药时更易产生结晶，引起结晶尿、血尿或肾小管堵塞。用药期间应给奶牛大量饮水。大剂量、长期应用时宜同时给予等量的碳酸氢钠。③肾功能受损时，排泄缓慢，应慎用。④可引起肠道菌群失调，长期用药可引起 B 族维生素和维生素 K 的合成和吸收减少，宜补充相应的维生素。⑤出现过敏反应时，立即停药并给予对症治疗。⑥某些含对氨基苯甲酰基的药物如普鲁卡因、丁卡因等在体内可生成对氨基苯甲酸，酵母片中也含有细菌代谢所需要的对氨基苯甲酸，合用可降低本品作用；与噻嗪类或速尿等利尿剂同用，可加重肾毒性。

【休药期】磺胺嘧啶片：奶牛 28 日；弃奶期 7 日。磺胺嘧啶钠注射液：奶牛 10 日；弃奶期 3 日。

【制剂】磺胺嘧啶片：0.5 克；磺胺嘧啶混悬液：10％；磺胺

嘧啶软膏：10 克：0.5 克；磺胺嘧啶眼膏：5％；磺胺嘧啶钠注射
液：2 毫升：0.4 克；注射用磺胺嘧啶钠：0.4 克：1 克。

磺胺二甲嘧啶

【药理作用】药效学　本品对革兰氏阳性菌和阴性菌如化脓性
链球菌、沙门氏菌和肺炎杆菌等均有良好的抗菌作用。磺胺药在结
构上类似对氨基苯甲酸，可与对氨基苯甲酸竞争细菌体内的二氢叶
酸合成酶，阻碍二氢叶酸的合成，最终影响核酸的合成，抑制细菌
的生长繁殖。本品抗菌作用较磺胺嘧啶稍弱，但对球虫和弓形虫有
良好的抑制作用。

药效学　本品的药动学特征与磺胺嘧啶基本相似。但血浆蛋
白结合率高，故排泄较磺胺嘧啶慢。内服后吸收迅速而完全，排
泄较慢，维持有效血药浓度的时间较长。由于其乙酰化物溶解度
高，在肾小管内析出结晶的发生率较低，不易引起结晶尿或
血尿。

【适应证】用于敏感菌感染，也可用于球虫和弓形虫感染。

【用法与用量】磺胺二甲嘧啶片，内服：一次量，每 100 千克
体重，首次量 28～40 片，维持量 14～20 片。每日 1～2 次，连用
3～5 日。磺胺二甲嘧啶钠注射液，静脉注射：一次量 50～100 毫
克/千克。每日 1～2 次，连用 2～3 日。

【不良反应与注意事项】不良反应同磺胺嘧啶。

注意事项：①磺胺二甲嘧啶钠注射液遇酸类可析出结晶，故不
宜用 5％葡萄糖液稀释；②脓液及组织分解产物可提供细菌生长的
必需物质，与磺胺药产生拮抗作用。

【休药期】磺胺二甲嘧啶片：奶牛 10 日；弃奶期 7 日。磺胺二
甲嘧啶钠注射液：奶牛 28 日；弃奶期 7 日。

【制剂】磺胺二甲嘧啶片：0.5g；磺胺二甲嘧啶钠注射液：
5 毫升：0.5g。

磺胺对甲氧嘧啶

【药理作用】同磺胺嘧啶。

【适应证】主要用于敏感菌感染。

【用法与用量】内服：一次量，每10千克体重，首次量1～2片，维持量0.5～1片。每日1～2次，连用3～5日。

【休药期】奶牛28日；弃奶期7日。

【制剂】磺胺对甲氧嘧啶片：0.5克。

磺胺间甲氧嘧啶（钠）

【适应证】用于敏感菌感染。

【用法与用量】磺胺间甲氧嘧啶片，内服：一次量，首次量2～4片/千克，维持量1～2片/千克。每日2次，连用3～5日。磺胺间甲氧嘧啶钠注射液：静脉注射，一次量，每千克体重0.5毫升，每日1～2次，连用2～3日。

【休药期】磺胺间甲氧嘧啶片（磺胺间甲氧嘧啶钠注射液）：奶牛28日；弃奶期7日。

【制剂】磺胺间甲氧嘧啶片：25毫克。磺胺间甲氧嘧啶钠注射液：5毫升：0.5克；10毫升：1克；20毫升：2克；50毫升：5克；100毫升：10克。

磺胺甲噁唑

【适应证】用于敏感菌引起的呼吸道、消化道、泌尿道等感染。

【用法与用量】内服：一次量，每10千克体重，首次量1～2片，维持量0.5～1片。每日2次，连用3～5日。

【休药期】奶牛28日；弃奶期7日。

【制剂】磺胺甲噁唑片0.5g。

复方磺胺嘧啶钠注射液

【药理作用】本品属广谱抑菌剂，对大多数革兰氏性菌和部分革兰氏性菌有效，对球虫、弓形体等也有效。磺胺嘧啶作用于二氢叶酸合成酶，干扰叶酸合成的第一步。甲氧苄啶属于抗菌增效剂，作用于叶酸合成的第二步，选择性抑制二氢叶酸还原酶的作用，因此二者合用可产生协同作用，可使细菌叶酸的代谢受到双重阻断，增强抗菌效果。

【适应证】用于敏感菌及弓形虫感染。

【用法与用量】肌内注射：一次量 0.2～0.3 毫升/千克。每日 1～2 次，连用 2～3 日。

【休药期】奶牛 12 日；弃奶期 48 小时。

【制剂】1 毫升：磺胺嘧啶钠 0.1 克＋甲氧苄啶 0.02 克；5 毫升：磺胺嘧啶钠 0.5 克＋甲氧苄啶 0.1 克；10 毫升：磺胺嘧啶钠 1 克＋甲氧苄啶 0.2 克。

复方磺胺甲噁唑片

【适应证】能双重阻断细菌叶酸代谢，增强抗菌效力。用于敏感菌引起的呼吸道、泌尿道等感染。

【用法与用量】内服：一次量 20～25 毫克/千克。每日 2 次，连用 3～5 日。

【休药期】奶牛 28 日；弃奶期 7 日。

复方磺胺对甲氧嘧啶片

【适应证】能双重阻断细菌叶酸代谢，增强抗菌效果。主用于敏感菌引起的泌尿道、呼吸道及皮肤软组织等感染。

【用法与用量】内服，一次量 20～25 毫克/千克。每日 2～3 次，连用 3～5 日。

【休药期】奶牛 28 日；弃奶期 7 日。

复方磺胺对甲氧嘧啶钠注射液

【适应证】能双重阻断细菌叶酸代谢，增强抗菌效果。主用于敏感菌引起的泌尿道、呼吸道及皮肤软组织等感染。

【用法与用量】肌内注射：一次量15～20毫克/千克。每日1～2次，连用2～3日。

【休药期】奶牛28日；弃奶期7日。

【制剂】10毫升：磺胺对甲氧嘧啶钠1克与甲氧苄啶0.2克。

第九节　喹诺酮类药物使用规范

喹诺酮类（Quinolones）抗菌药是指人工合成的一类具有4-喹诺酮环结构的杀菌性抗菌药物。抗菌作用机制是抑制细菌DNA旋转酶，干扰细菌DNA的复制、转录和修复重组，细菌不能正常生长繁殖而死亡。目前可用于奶牛的氟喹诺酮类药物主要有恩诺沙星注射液。

恩诺沙星

【药理作用】药效学　恩诺沙星为动物专用的广谱杀菌药。对大肠杆菌、沙门氏菌、克雷伯氏菌、布鲁氏菌、巴氏杆菌、胸膜肺炎放线杆菌、丹毒杆菌、变形杆菌、黏质沙雷菌、化脓性棒状杆菌、败血波特氏菌、金黄色葡萄球菌、支原体、衣原体等均有良好作用，对铜绿假单胞菌和链球菌的作用较弱，对厌氧菌作用微弱。

药动学　本品肌内注射吸收迅速而完全，奶牛为82%。在奶牛体内广泛分布，能很好进入组织、体液（除脑脊液之外），几乎所有组织的药物浓度均高于血浆。肝脏代谢主要是脱去7-哌嗪环的乙基生成环丙沙星，其次为氧化及葡萄糖醛酸结合。主要通过肾脏（以肾小管分泌和肾小球滤过）排出，15%～50%以原形从尿中排出。消除半衰期因给药途径不同有较大差异，肌内注射后的消除半衰期，奶牛为5.9小时。

【适应证】用于敏感菌引起的呼吸道疾病、大肠杆菌病和乳腺炎。

【用法与用量】肌内注射：一次量2.5～5毫克/千克。每日1～2次，连用2～3日。

【不良反应与注意事项】①使幼龄动物软骨发生变性，影响骨骼发育并引起跛行及疼痛；②消化系统的反应有呕吐、食欲不振、腹泻等；③皮肤反应有红斑、瘙痒、荨麻疹及光敏反应等；④本品耐药菌株呈增多趋势，不应在亚治疗剂量下长期使用。

【休药期】奶牛14日。

【制剂】恩诺沙星注射液。

第十节　其他抗菌药物使用规范

利福昔明乳房注入剂（干乳期）

【药理作用】利福昔明是利福霉素SV的半合成衍生物。主要通过与细菌依赖DNA的RNA聚合酶中β-亚单位不可逆地结合，来抑制细菌RNA的合成，从而达到杀菌的目的。对革兰阳性菌（如金黄色葡萄球菌、无乳链球菌、停乳链球菌、乳房链球菌、棒状杆菌等）和革兰阴性菌（如大肠杆菌等）均有良好的抗菌活性。临床上利福昔明乳房注入剂常用作奶牛乳房炎的治疗用药，通常为橘红色至暗红色油性混悬液。

【适应证】用于防治由敏感菌（金黄色葡萄球菌、链球菌、大肠杆菌）引起的奶牛干乳期乳房炎。

【用法与用量】乳管注入：干乳期奶牛，每个乳室 1 支。

【不良反应与注意事项】按推荐剂量使用，未见不良反应。

注意事项：①用于干乳期奶牛；②使用后洗手；③注射、吸入、摄取或皮肤接触本品可能引起过敏反应。

【休药期】产犊前 60 天给药，弃奶期 0 日。

【制剂】5 克：100 毫克。

利福昔明乳房注入剂（泌乳期）

【适应证】用于治疗由葡萄球菌、链球菌、大肠杆菌等敏感菌引起的泌乳期奶牛的乳房炎。

【用法与用量】以本品计。乳管注入：泌乳期奶牛，挤奶后每个感染乳室 1 支。间隔 12 小时注入 1 次，连用 3 次。

【不良反应与注意事项】按照推荐的用法与用量使用，尚未见不良反应。

注意事项：①仅供泌乳期奶牛乳房炎使用。②使用前将药液摇匀。③给药前用适宜的消毒剂充分清洗乳头及其边缘，排空受感染乳室中的乳汁。将注射器插管插入乳管，轻轻地持续推动注射器活塞并按摩乳房使本品在乳室内分散均匀。④使用本品后，未对牛奶之外的可食性组织中兽药残留进行安全性考察，禁止食用。⑤置儿童无法触及处。

【休药期】弃奶期 96 小时。

【制剂】5 克：100 毫克。

利福昔明子宫注入剂

【适应证】用于治疗由葡萄球菌、链球菌、隐秘杆菌、大肠杆菌及厌氧菌感染引起的奶牛子宫内膜炎。

【用法与用量】以本品计。子宫内灌注：一次量 100 毫升，每 3 日一次，连用 2 次，严重者可给药 3 次。本品用前摇匀，使用一次性无菌输精管将药物注入子宫。

【不良反应与注意事项】按照规定的用法与用量使用尚未见不良反应。

注意事项：①本品使用前应充分摇匀；②子宫灌注前应进行直肠按摩清除恶露，阴道口及会阴部位应进行清洗消毒；③避免儿童接触。

【休药期】弃奶期 0 日。

【制剂】100 毫升：0.2 克。

第十一节　中兽药使用规范

山楂乳房灌注液

【功能】化瘀止痛，消肿通乳。

【适应证】牛乳腺炎。证见乳房发热、肿痛，或乳房坚硬；乳汁变性，含絮状物或乳凝块，或呈水样，或含血液；体温升高，食欲不振、精神萎靡等。

【用法与用量】本品 2～5 毫升（一个乳区用量）与 2 倍注射用生理盐水混合，用导乳针导入乳池后注射，每日 2 次，连用 2～5 日，必要时治疗期限可适当延长。

【不良反应与注意事项】按规定剂量使用，暂未见不良反应。偶有一过性疼痛。久置有少许沉淀，摇匀后使用不影响疗效。

【制剂】2 毫升；5 毫升；10 毫升。

公英散

【功能】清热解毒，消肿散痈。

【适应证】牛乳腺炎。乳痈初起，红肿热痛。

【用法与用量】奶牛每次每头 500 克，温水灌服或拌料饲喂，每日 2 次，连用 3～5 日。

【处方】蒲公英 60g，金银花 60g，连翘 60g，丝瓜络 30g，通草 25g，芙蓉叶 25g，浙贝母 30g。以上 7 味，粉碎，过筛，混匀，即得。

第十二节 抗寄生虫药使用规范

伊维菌素

【药理作用】药效学 十六元环大环内酯类抗生素。伊维菌素可通过增强无脊椎动物神经突触后膜对 Cl^- 的通透性，从而阻断神经信号的传递，最终使神经麻痹，导致虫体死亡，其抗寄生虫作用独特，不易于其他抗寄生虫药物产生交叉耐药性。该药对无脊椎动物有很强的选择性，用作奶牛体内外驱虫药较为安全。伊维菌素具有广谱、高效、用量小和安全等优点，对奶牛的消化道和呼吸道线虫、疥螨、痒螨、毛虱、血虱、腭虱等体内外寄生虫有极好的杀灭作用。因吸虫和绦虫缺少 GABA 神经递质以及虫体内缺乏受谷氨酸控制的 Cl^- 通道，故应用伊维菌素作用不佳。

药动学 伊维菌素在肝内通过氧化途径代谢，原形和代谢物主要从粪便排出，尿液排出量不足 5%；吸收后在奶牛的表观分布容积为 0.45～2.4 升/千克，消除半衰期牛为 2～3 日。

【适应证】用于防治线虫病、螨病及其他寄生性昆虫病。

【用法与用量】以伊维菌素计，皮下注射，一次量0.2毫克/千克。

【不良反应与注意事项】①用于治疗牛皮蝇蚴病时，如杀死的幼虫寄生在关键部位，将会引起严重的不良反应；②注射时，注射部位有不适或暂时性水肿。

注意事项：产奶供人使用的奶牛在泌乳期不得使用；每个皮下注射点不宜超过10毫升。

【休药期】奶牛35日。

【制剂】伊维菌素注射液，按伊维菌素计，1毫升：10毫克；2毫升：4毫克；2毫升：10毫克；50毫升：500毫克；100毫升：1 000毫克。

阿苯达唑

【药理作用】药效学　苯并咪唑类驱虫药。属于细胞微管蛋白抑制剂，可与虫体的微管蛋白结合，阻止微管组装的聚合，其对线虫微管蛋白的亲和力远较哺乳动物高，故对奶牛的毒性较低，安全范围大。阿苯达唑对牛大多数胃肠道线虫成虫及幼虫均有良好效果。对牛毛圆线虫、古柏线虫、牛仰口线虫、奥斯特线虫、乳突类圆线虫、捻转血矛线虫的成虫和幼虫均有极佳消除效果。高剂量对部分吸虫和绦虫亦有良效。

药动学　阿苯达唑脂溶性较高，肠道易吸收，有显著首过效应，主要在肝脏代谢为阿苯达唑亚砜和砜等代谢产物。内服后亚砜在奶牛的半衰期为20.5小时，砜半衰期为11.6小时，内服后47%代谢物从尿液排出。

【适应证】抗蠕虫药。用于防治线虫病、绦虫病及吸虫病。

【用法与用量】以阿苯达唑计，内服，一次量10～15毫克/千克。

【不良反应与注意事项】对妊娠早期奶牛有致畸和胚胎毒性作用。奶牛妊娠期前 45 天内忌用。

【休药期】奶牛 14 日；弃奶期 60 小时。

【制剂】阿苯达唑片：25 毫克：50 毫克；0.3 克：0.5 克。

芬苯达唑

【药理作用】芬苯达唑不仅对胃肠道线虫成虫和幼虫有强驱虫活性，而且对网尾线虫、片形吸虫和绦虫亦有良好效果，还有极强的杀虫卵作用。但用于驱除绦虫、吸虫时需要较高剂量。

【适应证】抗蠕虫药。用于防治线虫病和绦虫病。

【用法与用量】以芬苯达唑计，内服，一次量 5～7.5 毫克/千克，连用 3 日。

【不良反应与注意事项】按规定的用法和用量使用，一般不会产生不良反应。由于死亡的寄生虫释放抗原，可继发过敏反应。可能伴有致畸胎和胚胎毒性，妊娠前期忌用。

【休药期】芬苯达唑片：奶牛 21 日；弃奶期 7 日。芬苯达唑粉：奶牛 14 日；弃奶期 5 日。

【制剂】芬苯达唑片：25 毫克；50 毫克；100 毫克。芬苯达唑粉：5%。

氯氰碘柳胺钠

【药理作用】氯氰碘柳胺对牛肝片吸虫、胃肠道线虫有较好作用。

【适应证】抗蠕虫药。用于防治牛肝片吸虫病、胃肠道线虫病。

【用法与用量】以氯氰碘柳胺钠计，皮下或肌内注射，一次量 2.5～5 毫克/千克。

【不良反应与注意事项】对注射部位有一定的刺激性。

【休药期】奶牛 28 日；弃奶期 28 日。

【制剂】氯氰碘柳胺钠注射液：10 毫升：0.5 克；100 毫升：
5 克。

参考文献

中国兽药典委员会，2020. 中华人民共和国兽药典（一部）［M］. 北京：
　中国农业出版社.

Cunningham F，Elliott J，Lees P，2010. Comparative and veterinary pharm-
　acology［M］. New York：Springer Press. New Jersey：Wiley Blackwell
　Press.

Riviere JE，Papich MG，2018. Veterinary pharmacology and therapeutics
　［M］. 10th Edition. New Jersey：Wiley Blackwell Press.

Rock AH. Veterinary pharmacology：A practical guide for the veterinary
　nurse［M］. Amsterdam：Elsevier Press.

Romich JA，2010. Fundamentals of pharmacology for veterinary technicians
　［M］. 2nd Edition. New York：CENGAGE Learning Press.

第八章
奶牛场减抗用药效果评价

第一节　抗菌类药物用量评价

　　奶牛场在使用抗菌类药物治疗患病奶牛时应严格遵循兽药使用原则和方法。兽药的滥用或不合理使用不仅延缓病程而且导致肉和奶制品出现药物残留，严重者甚至危害消费者身体健康。为达到合理安全用药的目的，对奶牛进行药物治疗时，应当严格控制药物的使用量，用量过少达不到防治效果，用量过大容易导致药物残留、加快耐药性产生并对奶牛产生严重的不利影响。目前，我国已发布多项兽药管理相关条例，如《中国兽药典》《兽药质量标准》《进口兽药质量标准》和《兽药管理条例》等。

　　限定日剂量（Defined daily dose，DDD）是一种人医临床上国际公认的量化抗菌药物使用的标准单位，它较以往单纯的药品金额和消耗量更合理，不会受到药品销售价格、包装剂量以及各种药物每日剂量不同的影响，解决了因为不同药物一次用量不同、一日用药次数不同而无法比较的问题，可以较好地反映出药物的使用量。目前还没有相当于 DDD 的国际兽医标准，Jensen 等（2004）曾在 VetStat 系统（丹麦一种监测兽医治疗药物使用情况的系统）中定义了"动物每日剂量（Animal daily doses，ADD）"。许多奶牛场以此来量化动物的抗菌药物使用情况（Krogh 等，2020）。

一、动物每日剂量（ADD）

动物每日剂量（ADD）有2种计算模式，一种是基于药物浓度和用药体积进行计算，另一种是基于质量进行计算（Pol 和 Ruegg，2007；de Campos 等，2021）。

1. 基于药物浓度和用药体积的 ADD 计算公式

$$ADDa = MGa \times Ua \times Fa$$

其中 $ADDa$ 是抗生素"a"的 ADD，MGa 是每毫升包含抗生素"a"的剂量（毫克或单位），Ua 是每次给药中使用的药物体积（毫升），Fa 是每天给药次数。对于长效土霉素，MGa 是1毫升非长效产品中包含的药物量的4倍，这意味着给予一剂量长效土霉素相当于用非长效产品治疗4天，这时注射次数为4次。

2. 基于质量的 ADD 计算公式

$$ADDa = DDDa \times BW$$

其中 $ADDa$ 是抗生素"a"的每日剂量，$DDDa$ 是药物标签上的平均限定日剂量（毫克/千克），BW 是治疗动物的平均体重（千克）。

通常，农场的实际牛体重是未知的，因此大多数农场在计算 ADD 时均依赖于估计的体重。欧洲兽医抗生素消费监测协会规定成年奶牛按平均体重425千克计，荷兰和丹麦成年奶牛按平均体重600千克计，其他国家按断奶前犊牛平均体重64千克、成年母牛平均体重680千克计，奶牛场可根据已知的平均体重或使用农场最常见奶牛品种的平均体重来进行计算，以此提高结果的准确性（de Campos 等，2021）。

根据美国 FDA 批准的剂量和每日治疗频率，若以680千克为成年母牛标准体重计算常见治疗用抗菌药物的每日剂量 ADD，见表8-1。

表 8-1 成年奶牛常用抗菌药物的每日剂量 (Pol 和 Ruegg, 2007)

用途	药物	每毫升药物含量	剂量	用药频率（次/天）	动物每日剂量
干奶期牛乳房内治疗	苄星头孢匹林	300 毫克	4 毫升	1	1 200 毫克
	苄星氯唑西林	500 毫克	4 毫升	1	2 000 毫克
	双氢链霉素硫酸盐	1 000 毫克	4 毫升	1	4 000 毫克
	红霉素	600 毫克	4 毫升	1	2 400 毫克
	新生霉素钠	400 毫克	4 毫升	1	1 600 毫克
	普鲁卡因青霉素 G	100 万单位	4 毫升	1	400 万单位
临床型乳房炎	三水阿莫西林	62.5 毫克	1 毫升	2	125 毫克
	氨苄西林	62.5 毫克	1 毫升	1	62.5 毫克
	头孢噻呋	125 毫克	1 毫升	1	125 毫克
	头孢匹林钠	200 毫克	1 毫升	2	400 毫克
	氯苯唑青霉素钠	200 毫克	1 毫升	2	400 毫克
	红霉素	300 毫克	1 毫升	2	600 毫克
	普鲁卡因青霉素 G	60 万单位	1 毫升	2	120 万单位
	吡利霉素盐酸盐	50 毫克	1 毫升	1	50 毫克

（续）

用途	药物	每毫升药物含量	剂量	用药频率（次/天）	动物每日剂量
	三水合氨苄青霉素	50 毫克	11 毫克/千克	1	7 500 毫克
	头孢噻呋盐酸盐	50 毫克	2.2 毫克/千克	1	1 500 毫克
	头孢噻呋钠	50 毫克	2.2 毫克/千克	1	1 500 毫克
	氟苯尼考	300 毫克	20 毫克/千克	1	13 600 毫克
	二水土霉素	200 毫克	11 毫克/千克	1	7 500 毫克
肠外治疗	青霉素	30 万单位	1 毫克/千克	1	450 万单位
	磺胺间二甲氧嘧啶	400 毫克	27.5 毫克/千克	1	18 750 毫克
	泰乐菌素	200 毫克	17.6 毫克/千克	1	12 000 毫克

二、一年内奶牛群体水平的每种抗生素使用总量

来自美国和阿根廷的研究表明，抗生素的使用情况可以通过评估奶牛场一年内奶牛群体水平的每种抗生素使用的总量（Total dose，TD）来量化（Pol 和 Ruegg，2007；Pereyra 等，2015）。具体计算公式如下：

$$TDa=MGa×Ua×Fa×Da×CTa$$

其中 a 是正在研究的抗生素，TDa 是每年抗生素"a"的总使用量（毫克或单位），MGa 是每毫升包含抗生素"a"的剂量（毫克或单位），Ua 是每次给药使用的药物体积（毫升），Fa 是每天给药次数，Da 是使用抗生素"a"的总天数，CTa 是一年内用抗生素"a"治疗的动物（泌乳牛或断奶前犊牛）数量。对于长效土霉素，MGa 是 1 毫升非长效产品中包含的药物量的 4 倍，这意味着给予一剂量长效土霉素相当于用非长效产品治疗 4 天，这时注射次数为 4 次。

三、奶牛场之间的抗生素使用情况比较

奶牛场之间的抗生素使用情况可以通过计算每头奶牛每年的抗生素使用量（Drug usage，DU）进行比较。Pereyra 等（2015）使用以下公式计算 DU 来比较阿根廷奶牛场之间的断奶前犊牛或泌乳牛的抗生素使用情况：

$$DUa=\frac{(\frac{TDa}{nLC}) \text{ 或 } (\frac{TDa}{nPWC})}{ADDa}$$

其中 a 是正在使用的抗生素；DUa 是每头动物每年使用抗生素

"a"的每日剂量（毫克或单位）；TDa 是一年内使用抗生素"a"的总量（毫克或单位）；nLC 是一年内使用抗生素"a"治疗的泌乳牛的总数；$nPWC$ 是一年内使用抗生素"a"治疗的断奶前犊牛的总数，$ADDa$ 是抗生素"a"的动物每日剂量（毫克或单位）。

第二节　奶牛发病率评价

近年来，我国奶牛养殖产业得到快速发展，使得各种规模化养殖技术得到大力推广，在全社会范围内得到普及。伴随着奶牛养殖数量的增多. 出现的问题也越来越多，尤其是在养殖过程中常见病的发病率一直居高不下，严重阻碍着我国奶牛养殖业的发展。奶牛管理及疾病防治工作越来越受到养殖场的重视。即使这样，在奶牛养殖过程中仍然存在一些疾病发病概率较高的问题，奶牛常见疾病有乳房炎、蹄叶炎、腹泻等，给奶牛养殖业带来严重的经济损失。

一、奶牛乳房炎发病评价

奶牛乳房炎是一种多因素疾病，通常是多种微生物感染、宿主因素、环境和管理相互作用的结果。乳房炎不仅可导致产奶量和牛奶品质下降，同时也会增加饲养成本而给全世界带来巨大经济损失。其发病评价方法主要有以下几种：

1. 临床症状　奶牛乳房炎分为临床型乳房炎和亚临床型（隐性）乳房炎，不同地区奶牛乳房炎的发病率不同。患临床型乳房炎的奶牛临床上主要表现为乳区红、肿、热、痛或乳汁性状改变（乳汁颜色改变，或乳汁呈水样或有絮状或有乳凝块或血乳）等。患有隐性乳房炎的奶牛的乳房无肉眼可见的病理变化。

2. 体细胞计数　在常规体检中很难发现隐性乳房炎，但当出现乳房内感染时，可以通过检测乳腺分泌物中炎性生物标志物或乳房炎病原体的存在来识别。体细胞计数被广泛用作判断隐性乳房炎的指标。各个国家对乳汁中体细胞计数的规定和标准不同。我国规定隐性乳房炎为乳房无肉眼可见的病理变化，乳汁中体细胞数高于50万个/毫升（NY/T 2692—2015）。

3. 差异体细胞计数　健康奶牛分泌的乳汁中体细胞数量很少，主要由巨噬细胞和淋巴细胞组成。当奶牛患乳房炎时，其分泌的乳汁中性粒细胞的比例可高达95%（Kehrli and Shuster，1994）。差异体细胞计数（Differential somatic cell count，DSCC）表示中性粒细胞和淋巴细胞百分比，也可作为乳房内感染的一个新指标（Gussmann 等，2020）。

4. CMT 法　CMT 法（California mastitis test）是一种间接测定乳汁中体细胞数量的方法。其原理是将乳汁中的细胞破坏后，根据释放的 DNA 沉淀或凝块的数量间接判断细胞数量。评分越高，乳房内感染的概率和严重程度就越高（Gabli 等，2019）。将新鲜奶样与2毫升 CMT 试剂混合，轻轻摇动，45秒内观察混合物变化，对混合物状态进行评分。评分标准见表8-2。

表 8-2　CMT 评判标准（Gabli 等，2019）

混合物状态	判定反应	评分
无变化	阴性	0
微量沉淀，不久后消失	—	1
形成具有块状的轻质持久凝胶	疑似	2
形成"蛋清"状凝胶，旋转过程中从底部脱离	阳性	3
凝胶黏着，旋转时不易脱离底部	强阳性	4

二、奶牛腹泻发病评价

奶牛腹泻非常常见，特别是刚出生的牛犊由于抵抗力不足，极易出现腹泻。奶牛腹泻的发病评价方法主要如下：

1. 临床症状　患病牛主要表现出全身性疾病的征兆，如食欲不振、脱水、精神错乱、粪便呈糊状等。奶牛腹泻分为一般性腹泻和顽固性腹泻。消化不良是引起一般性腹泻的主要诱因，这种腹泻比较容易医治。与此同时，一些奶牛还会有背肌弯曲、眼窝凹陷、腹痛现象的产生。与一般性腹泻相比较而言，顽固性腹泻病症更加严重，并呈现出呼吸不畅、身体虚弱、精神不佳、身体浮肿、乏力、排便失禁、带血等情况。

2. 症状评分　奶牛腹泻严重程度往往根据粪便的流动性、黏稠度及气味等进行判断。如果犊牛连续 3 天的粪便评分≥3，则认为是患有腹泻（Araujo 等，2015）。持续时间较短的奶牛不被判定为腹泻。腹泻的评分标准见表 8-3。

表 8-3　奶牛腹泻的评分标准

评分	粪便的流动性	粪便的黏稠度	粪便的气味
1	正常	正常	正常
2	软	有泡沫	轻微刺激性
3	流动状	黏液状	高度刺激性
4	水状	黏稠	—
5	—	便秘	—

三、奶牛蹄叶炎发病评价

奶牛蹄叶炎是指牛蹄真皮出现的弥散性、无菌性炎症，是造成奶业严重经济损失的四大疾病之一。可诱发蹄白线病、蹄底溃疡、蹄部变形等疾病，是引起奶牛跛行的主要原因。该病主要造成蹄部真皮血管紊乱、蹄部连接组织松弛及表皮细胞异常分化。奶牛蹄叶炎的发病评价方法主要如下：

1. 临床症状　根据临床表现可分为急性、亚急性和慢性蹄叶炎。诊断方法主要根据跛行、蹄部敏感等临床症状进行确诊。本病可引起奶牛疼痛、不安、食欲不振、体重减轻、产奶量下降等。奶牛患蹄叶炎后，步态拘紧，消瘦，患牛蹄背面出现弯曲或棱翘状，蹄叶变厚。修蹄时，可见蹄部有更多严重的征兆。蹄底出血通常可作为发现蹄叶炎的指征，其分布范围可能是蹄底全部或特定的部位。在极严重的病例中，蹄底几乎从真皮全部分离。

2. 蹄压力测试　确定蹄叶炎发生的标准是蹄敏感性试验（蹄压力测试），当奶牛对蹄敏感性试验有阳性反应时，便确定为蹄叶炎。在蹄敏感性测试时，将奶牛前腿被悬挂，并对蹄不同区域施加压力。对施加的压力没有反应时为阴性，有反应时为阳性（Sousa等，2020）。

四、发病率计算方法

泌乳期奶牛临床型乳房炎的发病率（P_1）可以根据 Wolfova 等（2006）和哈爱日（2018）推荐的公式进行计算。

泌乳期奶牛临床型乳房炎的发病率（P_1）计算公式如下：

$P_1 =$（泌乳期奶牛患病总数）/（泌乳期奶牛总数）$\times 100\%$

腹泻和蹄叶炎的发病率（P_2）计算公式为：

$P_2 =$（患病奶牛数量）/（奶牛总数）$\times 100\%$

第三节　奶牛治愈率评价

一、奶牛乳房炎治愈率评价

奶牛乳房炎治愈表现为乳房红、肿、热、痛等临床症状基本消失，触摸乳房无肿胀、硬块，无疼痛表现。泌乳量恢复正常，肉眼观察乳汁呈现均一乳白色，无杂质。病原检测无乳房炎病原菌存在。

奶牛乳房炎治愈包括细菌学治愈和细胞学治愈。细菌学治愈为治疗后乳汁中均不存在引起乳房炎的病原体。细胞学治愈标准为乳汁样品的体细胞计数小于或等于50万个/毫升。如果已达到细菌学治愈和细胞学治愈，则可以认为完全治愈。如果同一乳区前一次感染后的 90 天内发现新的感染，则存在复发病例（Schmenger 和 Kromker，2020）。奶牛乳房炎的治愈率（P_3）计算方法为：

$P_3 =$（奶牛乳房炎的治愈头数）/（参与治疗的乳房炎奶牛总头数）$\times 100\%$

二、奶牛腹泻治愈率评价

奶牛腹泻治愈的标准为脱水等全身症状消失，精神状态恢复正常，食欲、饮水恢复正常，粪便恢复正常，且病原检测无致腹泻的病原菌或病毒（Foditsch 等，2015）。腹泻治疗效果的评判标准见表8-4。

表 8-4　奶牛腹泻治疗效果的评判标准

评价标准	奶牛状况
临床痊愈	精神、饮食均恢复正常，粪便软硬适中，鼻镜湿润，体温正常，腹泻症状消失，粪便评分连续 3 天≤2
有效	腹泻症状明显减轻或消失，粪便评分明显降低，饮食和其他症状有所好转。但在第 4 天尚未完全康复，改用其他药物治疗者
无效	患病奶牛所有症状在治疗第 4 天未见明显改善，甚至病情加重导致犊牛死亡

腹泻的治愈率（P_4）计算公式为：

$P_4 =$（腹泻奶牛的治愈头数）/（参与治疗的腹泻奶牛总头数）$\times 100\%$

三、奶牛蹄叶炎治愈率评价

我国每年因肢蹄病被迫过早淘汰的奶牛占总淘汰数的 $15\% \sim 30\%$，给奶牛业造成了巨大数额的经济损失。因此，对奶牛蹄叶炎的有效防治已成为一个亟待解决的问题。奶牛蹄叶炎的治愈标准为对奶牛进行驱赶，奶牛行走时步态正常、四肢受力均匀、步履矫健、可起跳腾空（蹄部为受力点），患病蹄可见其肿大面积减小和潮红消退。奶牛蹄叶炎治愈的评价标准见表 8-5。

奶牛蹄叶炎治愈率（P_5）的计算公式为：

$P_5 =$（蹄叶炎奶牛的治愈头数）/（参与治疗的蹄叶炎奶牛总头数）$\times 100\%$

表 8-5　奶牛蹄叶炎治愈评价标准

评价标准	奶牛状况
临床痊愈	原病蹄指（趾）动脉搏动及蹄温正常，敲打或钳压蹄壁无疼痛反应，负重正常，全身症状消失，产奶量回升

（续）

评价标准	奶牛状况
有效	指（趾）动脉搏动有所减弱，蹄温下降。敲打或钳压蹄壁有轻微疼痛反应，患蹄不敢完全负重，全身症状有所减轻，产奶量缓慢回升
无效	（趾）动脉搏动、蹄温、蹄的疼痛反应无改善，患蹄仍然不敢负重，全身症状无变化，产奶量继续下降

第四节　生乳中兽药残留评价

抗生素广泛用于治疗奶牛的乳房炎、蹄叶炎及其他细菌性疾病，长期或不规范用药可导致在生乳及乳制品中残留，危害消费者的身体健康。抗生素的残留不仅直接对人体产生急/慢性毒性作用，包括致癌、致畸、致突变等特殊毒性，引起细菌耐药性的增加，还可以通过环境和食物链的作用间接对人体健康造成潜在危害。这些药物的大量使用对奶牛健康也会造成威胁。一方面，耐药性的产生导致药物治疗效果下降；另一方面，长期使用药物降低奶牛免疫力，破坏消化道微生物平衡，导致奶牛内源性细菌感染，造成奶牛场细菌病发病率居高不下，严重影响我国奶业的健康发展。牛奶中抗生素残留干扰奶酪、脱脂乳、酸奶等的发酵生产，影响产品的风味和品质，给食品加工业造成严重经济损失。因此，对生乳中抗生素残留进行监测十分必要。生乳中抗生素残留检测法很多，主要分为微生物抑制法、免疫学分析法和理化检测法。

一、微生物抑制法

微生物抑制法是一种比较传统的抗生素残留检测方法，常用于牛奶中抗生素残留的筛选。该法是利用抗生素对微生物的生理机能、代谢的抑制作用，定性或定量检测样品中抗生素的残留。国外已有商品化试剂盒，如荷兰的 Delvotest 系列、美国的 Charm Blue Yellow、西班牙的 Eclipse 系列，均以嗜热脂肪芽孢杆菌为检测菌，检测牛奶中抗生素残留，检测时间为 2.5～4 小时。我国公布了氯化三苯基四唑氮法（TTC 法）、嗜热脂肪芽孢杆菌抑制法等标准方法用于鲜乳中抗生素残留检测。

（一）氯化三苯基四唑氮法（TTC 法）

TTC 法又称嗜热链球菌抑制法，是我国食品卫生标准中使用的第一法（GB/T 4789.27—2008），适用于鲜乳中能抑制嗜热链球菌的抗生素的检测。

该法检测原理是抗菌药可以抑制嗜热链球菌的生长和繁殖。当样品中不含抗生素或抗生素浓度低于检测限时，嗜热链球菌将生长繁殖，能将指示剂 TTC 还原成红色物质；若样品中抗生素含量高于检测限，嗜热链球菌受到抑制，不能将指示剂 TTC 还原，保持原色。该方法操作比较简单，将牛奶样品在（80±2）℃水浴加热 5 分钟，冷却至 37℃以下，再与嗜热链球菌在（36±1）℃水浴培养 2 小时，再加 4％ TTC 水溶液 0.3 毫升，再在（36±1）℃水浴避光培养 30 分钟，观察颜色变化。在白色背景前观察，若试管中样品不变化（乳的原色），表示乳中有抗生素存在，为阳性结果。试管中样品呈红色，为阴性结果。该方法的最低检测限为：青霉素 0.004 单位，链霉素 0.5 单位，庆大霉素 0.4 单位，卡那霉素 5

单位。

（二）嗜热脂肪芽孢杆菌抑制法

嗜热脂肪芽孢杆菌抑制法，是我国食品卫生标准中使用的第二法（GB/T 4789.27—2008），适用于鲜乳、复原乳、消毒灭菌乳、乳粉中能抑制嗜热脂肪芽孢杆菌卡利德变种的抗生素的检测。

该法检测原理是以嗜热脂肪芽孢杆菌为检测菌，以溴甲酚紫为pH指示剂。若该样品中不含有抗生素或抗生素的浓度低于检测限，芽孢杆菌就会生长并利用糖产酸，致使培养基的pH降低，培养基的颜色由紫色变为黄色或黄绿色。相反，若样品中含有高于检测限的抗生素，则芽孢杆菌不会生长，培养基的pH不变，培养基的颜色仍为紫色或浅紫色。该法操作简便，是牧场最常用的方法，目前已有商品化的试剂盒产品。将牛奶样品加至含有嗜热脂肪芽孢杆菌和溴甲酚紫的测试培养基中，（65±2）℃水浴培养2.5小时，从侧面和底部观察培养基颜色的变化。若培养基颜色为黄色或黄绿色，表示该样品无抗生素残留或抗生素浓度低于检测限，为阴性结果。若培养基的颜色保持原有的紫色，表示该样品中抗生素残留等于或高于检测限，为阳性结果。培养基颜色处于黄色-紫色之间，为可疑结果。对于可疑结果应继续培养30分钟再进行观察。如果培养基颜色仍然处于黄色-紫色之间，表示抗生素浓度接近方法的最低检测限。该方法的最低检测限为：青霉素2微克/升，链霉素50微克/升，庆大霉素3微克/升，卡那霉素50微克/升。

二、免疫学分析法

用于生乳中兽药残留检测的免疫学分析法主要有酶联免疫吸附试验（ELISA）和胶体金免疫分析法（GIA）。目前，国内外已有很多用于检测生乳中兽药残留的商品化 ELISA 试剂盒和胶体金检测卡或试纸条。与微生物抑制法相比，免疫学分析法具有灵敏度高、特异性强等优点。

（一）酶联免疫吸附试验（ELISA）

ELISA 是利用抗原抗体特异性免疫反应来检测样本中抗生素残留。该法是奶牛场和乳制品生产企业使用最广泛的一种抗生素残留快速检测方法，可同时检测 40 多个样品，检测费用较低、通量高、操作易掌握、检测速度快、灵敏高。不同企业生产的 ELISA 试剂盒在样品前处理、操作步骤和方法性能方面存在差异，在使用前应仔细阅读说明书，严格按照说明书要求进行操作。我国批准用于牛奶中抗生素残留检测的 ELISA 的灵敏度见表 8-6。

表 8-6　我国批准用于牛奶中兽药残留检测的 ELISA 的灵敏度

标准代码	药物名称	检测限（微克/千克）
GB/T 21329—2007	庆大霉素	20
GB/T 21330—2007	链霉素	20
农业部 1025 号公告-20—2008	四环素、金霉素、多西环素	10
农业部 1025 号公告-24—2008	磺胺二甲嘧啶	20
农业部 1025 号公告-26—2008	氯霉素	0.05
SN/T 3380—2012	呋喃唑酮代谢物（AOZ）、呋喃它酮代谢物（AMOZ）、呋喃西林代谢物（SEM）、呋喃妥因代谢物（AHD）	0.1~0.2
SN/T 4141—2015	地塞米松、泼尼松龙、氟地塞米松、异氟泼尼龙、倍他米松、去炎松和氟米龙	0.20~0.74
SN/T 2215—2008	氯丙嗪、乙酰丙嗪、丙酰丙嗪、丙嗪、三氟丙嗪	0.5

（续）

标准代码	药物名称	检测限 （微克/千克）
SN/T 1960—2007	磺胺二甲异噁唑、磺胺噻唑、磺胺对甲氧嘧啶、磺胺甲氧嗪、磺胺吡啶、磺胺甲二唑、磺胺氯达嗪	4～120

（二）胶体金免疫分析法（GIA）

胶体金免疫分析法可用于定性检测样品中兽药残留，操作简便，结果容易观察，检测时间短（5～10分钟），能最大限度地减少工作强度。国内已有大量用于牛奶中兽药残留检测的商品化胶体金检测卡或试纸条。原国家质量监督检验检疫总局（现称国家市场监督管理总局）也颁布了一系列我国出入境检验检疫行业标准用于牛奶中兽药残留的定性检测，见表8-7。

表8-7 我国批准用于牛奶中兽药残留检测的
胶体金免疫分析法的灵敏度

标准代码	药物名称	检测限（微克/千克）
SN/T 3256—2012	β-内酰胺类和四环素类	金霉素和土霉素30，四环素10，青霉素G 3，阿莫西林4，氨苄西林3，苯唑西林，邻氯青霉素和双氯青霉素30，头孢氨苄20，头孢唑啉15，头孢噻呋4
SN/T 3256—2012	β-内酰胺类和四环素类	金霉素和土霉素30，四环素10，青霉素G和氨苄西林3，阿莫西林4，苯唑西林，邻氯西林和双氯西林30，头孢氨苄20，头孢噻呋4，头孢唑啉15
SN/T 4532.2—2016	β-内酰胺类，三聚氰胺和四环素类	三聚氰胺150，青霉素G为3，氨苄西林和阿莫西林4，氯唑西林8，苯唑西林10，头孢噻呋100，萘夫西林25，双氯西林15，头孢匹林12，头孢唑林60，头孢哌酮，4，头孢乙腈30，头孢喹肟2，头孢氨苄40，四环素70，土霉素、金霉素和强力霉素60

（续）

标准代码	药物名称	检测限（微克/千克）
SN/T 4532.3—2017	β-内酰胺类	青霉素 G 和氨苄青霉素 4，阿莫西林 5，苯甲异噁唑青霉素、邻氯青霉素和双氯青霉素 8，萘夫西林 30，头孢哌酮 50，头孢曲松和头孢噻呋 100，头孢洛宁 10，头孢喹肟 20
SN/T 4532.4—2017	β-内酰胺类	青霉素 G 4，氨苄青霉素和阿莫西林 5，邻氯青霉素、苯甲异噁唑青霉素和双氯青霉素 8，萘夫西林 30，头孢噻呋 100，头孢匹林 15，头孢唑林 50，头孢喹肟和头孢哌酮 20，头孢洛宁 10
SN/T 4532.5—2017	β-内酰胺类和四环素类	阿莫西林、氨苄西林、头孢哌酮和头孢匹林 4，头孢氨苄 30，头孢洛宁和头孢呋肟 5，头孢唑林 8，头孢喹肟 20，头孢噻呋 10，邻氯青霉素和双氯青霉素 30，青霉素 G 2，金霉素 50，土霉素 75，四环素 10
SN/T 4535.1—2016	喹诺酮类和磺胺类	磺胺二甲嘧啶和沙拉沙星 2，磺胺噻唑 5，磺胺甲嘧啶、磺胺嘧啶和磺胺甲噁唑 8，磺胺氯哒嗪 10，磺胺吡啶 40，磺胺异噁唑 60，诺氟沙星、环丙沙星和恩诺沙星 20，氧氟沙星和达氟沙星 30，马波沙星 25，氟甲喹 50
SN/T 4536.1—2016	磺胺类和喹诺酮类	磺胺二甲嘧啶 25，磺胺甲嘧啶和磺胺嘧啶 8，磺胺吡啶 40，磺胺噻唑 51，磺胺氯哒嗪 10，磺胺甲噁唑 8，磺胺异噁唑 60，诺氟沙星、沙拉沙星、环丙沙得和恩诺沙星 20，氧氟沙星和达氟沙星 30，马波沙星 25，氟甲喹 50
SN/T 4537.3—2016	氯霉素	0.2
SN/T 4538.3—2016 SN/T 4539.1—2016	三聚氰胺，β-内酰胺类和四环素类	三聚氰胺 150，青霉素 G 为 3，氨苄西林 4，阿莫西林 4，氯唑西林 8，苯唑西林 10，头孢噻呋 100，萘夫西林 25，双氯西林 15，头孢匹林 12，头孢唑林 60，头孢哌酮 4，头孢乙腈 30，头孢喹肟 20，头孢氨苄 40，四环素 70，土霉素 60，金霉素 60，强力霉素 60

三、理化检测法

理化检测法是对牛奶中抗生素残留量进行定量确证的方法。目前用于生乳中兽药残留检测的理化检测法主要有高效液相色谱法和液相色谱串联质谱法。这些方法较微生物抑制法和免疫学分析法更灵敏、结果更准确可靠，但操作繁琐、检测时间长，而且需要专业人员和昂贵的仪器设备，一般用于牛奶中抗生素的定量确证分析。当需要准确知道样品中残留的抗生素具体种类及其准确含量时，则需要使用高效液相色谱法或液相色谱串联质谱法来进行定量确证。截止至 2021 年底，我国已经颁布了牛奶中 β-内酰胺类、喹诺酮类、磺胺类、大环内酯类、四环素类、氨基苷类等兽药残留量测定方法国家标准 76 项，部分国家标准见表 8-8。

表 8-8　我国颁布的部分国家标准

标准代号	方法	化合物	定量限（微克/千克）
GB 29696—2013	HPLC	伊维菌素、阿维菌素、多拉菌素、埃普利诺菌素	2
GB 29681—2013	HPLC	左旋咪唑	5
GB 29689—2013	HPLC	甲砜霉素	10
GB 31658.11—2021	HPLC	阿苯达唑及其代谢物阿苯达唑砜、阿苯达唑亚砜、阿苯达唑-2-氨基砜	50
GB 31658.6—2021	HPLC	土霉素、四霉素、金霉素、多西环素	50
GB/T 22966—2008	LC-MS/MS	16 种磺胺类药物	1.0~4.0

（续）

标准代号	方法	化合物	定量限（微克/千克）
GB/T 22968—2008	LC-MS/MS	伊维菌素、阿维菌素、多拉菌素和乙酰氨基阿维菌素	牛奶 5 奶粉 40
GB/T 22975—2008	LC-MS/MS	阿莫西林、氨苄西林、哌拉西林、青霉素 G、青霉素 V、苯唑西林、氯唑西林、萘夫西林和双氯西林	牛奶 1~4 奶粉 8~32
GB/T 22969—2008	LC-MS/MS	链霉素、双氢链霉素和卡那霉素	牛奶 10 奶粉 80
GB/T 22985—2008	LC-MS/MS	恩诺沙星、达氟沙星、环丙沙星、沙拉沙星、奥比沙星、二氟沙星和麻保沙星	牛奶 1.0 奶粉 4.0
GB/T 22988—2008	LC-MS/MS	螺旋霉素、吡利霉素、竹桃霉素、替米考星、红霉素、泰乐菌素	牛奶 1.0 奶粉 8.0
GB/T 22992—2008	LC-MS/MS	玉米赤霉醇、玉米赤霉酮、己烯雌酚、己烷雌酚、双烯雌酚	牛奶 1.0 奶粉 8.0
GB 31658.2—2021	LC-MS/MS	氯霉素	0.2
GB 31658.4—2021	LC-MS/MS	头孢类药物（头孢氨苄、头孢拉定、头孢唑林、头孢哌酮、头孢乙腈、头孢匹林、头孢洛宁、头孢喹肟、头孢噻肟）	5.0
GB 31658.5—2021	LC-MS/MS	氟苯尼考及氟苯尼考胺	10.0
GB 31658.9—2021	LC-MS/MS	雌激素类（雌三醇、雌酮、炔雌醇、17α-雌二醇、17β-雌二醇、己烯雌酚、己烷雌酚和己二烯雌酚）	1.0
GB 31660.4—2019	LC-MS/MS	醋酸甲地孕酮和醋酸甲羟孕酮	1.0
GB 23200.92—2016	LC-MS/MS	五氯酚	1.0

注：HPLC 为高效液相色谱法；LC-MS/MS 为液相色谱串联质谱法。

第五节　病原菌药敏性评价

　　微生物感染是引起奶牛乳房炎、肺炎等疾病的主要致病因素之一，奶牛场环境复杂，病原菌种类繁多。据流行病学调查报告显示，引起奶牛乳房炎的病原菌高达150余种，主要分为传染性病原菌（金黄色葡萄球菌、无乳链球菌等）和环境性致病菌（大肠杆菌、肺炎克雷伯氏菌、乳房链球菌、停乳链球菌等）。目前，奶牛乳房炎等的防治主要依靠抗生素，但由于其不合理的使用导致细菌耐药性问题日益突出。对病原菌进行分离鉴定及药物敏感性评价是对奶牛场进行流行病学调查的工作基础，可为奶牛场相关细菌性疾病的精准防控、临床合理用药、降低细菌耐药性的产生提供科学依据。

一、病原菌分离鉴定方法

（一）采样

　　奶罐奶：将罐内奶完全混合，无明显的乳脂上浮。使用无菌试管无菌收集奶样，密封并编号后，0～4℃保存，不超过48小时。

　　乳头乳：用消毒水或酒精棉清洁乳头皮肤，弃掉头三把奶后，开始取奶。用无菌试管收集每个乳区乳样，密封并编号，0～4℃保存，不超过48小时。

　　肛门和鼻拭子：无菌取肛门拭子、鼻拭子置入灭菌试管中，0～4℃保存，不超过48小时。

（二）细菌的分离与鉴定

1. 细菌的分离培养　大肠杆菌、沙门氏菌、肺炎克雷伯氏菌、金黄色葡萄球菌和链球菌的分离与鉴定见图 8-1。

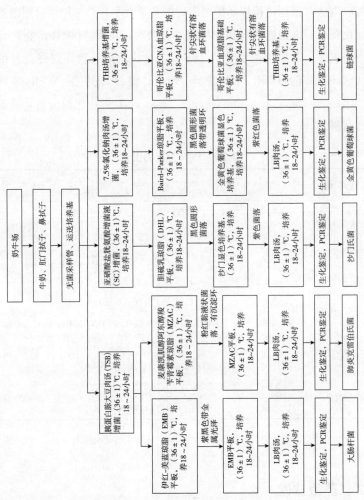

图 8-1　常见细菌的分离与鉴定程序

2. 生化鉴定　对已纯化的菌落，可使用微生物生化鉴定系统或者生化鉴定管按说明书进行生化鉴定。

3. PCR 鉴定　选择细菌特异性引物或细菌 16S rRNA 的通用引物（表 8-9），以细菌基因组 DNA 为模板，进行 PCR 扩增和琼脂糖凝胶电泳，根据待检样品扩增产物的条带大小，并与阳性对照菌进行比较，对该菌株进行初步确定。必要时，将 PCR 阳性产物进行测序确证。若采用的引物为 16S rRNA 的通用引物，则将获得的 16S rRNA 的 PCR 产物进行 Sanger 测序，并在 NCBI 网站（https：//blast. ncbi. nlm. nih. gov/Blast. cgi）进行比对分析，确定其菌属。

表 8-9　PCR 鉴定的引物

细菌	引物	PCR 引物序列（5′-3′）	条带大小
大肠杆菌	uid-F	TTTCTGATAGGACCGAGCAT	194 bp
	uid-R	CGATTCCGTTTCAGGGTT	
肺炎克雷伯氏菌	khe-F	ATGAAACGACCTGATTGCATTCGC	480 bp
	khe-R	TTACTTTTCCGCGGCTTACCGTC	
沙门氏菌	invA-F	TCATCGCACCGTCAAAGGAACC	284 bp
	invA-R	GTGAAATTATCGCCACGTTCGGGCAA	
金黄色葡萄球菌	nuc-F	GGCAATACGCAAAGAGGTT	557 bp
	Nuc-R	CGTTGTCTTCGCTCCAAAT	
细菌	27-F	AGAGTTTGATCCTGGCTCAG	1 400 bp
	1492-R	GGTTACCTTGTTACGACTT	

二、药敏试验

药敏试验（Antimicrobial susceptibility test，AST）是细菌对

药物的敏感性试验的简称，也称体外抑菌试验，是体外测定抗菌药对细菌的抑制和杀灭作用。药敏试验不仅可以检测细菌对抗菌药物的敏感性、筛选最有疗效的药物、指导临床合理选择抗菌药物，还可以确定抗菌药的抗菌谱、耐药谱，掌握耐药菌的流行病学，控制和预防耐药性的发生和流行。药敏试验也可为新的抗菌药的筛选提供依据。常用的药敏试验方法有纸片扩散法和肉汤稀释法。

（一）纸片扩散法

纸片扩散法又称 Kirby-Bauer（K-B）法，是临床微生物学实验室最常规的测定细菌敏感性的方法。该法被世界卫生组织推荐为定性药敏试验的基本方法，得到广泛使用。该法适用于对生长快的细菌进行药敏试验。

纸片扩散法将含有定量抗菌药物的纸片贴在已接种待测菌的琼脂平板上，纸片中抗菌药在琼脂内向纸片四周扩散，使纸片周围的敏感菌的生长受到抑制，形成透明抑菌圈。抑菌圈的大小反映出测试菌对测定药物的敏感程度，并与该药对测试菌的最小抑菌浓度（MIC）呈负相关。

纸片扩散法按 M02-A13（CLSI，2018）进行，包括平板制备、菌悬液制备、接种测试菌、放置药敏纸片、孵育和测量抑菌圈直径等步骤。注意，测定大肠杆菌、沙门氏菌、肺炎克雷伯氏菌和金黄色葡萄球菌的敏感性时，选用水解酪蛋白琼脂；测定链球菌的敏感性时，应选用含 5％绵羊血的水解酪蛋白琼脂。

（二）肉汤稀释法

肉汤稀释法主要适用于需氧菌和部分兼性厌氧菌的敏感性测定，可分为常量肉汤稀释法和微量肉汤稀释法。常量肉汤稀释法操作步骤繁琐，临床应用较少，多用于调查罕见耐药。微量肉汤稀释法操作比较简单，用户可以根据检测的药物和细菌设计药敏板，目前国内已有商品化的药敏试验检测试剂盒。

常量肉汤稀释法：在肉汤中将抗菌药物进行一系列二倍稀释后，再定量接种待检菌，（35±2）℃孵育18～24小时后观察。抑制测试菌肉眼可见生长的最小药物浓度为测定药物对测试菌的最小抑菌浓度。

微量肉汤稀释法：按M07-A11（CLSI，2018）进行，包括菌液制备、接种测试菌、孵育和结果观察与判断等步骤。大部分细菌的敏感性试验选用MH肉汤，但是肺炎链球菌和其他链球菌使用含2%～5%马血的MH肉汤。

三、细菌对抗菌药的耐药判定标准

根据细菌对抗菌药的敏感程度可以分为敏感、中介和耐药。敏感表示测试菌可被测定药物常规剂量给药后在体内达到的浓度所抑制。中介表示测试菌对常规用药后体液或组织中的药物浓度的反应率低于敏感株，使用高于正常给药量有疗效。耐药：表示测试菌不能被在体内感染部位可达到的抗菌药物浓度所抑制，临床治疗无效。目前，我国没有制定细菌对抗菌药的耐药判定标准，细菌对抗菌药的耐药性判定均参考美国临床和实验室标准协会制定的标准。革兰阴性菌对部分抗生素的耐药判定标准见表8-10，葡萄球菌对部分抗生素的耐药性判定标准见表8-11，链球菌对部分抗生素的耐药性判定标准见表8-12。

表 8-10　革兰阴性菌耐药性判定标准

抗生素	纸片含量（微克）	抑菌圈直径折点（毫米）			MIC折点（微克/毫升）			参考来源
		敏感	中介	耐药	敏感	中介	耐药	
氨苄西林	—	—	—	—	≤0.03	0.06~0.12	≥0.25	VET01S 5th
阿莫西林/克拉维酸	20/10	≥18	14~17	≤13	≤8/4	16/8	≥32/16	M100 30th
头孢噻吩	30	≥21	18~20	≤17	≤2	4	≥8	VET01S 5th
头孢哌酮	30	≥23	18~22	≤17	≤2	4	≥8	VET01S 5th
美罗培南	10	≥23	20~22	≤19	≤1	2	≥4	M100 30th
链霉素	10	≥15	12~14	≤11	—	—	—	M100 30th
卡那霉素	30	≥18	14~17	≤13	≤16	32	≥64	M100 30th
庆大霉素	10	≥16	13~15	≤12	≤2	4	≥8	VET01S 5th
四环素	30	≥15	12~14	≤11	≤4	8	≥16	M100 30th
多西环素	—	—	—	—	≤0.12	0.25	≥0.5	VET01S 5th
氟苯尼考	—	—	—	—	≤4	8	≥16	VET01S 5th
黏菌素	—	—	—	—	≤2	≤2	≥4	M100 30th
环丙沙星[1]	5	≥26	22~25	≤21	≤0.25	0.5	≥1	M100 30th
环丙沙星[2]	5	≥31	21~30	≤20	≤0.06	0.12~0.5	≥1	M100 30th
恩诺沙星	5	≥17	13~16	≤12	≤0.12	0.25	≥0.5	VET01S 5th
磺胺异噁唑	250/300	≥17	13~16	≤12	≤256	—	≥512	M100 30th
复方新诺明	1.25/23.7	≥16	11~15	≤10	≤2/38	—	≥4/76	M100 30th

注：1对沙门氏菌以外的肠杆菌；2沙门氏菌。

表 8-11　葡萄球菌耐药性判定标准

抗生素	纸片含量（微克）	抑菌圈直径折点（毫米）			MIC 折点（微克/毫升）			参考来源
		敏感	中介	耐药	敏感	中介	耐药	
青霉素	—	—	—	—	≤0.5	1	≥2	VET01S 5th
氨苄西林	—	—	—	—	≤0.25	0.5	≥1	VET01S 5th
阿莫西林/克拉维酸	—	—	—	—	≤0.25/0.12	0.5/0.25	≥1/0.5	VET01S 5th
苯唑西林[1]	—	—	—	—	≤2	—	≥4	MI0031th
苯唑西林[2]	1	≥18	—	≤17	≤0.25	—	≥0.5	MI0031th
苯唑西林[3]	30	≥25	—	≤24	≤0.25	—	≥0.5	MI0031th
头孢噻吩	—	—	—	—	≤2	4	≥8	VET01S 5th
头孢噻呋	30	≥21	18~20	≤17	≤2	4	≥8	VET01S 5th
头孢哌酮	30	≥23	18~22	≤17	≤2	4	≥8	VET01S 5th
红霉素	15	≥23	14~22	≤13	≤0.5	1~4	≥8	MI0031th
克林霉素	2	≥21	15~20	≤14	≤0.5	1~2	≥4	VET01S 5th
庆大霉素	10	≥15	13~14	≤12	≤4	8	≥16	VET01S 5th
多西环素	—	—	—	—	≤0.12	0.25	≥0.5	MI0031th
氟苯尼考	30	≥22	19~21	≤18	≤2	4	≥8	VET01S 5th
利福平	5	≥20	17~19	≤16	≤1	2	≥4	MI0031th

（续）

抗生素	纸片含量（微克）	抑菌圈直径折点（毫米）			MIC折点（微克/毫升）			参考来源
		敏感	中介	耐药	敏感	中介	耐药	
万古霉素[4]	—	—	—	—	≤2	4~8	≥16	M100 31th
万古霉素[5]	—	—	—	—	≤4	8~16	≥32	M100 31th
环丙沙星	5	≥21	16~20	≤15	≤1	2	≥4	M100 31th
恩诺沙星	—	—	—	—	≤0.12	0.25	≥0.5	VET01S 5th
磺胺异噁唑	250/300	≥17	13~16	≤12	≤256	—	≥512	M100 31th
复方新诺明	1.25/23.75	≥16	11~15	≤10	≤2/38	—	≥4/76	M100 31th
吡利霉素	2	≥13	—	≤12	≤2	—	≥4	VET01S 5th

注：1 金黄色葡萄球菌和路邓葡萄球菌；2 表皮葡萄球菌、伪中间葡萄球菌和施氏葡萄球菌；3 其他葡萄球菌；4 金黄色葡萄球菌；5 非金黄色葡萄球菌。

表 8-12 链球菌耐药性判定标准

抗生素	纸片含量（微克）	抑菌圈直径折点（毫米）			MIC折点（微克/毫升）			参考来源
		敏感	中介	耐药	敏感	中介	耐药	
青霉素	—	—	—	—	≤0.5	1	≥2	VET01S 5th
氨苄西林	—	—	—	—	≤0.25	—	—	VET01S 5th
阿莫西林/克拉维酸	—	—	—	—	≤2/1	4/2	≥8/4	M100 31th

（续）

抗生素	纸片含量（微克）	抑菌圈直径折点（毫米）			MIC折点（微克/毫升）			参考来源
		敏感	中介	耐药	敏感	中介	耐药	
头孢噻吩	—	—	—	—	≤2	4	≥8	VET01S 5th
头孢噻呋	30	≥21	18~20	≤17	≤2	4	≥8	VET01S 5th
头孢哌酮[1]	30	≥18	—	—	≤0.5	—	—	VET01S 5th
头孢哌酮[2]	30	≥18	—	—	≤2	—	—	VET01S 5th
红霉素	15	≥21	16~20	≤15	≤0.25	0.5	≥1	M100 31th
克林霉素	2	≥19	16~18	≤15	≤0.25	0.5	≥1	M100 31th
多西环素	—	—	—	—	≤0.12	0.25	≥0.5	VET01S 5th
氟苯尼考	30	≥22	19~21	≤18	≤2	4	≥8	VET01S 5th
利福平	5	≥19	17~18	≤16	≤1	2	≥4	M100 31th
万古霉素	—	—	—	—	≤1	—	—	M100 31th
复方新诺明	1.25/23.75	≥19	16~18	≤15	≤0.5/9.5	1/19~2/38	≥4/76	M100 31th
吡利霉素	2	≥13	—	≤12	≤2	—	≥4	VET01S 5th

注：[1]无乳链球菌、停乳链球菌；[2]乳房链球菌。

四、质量控制范围

每次药敏试验均需采用标准菌株作为质量控制，若质控结果不在一定范围内，则表明此次药敏试验存在问题，需要重做。质量控制标准参考美国临床和实验室标准协会制定的标准 M100（CLSI，2021）。

第六节　粪便及尿液中药物及其代谢物残留评价

在奶牛养殖过程中，奶牛乳房炎、子宫内膜炎及蹄叶炎等疾病的发生危害奶业的健康发展。兽药常用于预防和治疗奶牛疾病或者有目的地调节生理机能，但不合理的使用易导致药物残留和耐药性产生。药物在奶牛体内吸收较少，大部分以原形或者代谢产物的形式进入环境，对生态安全和人类健康造成潜在威胁。

兽药的评价方法主要包括免疫学分析法和理化检测法。免疫学分析法包括酶联免疫吸附试验和免疫胶体金技术，常用于奶牛尿液中兽药的检测，尤其是临床禁用药物（如沙丁胺醇、莱克多巴胺等）的现场快速检测；理化检测法包括高效液相色谱法和高效液相色谱串联质谱法等，常用于奶牛粪便、尿液中兽药的定性和定量分析。在进行粪便和尿液中兽药的检测前，需对样品进行前处理，从而达到满足检测的要求。粪便及尿液中兽药的评价可有效评估养殖过程中兽药的使用情况及对环境的潜在风险，对保障奶牛的科学养殖和维护环境安全具有重大意义。

一、样品前处理

畜禽粪便中的有机质对抗生素有较强的吸附力，不利于抗生素残留的提取，给畜禽粪便样品中兽药的定量造成障碍。多数研究者处理粪便的程序是将粪便干燥、粉碎、过筛和提取。抗生素残留提取常用的溶剂有甲醇、乙腈和乙酸乙酯等。为提高提取效率，试验中通常会根据兽药的性质进行多种试剂混合提取，或是加入甲酸或氨水对提取试剂进行酸化或者碱化。如何有效去除粪尿中的杂质干扰是样品前处理的关键。固相萃取法是利用固态吸附剂将液态样品中的目标化合物吸附，使其与样品中的基体和干扰化合物分离，然后再用洗脱液洗脱以达到分离和富集目标化合物的目的。液-液萃取是一种利用待测组分与样品杂质在互不相容的两相中溶解性差异进行提取的方法，属于经典的净化方法。表8-13总结了奶牛粪便和尿液中常见抗生素的常用提取试剂和净化方法。

表 8-13　奶牛粪便和尿液中兽药的提取试剂和净化方法

药物	基质	提取试剂	净化方法	回收率（%）	参考文献
磺胺类	粪便	甲醇-乙酸钠缓冲液	—	>80	陈昇等，2008
磺胺类	尿液	EDTA（3%，V/V）	磷酸烯醇式丙酮酸-固相萃取	85～115	Zhang 等，2021
四环素类	粪便	EDTA-McIlvaine缓冲溶液（pH 4.0）	亲水-亲脂平衡柱固相萃取		
氟喹诺酮类	粪便	乙腈-EDTA-McIlvaine缓冲溶液（pH 4.0）	亲水-亲脂平衡柱固相萃取	72.1～123.7	Gu 等，2019

（续）

药物	基质	提取试剂	净化方法	回收率（％）	参考文献
大环内酯类	粪便	乙腈-磷酸盐缓冲液（pH 3）+0.2 克 EDTA-Na$_2$	正己烷，强阴离子交换柱＋亲水-亲脂平衡柱固相萃取	50～121.9	Guo 等，2016
雌激素	粪便	甲醇-柠檬酸缓冲溶液（pH 4）	亲水-亲脂平衡柱固相萃取	58.7～115	王真，2020
β-受体激动剂	尿液	乙酸钠	特殊混合模式吸附柱固相萃取	79～110	刘建利等，2019

注：EDTA 为乙二胺四乙酸。

二、检测技术

（一）免疫学分析法

1. 酶联免疫吸附试验（Enzyme-linked immunosorbent assay, ELISA）　酶联免疫吸附试验是结合了放射免疫和荧光免疫的一种免疫检测技术，将酶与抗原或抗体通过化学结合作为酶标记物，通过与相应的抗原或抗体反应，根据目标化合物的浓度，可形成颜色深浅不同的产物，以此来判定残留量。该法操作比较简单，而且分析速度快、效率高，适用于现场大量样本的检测，但对操作细节和环境条件要求较高。

酶联免疫吸附试验主要包括直接法、竞争法、间接法、双抗夹心法等。目前市售的酶联免疫试剂盒大多是利用酶联竞争法开发得到，样品前处理简单。酶联免疫吸附试验常用于奶牛尿液中药物的测定，药物在奶牛体内，随着尿液生成过程中的浓缩，尿液中药物浓度逐渐升高，易于测定。兽药残留是危害人类身体健康和影响畜禽产品质量的因素之一，目前国际上通用的检测方法是初筛加确证的方法，酶联免疫吸附试验是常用的初筛方法。

2. 免疫胶体金技术　免疫胶体金技术（Immune colloidal gold technique，GICT）是以胶体金作为示踪标志物应用于抗原抗体的一种新型的免疫标记技术。该方法为竞争抑制法。将氯金酸用还原法制成一定直径的金溶胶颗粒，标记抗体。以硝酸纤维素膜为载体，利用了微孔膜的毛细管作用，滴加在膜条一端的液体慢慢向另一端渗移。在移动的过程中，会发生相应的抗原抗体反应，并通过免疫金的颜色而显示出来。免疫胶体金技术方便快速、成本低、应用范围广，是国际上常用的初筛方法。

免疫胶体金技术常用于奶牛尿液中兴奋剂类药物的检测（表8-14）。尿液中克仑特罗的测定可使用胶体金免疫层析法，参考NY/T 933—2005，检测限为3微克/升。

表8-14　动物尿液中兽药的免疫学分析法及检出限

方法	化合物	检出限（微克/升）	参考文献
酶联免疫吸附试验	莱克多巴胺	0.5	Jiang 等，2014
	氟苯尼考	0.12	李然等，2018
	甲砜霉素	0.15	
	阿莫西林	1.3	Yeh 等，2008
免疫胶体金技术	苯乙醇胺 A	0.5	聂雯莹等，2015
	沙丁胺醇	3.0	韩京朋等，2014
	盐酸克仑特罗	1	涂尾龙，2009
	莱克多巴胺	10	高以明等，2009
	链霉素	1.9	Wu 等，2010

（二）理化检测法

1. 高效液相色谱法（High performance liquid chromatography，HPLC）　原理：液相色谱法的分离机理是基于混合物中各组分对两相亲和力的差别。利用液体作为流动相，液体待检测物被注入色谱柱，通过压力在固定相中移动，由于被测物质与固定相的相互作用不同，不同的物质离开色谱柱时，通过检测器得到不同的峰信号，最后通过分析比对这些信号来判断待检测物所含有的物质，从而进行准确的定性和定量分析。高效液相色谱法分析速度快、分离能力强、灵敏度高。常用的检测器有紫外检测器、二极管阵列检测器和荧光检测器。

采用高效液相色谱法检测奶牛粪便和尿液中兽药残留时，需要根据药物的性质确定流动相和检测器，表 8-15 总结了奶牛粪便和尿液中常见兽药的高效液相色谱检测条件。

表 8-15　奶牛粪便和尿液中兽药的高效液相色谱检测条件

药物	流动相	检测器	参考文献
磺胺类	乙酸钠缓冲溶液（pH 4.75）-乙腈	荧光	陈昇等，2008
四环素类氟喹诺酮类	磷酸溶液（pH 2.4）-乙腈	二极管阵列荧光	Zhao 等，2010
大环内酯类	磷酸二氢铵（pH 2.0）-乙腈	紫外	罗庆等，2014
磺胺类	1‰乙酸-乙腈	紫外	李艳霞等，2012

2. 高效液相色谱串联质谱法　原理：将高效液相色谱仪与质谱仪联用，液相色谱仪将各种抗生素分离开，质谱仪采用高能电子流轰击分离的抗生素，形成不同质量的碎片离子，依靠母离子和碎片离子的分子质量对药物进行测定。质量不同的离子在磁场中到达检测器的时间不同，形成质谱图。高效液相色谱串联质谱法基质干扰小、方法灵敏度高，是一种高效分离和多组分定性、定量检测的方法。

高效液相色谱串联质谱法需要根据药物的性质确定相应参数，主要包括流动相、色谱柱和质谱参数。表 8-16 总结了奶牛粪便中常见抗生素的高效液相色谱串联质谱法检测参数。

表 8-16　奶牛粪便和尿液中兽药的高效液相色谱串联质谱法检测参数

化合物	流动相	离子模式	参考文献
磺胺类	0.1%甲酸水（V/V）-乙腈	ESI+	
四环素类	0.1%甲酸水（V/V）-乙腈	ESI+	陈传斌，2013
氟喹诺酮类			
激素类	0.1氨水（V/V）-乙腈	ESI−	
大环内酯类	0.2%甲酸水（V/V）-乙腈	ESI+	Guo 等，2016
甲氧苄啶	0.2%甲酸水-乙腈	ESI+	Zhou 等，2013
林可霉素			
青霉素	0.1%甲酸水-甲醇	ESI+	Zhi 等，2020
β-受体激动剂	0.1%甲酸-乙腈	ESI+	刘建利等，2019

参考文献

陈传斌，2013. 养殖场及周边环境中典型兽药的暴露水平和生态风险评估
　　[D]. 南京：南京大学.

陈昇，董元华，王辉，等，2008. 江苏省畜禽粪便中磺胺类药物残留特征
　　[J]. 农业环境科学学报（1）：385-389.

高以明，吴艳涛，王寿利，等，2009. 检测莱克多巴胺胶体金免疫层析试
　　验的建立[J]. 中国动物检疫，26（12）：37-38.

哈爱日，2018. 呼和浩特地区奶牛临床型乳房炎发病情况调查及其治疗方
　　法的探究[D]. 呼和浩特：内蒙古农业大学.

韩京朋，吴小平，邱检萍，等，2014. 动物尿液中沙丁胺醇残留检测试纸
　　条的研制[J]. 黑龙江畜牧兽医（7）：174-176.

李然，林泽佳，杨金易，等，2018. 酶联免疫法检测动物组织及尿液中氟
　　苯尼考与甲砜霉素的残留[J]. 分析化学，46（8）：1321-1328.

李艳霞，李帷，张雪莲，等，2012. 固相萃取-高效液相色谱法同时检测畜

禽粪便中 14 种兽药抗生素 [J]. 分析化学，40（2）：213.

刘建利，曹琛福，史卫军，等，2019. 高效液相色谱-串联质谱法测定牛尿液中 14 种 β-兴奋剂残留 [J]. 上海畜牧兽医通讯（6）：2-6.

罗庆，孙丽娜，胡筱敏，2014. 固相萃取-高效液相色谱法测定畜禽粪便中罗红霉素和 3 种四环素类抗生素 [J]. 分析试验室，33（8）：885-888.

聂雯莹，罗晓琴，李金超，等，2015. 动物尿液中苯乙醇胺 A 胶体金快速检测方法的建立 [J]. 中国农业科学，48（19）：3931-3940.

涂尾龙，2009. 盐酸克伦特罗快速检测方法研制及应用 [D]. 南京：南京农业大学.

王晓燕，张航俊，张晓丽，等，2021. 畜禽粪便中抗生素残留检测技术研究进展 [J]. 中国畜禽种业，17（2）：42-45.

王真，2020. 奶牛场粪污还田雌激素类物质的污染特征和环境风险研究 [D]. 上海：华东理工大学.

Araujo G，Yunta C，Terre M，et al，2015. Intestinal permeability and incidence of diarrhea in newborn calves [J]. J Dairy Sci，98：7309-7317.

CLSI，2018. CLSI standard M02. Performance standards for antimicrobial disk susceptibility tests [S]. 13th ed. Wayne，PA：Clinical and Laboratory Standards Institute.

CLSI，2018. CLSI standard M07. Methods for dilution antimicrobial susceptibility tests for bacteria that grow aerobically [S]. 11th ed. Wayne，PA：Clinical and Laboratory Standards Institute.

CLSI，2020. CLSI supplement VET01S. Performance standards for antimicrobial disk and dilution susceptibility tests for bacteria isolated from animals [S]. 5th ed. Wayne，PA：Clinical and Laboratory Standards Institute.

CLSI，2021. CLSI supplement M100. Performance standards for antimicrobial susceptibility testing [J]. 31th ed. Wayne，PA：Clinical and Laboratory Standards Institute.

de Campos JL，Kates A，Steinberger A，et al，2021. Quantification of antimicrobial usage in adult cows and preweaned calves on 40 large Wisconsin dairy farms using dose-based and mass-based metrics [J]. J Dairy Sci，104（4）：4727-4745.

Gabli Z，Djerrou Z，Gabli AE，et al，2019. Prevalence of mastitis in dairy goat farms in eastern Algeria [J]. Vet World，12（10）：1563-1572.

Guo XY，Hao LJ，Qiu PZ，et al，2016. Pollution characteristics of 23 veterinary antibiotics in livestock manure and manure-amended soils in Jiangsu province, China [J]. J Environ Sci Health B, 51 (6): 383-392.

Gussmann M, Kirkeby C, Schwarz D, et al, 2020. A simulation study to investigate the added value in using differential somatic cell count as an additional indicator for udder health management in dairy herds [J]. Prev Vet Med, 182: 105090.

Jensen VF, Jacobsen E, Bager F, 2004. Veterinary antimicrobial-usage statistics based on standardized measures of dosage [J]. Prev Vet Med, 64 (2-4): 201-215.

Jiang XF, Zhu YH, Liu XY, 2014. Identification of ractopamine glucuronides and determination of bioactive ractopamine residues and its metabolites in food animal urine by ELISA, LC-MS/MS and GC-MS [J]. Food Addit Contam Part A Chem Anal Control Expo Risk Assess, 31 (1): 29-38.

Kehrli, ME, Shuster DE, 1994. Factors affecting milk somatic-cells and their role in health of the bovine mammary-gland [J]. Journal of Dairy Science, 77: 619-627.

Krogh MA, Nielsen CL, Sørensen JT, 2020. Antimicrobial use in organic and conventional dairy herds [J]. Animal, 14 (10): 2187-2193.

Pereyra GV, Pol M, Pastorino F, et al, 2015. Quantification of antimicrobial usage in dairy cows and preweaned calves in Argentina [J]. Prev Vet Med, 122 (3): 273-279.

Pol M, Ruegg PL, 2007. Treatment practices and quantification of antimicrobial drug usage in conventional and organic dairy farms in Wisconsin [J]. J Dairy Sci, 90 (1): 249-261.

Schmenger A, Krömker V, 2020. Characterization, cure rates and associated risks of clinical mastitis in northern Germany [J]. Vet Sci, 7 (4): 170.

Sousa RDS, Oliveira FLC, Dias MRB, et al, 2020. Characterization of oligofructose-induced acute rumen lactic acidosis and the appearance of laminitis in Zebu cattle [J]. Animals (Basel), 10 (3): 429.

Wu JX, Zhang SE, Zhou XP, 2010. Monoclonal antibody-based ELISA and colloidal gold-based immunochromatographic assay for streptomycin residue detection in milk and swine urine [J]. J Zhejiang Univ Sci B, 11 (1): 52-60.

Wu Q, Zhu Q, Liu Y, et al, 2019. A microbiological inhibition method for the rapid, broad spectrum and high throughput screen of 34 antibiotics residues in milk [J]. J Dairy Sci, 102 (12): 10825-10837.

Yeh LC, Lee WM, Koh BW, et al, 2008. Development of amoxicillin enzyme-linked immunosorbent assay and measurements of tissue amoxicillin concentrations in a pigeon microdialysis model [J]. Poult Sci, 87 (3): 577-587.

Zhang L, Johnson NW, Liu Y, et al, 2021. Biodegradation mechanisms of sulfonamides by *Phanerochaete chrysosporium*-Luffa fiber system revealed at the transcriptome level [J]. Chemosphere, 266: 129194.

Zhao L, Dong YH, Wang H, 2010. Residues of veterinary antibiotics in manures from feedlot livestock in eight provinces of China [J]. Sci Total Environ, 408 (5): 1069-1075.

Zhi S, Shen S, Zhou J, et al, 2020. Systematic analysis of occurrence, density and ecological risks of 45 veterinary antibiotics: Focused on family livestock farms in Erhai Lake basin, Yunnan, China [J]. Environ Pollut, 267: 115539.

Zhou LJ, Ying GG, Liu S, et al, 2013. Excretion masses and environmental occurrence of antibiotics in typical swine and dairy cattle farms in China [J]. Sci Total Environ, 444: 183-195.

图书在版编目（CIP）数据

奶牛养殖减抗技术指南／国家动物健康与食品安全创新联盟组编；王加启主编．—北京：中国农业出版社，2022.7

（畜禽养殖减抗技术丛书）

ISBN 978-7-109-29683-1

Ⅰ.①奶⋯　Ⅱ.①国⋯ ②王⋯　Ⅲ.①乳牛－饲养管理－指南　Ⅳ.①S823.9-62

中国版本图书馆 CIP 数据核字（2022）第 121030 号

中国农业出版社出版

地址：北京市朝阳区麦子店街 18 号楼
邮编：100125
责任编辑：刘　伟　尹　杭
版式设计：刘亚宁　责任校对：沙凯霖
印刷：中农印务有限公司
版次：2022 年 7 月第 1 版
印次：2022 年 7 月北京第 1 次印刷
发行：新华书店北京发行所
开本：880mm×1230mm　1/32
印张：11.25
字数：280 千字
定价：46.00 元